이렇게
맛있고
멋진
채식이라면

IMPRESSIVE :
VOL.

(2)

다이어트가 내 안으로

생강 지음

혜다

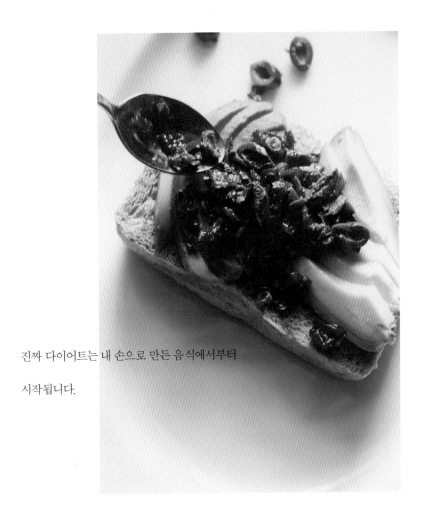

진짜 다이어트는 내 손으로 만든 음식에서부터

시작됩니다.

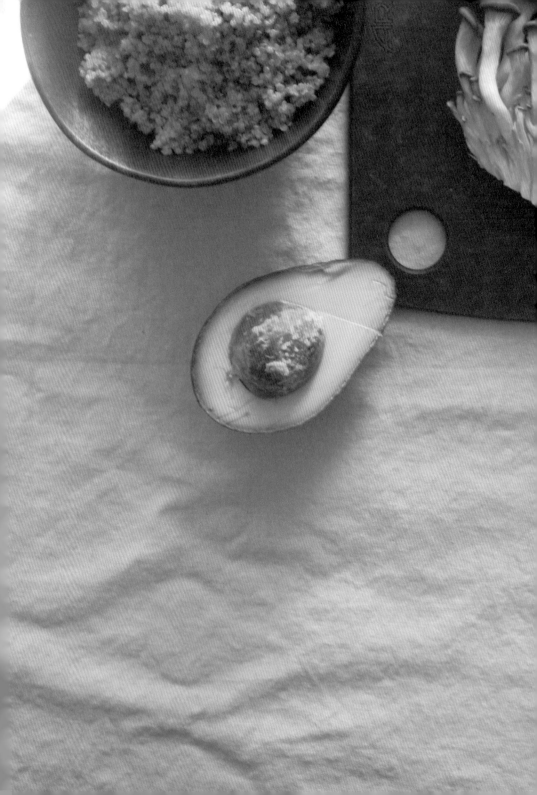

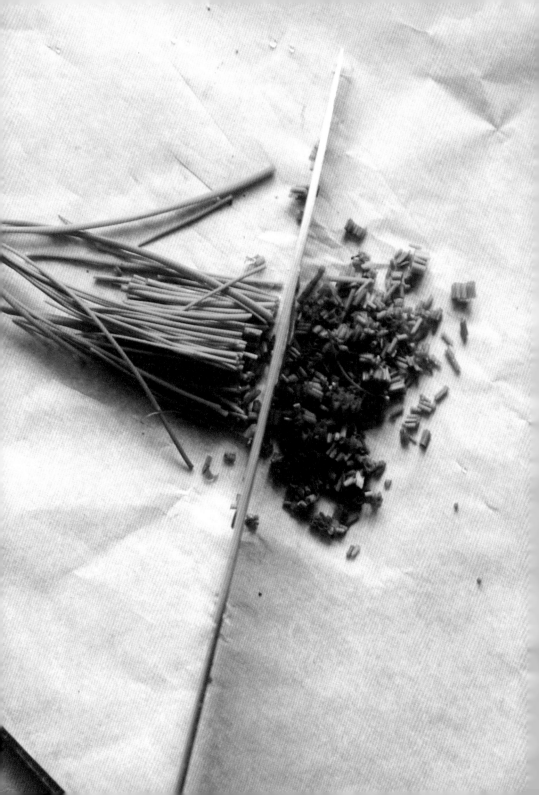

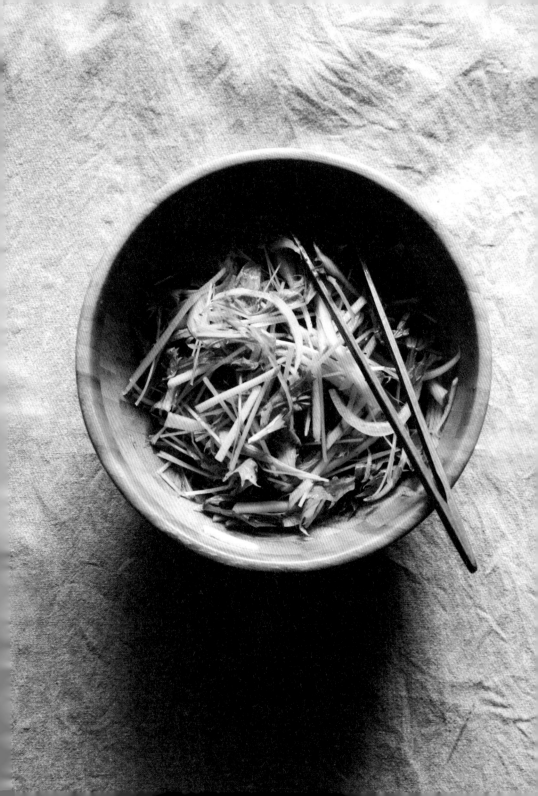

그리고 나면 저절로 생기는

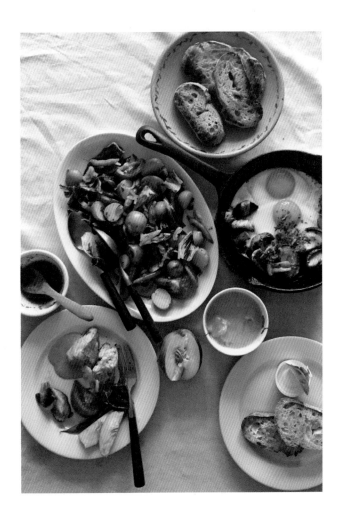

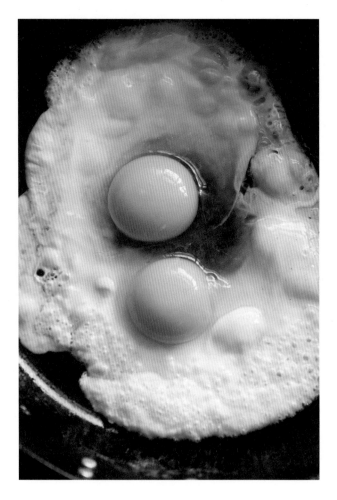

보기 좋게 잘 차리고 싶은 욕구

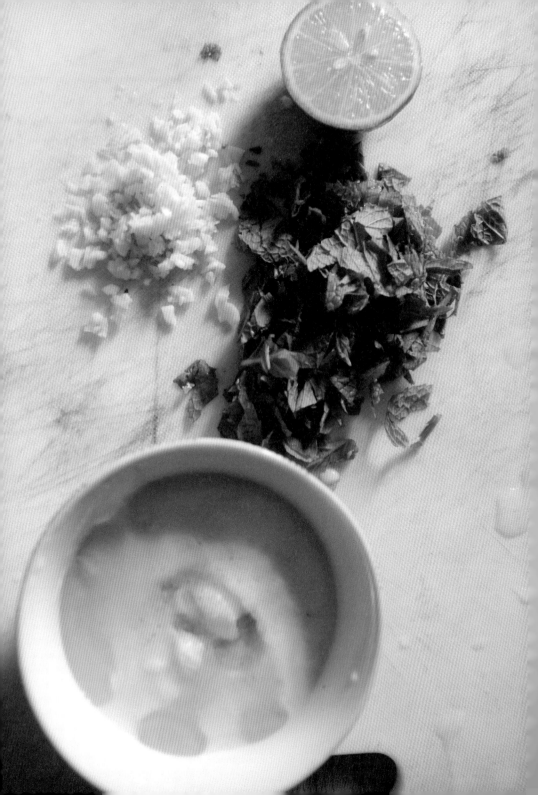

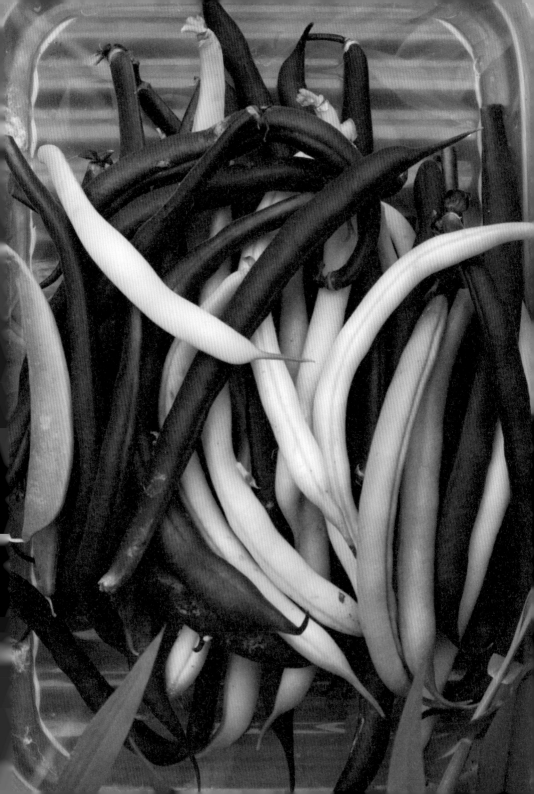

직접 뿌리고 가꾸고 거두어 만들어 먹고 싶은

마음

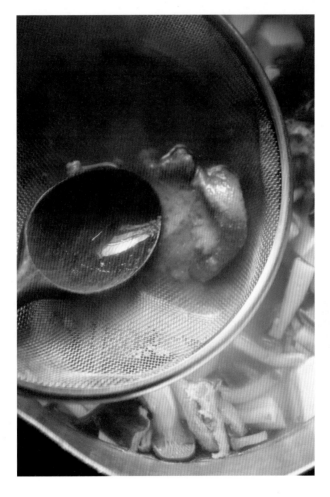

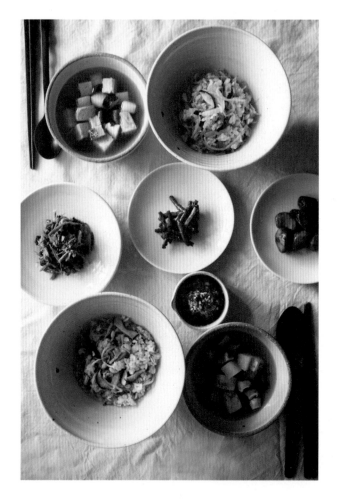

먹는 즐거움을 소중하게 여기며,

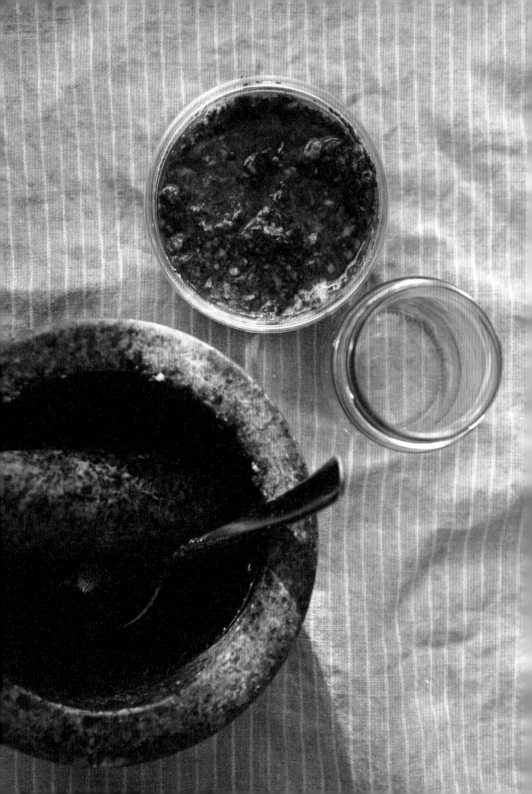

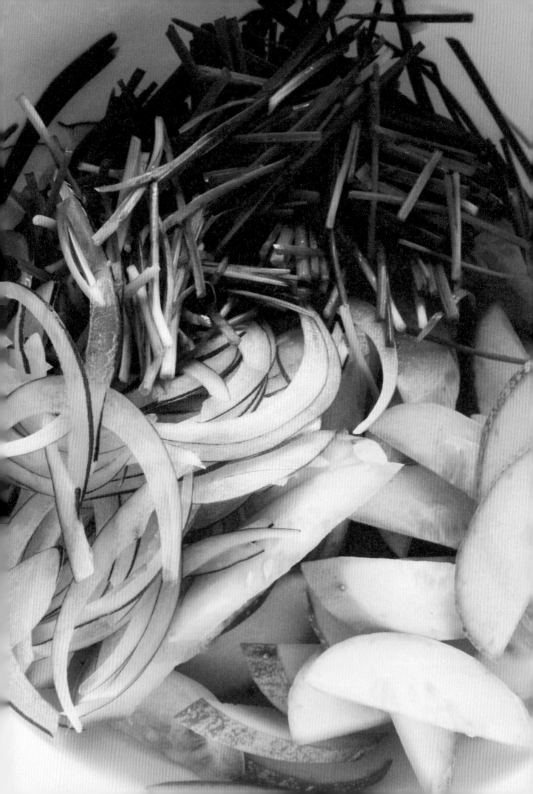

평생 내게 맞게 다듬어가는

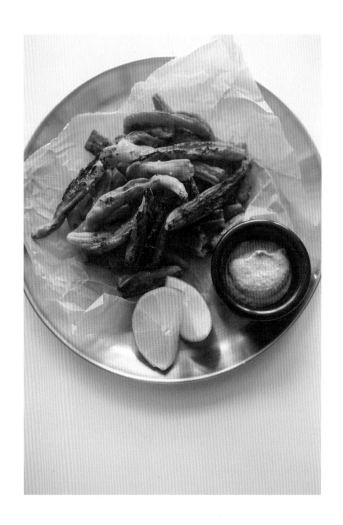

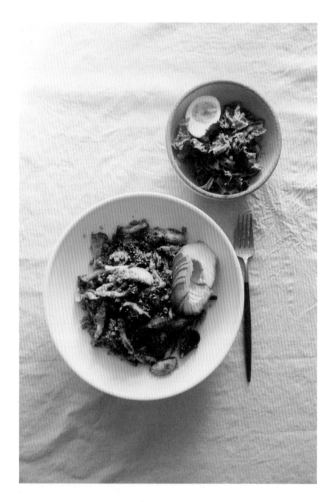

느리지만 꾸준하고 즐거운 일상

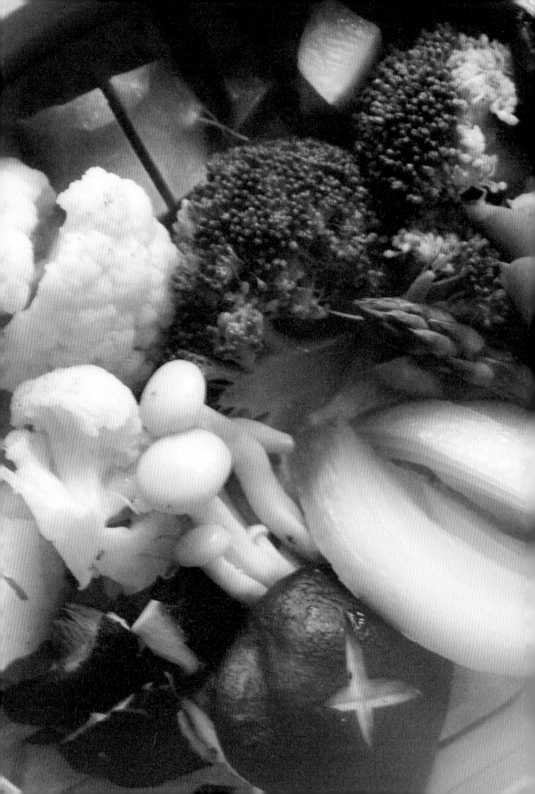

진짜 다이어트는 이런 습관에서부터

시작됩니다

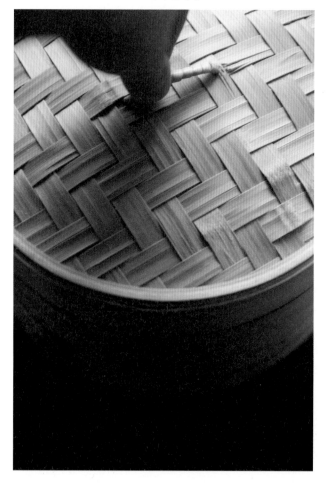

내 몸을 살리는 다이어트

——

풍만한 몸매를 선망하던 시대를 지나 이제 여자들은 평생 숙제처럼 더 날씬한 몸을 만드는 데 혼신의 힘을 다하고 있습니다. 체중 감량을 위해 식욕을 억제하는 것은 기본이요, 매끼 칼로리를 계산하고 운동을 비롯한 갖가지 노력을 아끼지 않습니다. 그래서 음식과 건강을 이야기할 때 '다이어트'가 빠지지 않지요.

채식에서도 다르지 않습니다. 몇 년 전까지만 해도 동물 보호, 종교, 건강 등의 이유로 채식을 하는 경우가 많았다면 최근에는 다이어트를 위해 채식을 선택한 이들이 확연히 늘었습니다. 아마도 채식이 열량이 낮은 채소만 먹는 단순한 식습관이라고 생각하기 때문인 것 같습니다. 물론 트렌드를 좇아서라도 채식을 하는 것은 반가운 일이지만 마음 한편엔 아쉬움도 적지 않습니다. 체중 감량만을 위한 채식은 건강한 채식이라기보다 인스턴트식 채식으로 여겨지기 때문입니다. 더욱 안타까운 것은 그런 방식으로 채식을 경험한 사람은 채식을 하기 전보다 더 채식에 대한 오해와 편견을 갖는다는 사실입니다.

'이렇게 맛있고 멋진 채식이라면' 두 번째 이야기

'내가 먹는 것이 곧 나(You are what you eat)'라는 메시지를 담고 있는 〈이렇게 맛있고 멋진 채식이라면〉 출간 이후 한 독자가 제 블로그에 남긴 장문의 글이 '채식과 다이어트'에 대한 새 책을 내게 된 계기가 되었습니다. 날씬해지고 싶어서 채식 다이어트를 시작했다는 그분의 이야기는 주변에서 흔히 볼 수 있는 사례라 더 마음이 가더군요. 노력에 비해 체중은 줄지 않고 그로 인한 스트레스 때문에 폭식을 하고, 다음 날 후회와 죄책감에 괴로워하는 일상의 반복. 다이어트를 해본 사람이라면 다들 공감하는 이야기일 것입니다. 사연을 읽으면서 처음 채식을 시작했던 과거의 제 모습도 떠올랐습니다. 무엇보다 저는 오랜 시간 채소 음식을 만들어 먹으면서 올바른 채식 습관이 몸을 가볍고 건강하게 할 뿐 아니라 먹고 싶은 음식을 애써 참지 않아도 자연스럽게 체중 관리가 되는 것을 경험했기에 제대로 된 채식 다이어트를 돕고 싶었습니다. 어떤 이유에서건 스스로 식습관을 바꿔보려는 의지가 있다면 올바른 채식 습관을 가질 수 있다는 확신도 있었고요. 그래서 '누구나 따라 하기 쉬우면서 가볍고 다채로운 채식 요리'를 나누고 싶었습니다.

지금 당신이 알고 있는 채식은 올바른 다이어트 방법일까요?

다이어트하는 사람들이 흔히 착각하는 것이 있습니다. 그중 하나가 마트에서 쉽게 구할 수 있는 '저지방', '저칼로리', '유기농'이라는 용어로 그럴싸하게 포장된 인스턴트 다이어트 식품 하나로 포만감이 유지될 거라 믿는 것입니다. 칼로리를 절반으로 줄인 시리얼, 2~3분이면 조리되는 오트밀, 쇼케이스에 담긴 채식주의자용 가공 샌드위치를 고르며 현명한 선택이라고 자족하지요. 매끼 반복되는 샐러드가 질릴 법도 한데 칼로리 때문에 어쩔 수 없다며 억지로 먹는가 하면, 채소는 무조건 생으로 먹어야 하고 기름은 절대 사용하면 안 된다고 나름 엄격한 원칙을 고수합니다. 어디 그뿐인가요. 견과류 한 줌, 현미밥 1/4컵 등으로 차린 무미건조한 식단은 먹는 즐거움과는 거리가 먼, 그저 살기 위해 필요한 영양소를 공급하는 수단일 뿐이지요. 다이어트식은 맛있는 음식과는 거리가 멀어야만 제대로 다이어트하는 것이라고 생각하는 모양입니다. 그러다 보니 금기해야 할 음식이 한두 가지가 아니죠. 쿠키, 초콜릿, 케이크는 최대의 적으로 낙인찍히고, 식사 약속이라도 있는 날이면 걱정부터 앞섭니다. 어쩌다 금기한 음식이라도 먹은 날엔 자책을 반복하면서도, 지상 최대 과제인 다이어트를 위해서라면 당연히 감내해야 한다고 여깁니다. 그렇다면 이 어려움을 참고 견디는 다이어트가 과연 성공적일까요?

'얼마나 오래 지속하는가?'
성공한 다이어트는 바로 이 질문에서 시작됩니다

음식을 금기하는 방식의 다이어트를 하다 보면 자연스러운 욕구도 함께 억제해야 합니다.
　　하지만 여간 독한 마음을 먹지 않고서는 오랜 시간 유지하기 어려운 것이 현실이지요.
무엇보다 저는 음식을 거부하는 데 에너지를 소모하는 것만큼 쓸데없는 일도 없다고
생각합니다. 먹는 즐거움을 포기하는 것도 안타깝지만 더 우려되는 것은 금기에 대한
의지가 한계에 부딪히는 순간 모든 것이 순식간에 제자리로 돌아간다는 사실입니다.
먹으면 살찐다는 불안감 때문에 오히려 음식에 대한 갈망이 커지고, 가짜 배고픔과 폭식
등 역효과가 나타나는 경우도 비일비재하며, 먹는 행위 자체에 대한 강박으로 이어지기도
합니다. 단시간에 많은 체중을 감량했다가 요요 현상을 겪는 것도 바로
이 때문이지요.
즉 근본적인 식습관이 변하지 않으면 체중 감량을 위한 채식은 의미도, 성과도 없습니다.
　　그럼에도 편리하다는 이유로 인스턴트식 채식을 고수한다면 온갖 다이어트를 반복하며
평생 체중계의 숫자와 고통스럽게 씨름해야 할 것입니다. 따라서 진정한 다이어트의 성공
여부는 체중이 얼마나 줄었느냐가 아니라, 감량한 상태를 '얼마나 오래 지속하느냐'를
기준으로 삼아야 합니다.

채식 위주의 식습관은 자연스럽게 몸의 변화를 이끕니다

내 몸에 대해 별다른 심각성을 느끼지 못하던 20대 시절, 외국에서 우연히 접한 다큐멘터리
    한 편을 계기로 저는 채식을 시작했습니다. 채식이라는 단어가 생소했음에도 거부감이
    없었던 것은 어려서부터 채소 위주의 식사를 했기 때문인 것 같아요. 돌이켜보면
    제 어릴 적 밥상은 자박한 된장찌개와 아버지가 좋아하던 잡곡밥, 텃밭의 푸성귀와 각종
    나물로 채워졌습니다. 햄버거나 피자보다 숭덩숭덩 썬 텃밭 나물과 고소한 참기름 한
    방울 넣은 보리밥이 익숙했지요.
하지만 다 자라 엄마의 손에서 벗어나자 밥상이 제멋대로 변하기 시작했습니다. 술과 고기,
    기름진 음식, 배달 음식과 외식으로 인해 체중이 마일리지처럼 쌓이고, 급기야
    밥 대신 체중 관리용 파우더를 먹으며 헬스클럽을 찾아가 운동을 해야 하는 지경에
    이르렀습니다. 그럼에도 체중은 줄었다 불었다를 반복하니 결국 늘 제자리였습니다.
    계절이 바뀔 때마다 비염이나 피부 질환 등으로 병원을 드나들기 시작한 것도 그
    즈음이었죠.
그런데 체중이 줄어든 것은 체중 감량을 위해 그토록 노력했을 때가 아니었습니다. 채식이
    온전한 일상이 되면서부터였죠. 채식에 대한 새로운 시각을 갖게 되면서 저는 각종
    서적과 자료를 뒤지고 여러 정보와 근거를 찾아가며 저 자신을 테스트해보았습니다.
    건강해지려고 식단을 바꾸었더니 제 몸과 생활 전반이 서서히 변하더군요. 재료의
    한계를 극복하기 위해 세계 여러 나라의 다양한 식재료와 요리법을 활용하다 보니 채식을
    하면서도 미식(美食)을 충분히 즐길 수 있었고, 그에 따른 몸의 반응을 확인하면서 먹는
    것의 중요함도 새삼 깨달았습니다.

고백하건대 채식을 시작하고 첫 2년 동안 저는 단 한순간도 다이어트를 염두에 두지 않았습니다. 그럼에도 내가 먹은 것들로 인해 매주, 매달 몸이 조금씩 변해갔습니다. 철마다 괴롭히던 비염과 피부 질환이 사라지고 체중도 10kg 이상 줄었지요. 다이어트에 열을 올리던 때는 전혀 경험하지 못한 일이었습니다. 더 중요한 것은 그때 체중을 10년 동안 유지하고 있다는 사실입니다. 그래서 더 또렷이 알게 되었습니다. 식습관 개선으로 자리 잡은 체중은 평소 패턴에서 과하게 벗어나지 않는 한 계속 유지된다는 사실을요. 이는 인스턴트식 다이어트로 감량한 체중과는 질적으로 다르고 고질적인 질환을 개선시킬 만큼 영향력이 강했습니다.

올바른 채식 습관의 강점은 몸의 회복 탄력성을 키울 수 있다는 것입니다. 어쩌다 과식하거나 케이크 같은 고칼로리 음식을 먹거나, 잦은 식사 약속 등으로 인해 체중이 일시적으로 증가하더라도 원래 식습관으로 돌아가면 놀랍게도 곧 체중이 다시 제자리로 돌아오니 전혀 불안하지 않았습니다. 덕분에 체중을 스스로 컨트롤할 수 있다는 자신감도 얻었고요.

느리지만 건실한 체중 감소, 저는 이것을 인스턴트식 다이어트와는 반대 개념으로 느린 다이어트, 즉 '슬로 다이어트'라고 말하고 싶습니다. 슬로 다이어트를 하는 동안 먹는 것 때문에 스트레스를 받지 않아 특별히 다이어트한다는 생각도 없었던 것 같아요. 오히려 채식의 즐거움 속에서 그 스펙트럼을 넓혀가는 의미 있는 전환점이 되었지요. 매일 새로운 음식을 만나는 식사 시간이 기다려지기에 한 번에 과식하지 않고 내일을 기다릴 줄도 알게 되었고요. 이런 멋진 경험은 엄격한 채식주의자가 아니어도 누구나 누릴 수 있는 즐거움입니다.

가장 먼저 해야 할 일은
채소가 얼마나 맛있는지, 그리고 채소를 사랑하는 방법을 아는 일입니다

식습관을 형성하는 것은 장거리 마라톤과 같습니다. 그것은 한 번으로 끝나는 경기가 아니라 평생 내게 맞게 다듬어가는, 느리지만 꾸준하고 즐거운 일상이어야 합니다. 그럼에도 매년 봄이면 온갖 화려한 다이어트 비법에 현혹되는 이유는 인스턴트식 다이어트가 몸에 미치는 영향을 대수롭지 않게 여기고, 먹는 것 자체에 대한 중요함을 간과한 채 단기간에 즉각적인 반응을 원하기 때문입니다. 하지만 체중이 증가하는 근본 원인인 식생활 패턴의 변화 없이 겉만 다듬은 몸은 금세 본래의 모습으로 돌아오는 건 자명한 일입니다. 아마 다음번엔 또 다른 종류의 다이어트를 시도하고 있겠지요.

몸이 건강해지면 체중은 자연스럽게 자신에게 맞춰집니다. 슬로 다이어트는 채식 또는 채식 위주의 식습관을 바탕으로 하되 먹는 즐거움을 포기하지 않으며 몸의 반응에 귀 기울여 건강해지는 것을 목표로 합니다. 따라서 칼로리에 얽매여 음식을 금기하는 인스턴트식 다이어트에서 오는 스트레스 없이 편안하게 체중을 감량할 수 있습니다.

그리고 슬로 다이어트는 '채소를 맛있게 먹는 방법을 아는 일'에서부터 시작됩니다. 이 책을 통해 채식은 건강하지만 무언가 부족한 맛이라는 편견을 버리고, 기름진 육즙과 입에 감기는 첨가물 없이도 충분히 맛있고 다채로운, 바른 채식의 세계를 함께하기를 바랍니다. 맛없다고 느꼈던 채소의 진짜 맛을 새로운 요리를 통해 알게 되고, 건강한 식품으로만 인식했던 채소의 가치를 제대로 알게 되는 순간 채식의 매력을 빠져들게 될 거예요. 주방에서 행복하게 요리하는 독자 여러분의 모습을 상상합니다. 더불어 건강한 채식 습관으로 인한 즐거움으로 우리의 몸과 마음이 나날이 아름답게 반짝이길 바라봅니다.

차례

내 몸을 살리는 다이어트

좋아요

통곡물로 시작하는 아침

일러두기

이 책에 소개한 메뉴는 유제품과 달걀까지는 먹는 베지테리언VEGETARIAN(V) 요리, 유제품과
달걀도 먹지 않는 완전 채식주의자인 비건VEGAN(V+) 요리로 구분했습니다.
베지테리언 요리 중에서 비건 요리로 활용 가능한 것은 방법을 명시해놓았습니다.

가벼워요

늘 곁에 두고 먹기 좋은 채소와 드레싱

맛있어요

매일 먹어도 질리지 않는 우리 밥, 국, 찌개, 반찬

예뻐요

금기하지 않고 맘 편히 먹는 디저트

편리해요

가벼운 식탁을 위한 조리 팁

생강의 찬장

사용 폭을 넓히면 더욱 다채로워지는 재료와 양념 이야기

일러두기

큰술은 15ml 계량스푼, 작은술은 5ml 계량스푼, 컵은 200ml 계량컵을 기준으로 했습니다.
재료 중 * 표시가 있는 경우는 생략 가능한 것입니다.

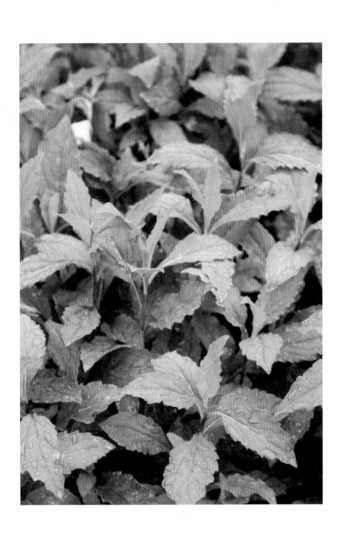

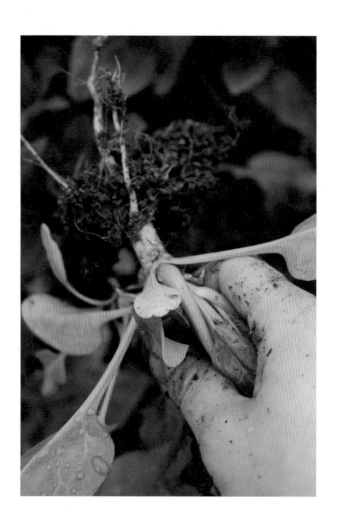

좋아요

—

WHOLE GRAIN

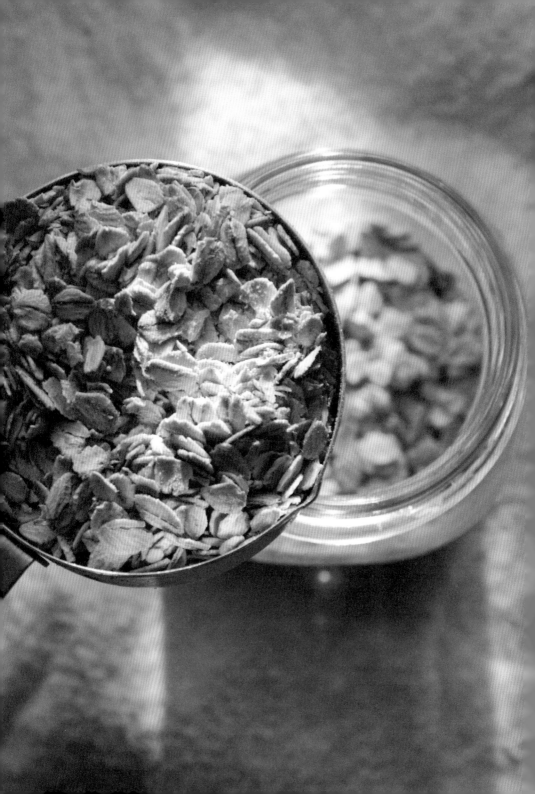

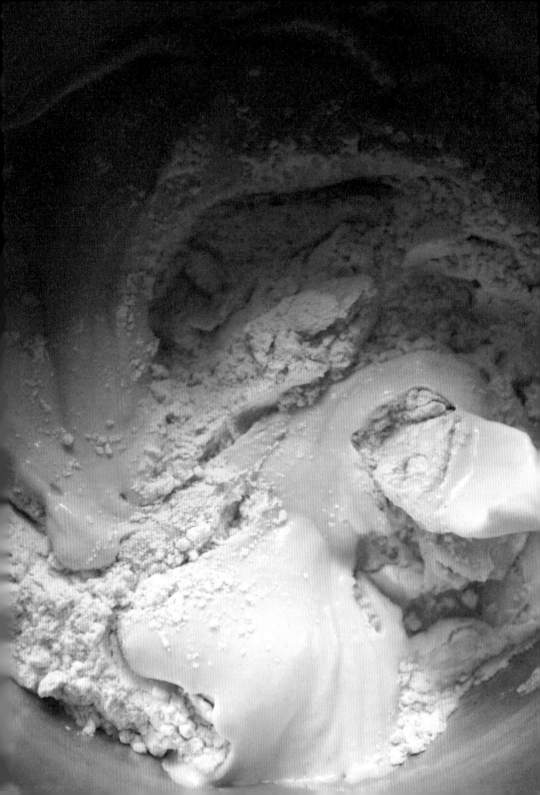

통곡물로 시작하는 아침

따뜻한 아침 식사는 매일 내 몸에 주는 선물과 같아요. 더욱 신기한 것은 아침에 따뜻한
음식을 먹은 날과 찬 음식을 먹은 날, 아침을 거른 날의 컨디션이 확연히 다르다는
거예요. 특히 아침을 먹지 않은 날은 점심에 나도 모르게 평소 안 먹던 음식을 먹거나
과식을 하고 간식 먹는 횟수도 늘어나지요. 아침 식사 여부와 종류에 따른 몸의 반응이
이렇게 달라진답니다.

하루 중 많은 시간을 책상 앞에 앉아 있는 저는 아침 식사에 꽤 신경을 쓰는 편입니다. 저의
아침 식단은 자연 그대로 혹은 최소한의 가공을 거친 통곡물 위주의 탄수화물에 약간의
단백질과 질 좋은 지방을 더해 차리는 것을 원칙으로 합니다. 제가 즐기는 탄수화물
식품은 하얀 밀가루, 흰 쌀밥, 흰 식빵을 제외한 거친 통곡물과 자연 발효 빵, 다양한
잡곡으로 요리한 음식입니다. 이런 거친 음식에 포함된 영양소는 하루를 활기차게 시작할
수 있는 에너지와 활력을 주기 때문에 적은 양이라도 아침 식사에 꼭 포함시키려고
해요. 하지만 이렇듯 건강에 좋은 통곡물이라 해도 나트륨 함량이 높거나 기름진 음식과
함께 많이 먹으면 오히려 위에 부담을 줄 수 있어요. 그럴 땐 섭취량을 줄이고 다양한
요리법을 활용합니다. 단, 유동식을 먹어야 하는 환자나 어린아이가 아니라면 선식이나
스무디 형태보다는 거칠고 물기 없는 형태로 만들어 최대한 오래 씹어 먹기를 권합니다.
그것만큼 소화·흡수에 좋은 것도 없으니까요.

씻고 출근하기도 바쁜 아침에 어떻게 한가하게 음식을 만들어 먹느냐고 반문하는 분도 계실 거예요. 이 점에서 저 역시 다르지 않습니다만, 그럼에도 저는 아침 식사만큼은 내일 아침이 기다려질 만큼 맛있어야 한다고 강조합니다. 아침은 하루를 즐겁게 시작하는 중요한 시간이고, 무엇보다 늦은 밤 가짜 허기를 물리치고 내일을 고대하게 만드는 이유가 되기 때문이지요. 그래서 저는 주말에 2~3시간을 투자해 일주일 동안 먹을 음식을 준비합니다. 빵과 와플, 팬케이크를 만들어 한 김 식힌 후 한 끼 분량씩 나누어 포장해서 일주일 치를 냉동 보관해두는 거예요. 아침에 일어나 기름기 없는 팬에 이것을 올려 가장 약한 불에서 데우면 갓 구운 것처럼 맛있고 근사한 아침 식사로 그만이지요. 베이커리에서 당일 구운 빵을 구입해 냉동 보관해두고 같은 방법으로 이용해도 좋고요.

물론 손쉬운 인스턴트나 가공식품을 먹을 때보다 부지런을 떨어야 하는 것은 사실입니다. 하지만 한결 가볍고 건강한 몸 상태를 경험하면 아침에 10분 일찍 일어나는 것쯤은 가치 있는 투자라고 생각하게 될 거예요. 이렇게 식습관이 다져지면 내 몸의 반응에 예민해지고 미각이 순수해져 몸에 좋은 음식을 스스로 구별하게 됩니다. '건강한 채식 위주의 식습관'에서 오는 몸의 변화, 통곡물과 함께하는 아침으로 경험해보세요.

따뜻한 나의 아침 식사

제가 가장 좋아하는 아침 식사 메뉴를 소개할게요. 불규칙한 아침을 건강하게 바꾸어준 저의 첫 요리랍니다. 따뜻하게 구운 빵이 있으면 채소는 기호에 따라 얼마든지 변화시킬 수 있고, 푸짐하게 먹고 싶다면 따뜻한 수프를 곁들여도 좋아요. 중요한 건 내가 먹는 한 끼 식사를 맛있게 요리한다는 것. 시간을 조금만 투자하면 시리얼이나 차가운 과일, 무거운 한식 밥상이 아닌, 전혀 다른 느낌의 아침 식사를 즐길 수 있어요. 따뜻하게 먹어야 맛있답니다.

재료(2인분)

달걀 2개
렌틸콩 1/2컵
아스파라거스 10개
올리브(또는 올리브절임) 12알
물 200ml

드레싱
올리브유 1큰술
소금 1/4작은술
굵게 간 후춧가루 1/2작은술
* 레몬 1/2개

POINT
• 렌틸콩은 퓌 렌틸콩, 브라운 렌틸콩, 그린 렌틸콩 등 어느 것을 사용해도 좋아요.
• 치즈를 곁들여도 좋아요.

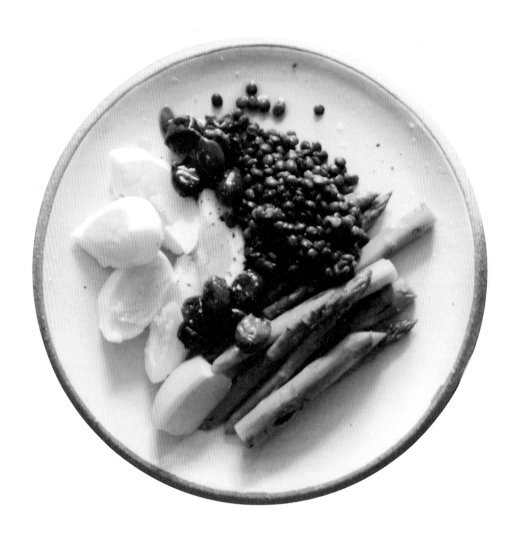

1 달걀은 반숙으로 삶습니다.(p.438 달걀 삶기 참고)

2 렌틸콩은 흐르는 물에 씻어서 물에 20분 정도 불린 후 센 불에서 삶습니다. 물이 끓어오르면 중약불로 줄이고 뚜껑을 닫아 부드럽게 익힙니다. (p.452 렌틸콩 익히기 참고)

3 아스파라거스는 단단한 밑부분을 2cm가량 자르고 끓는 물에 소금을 넣어 2분간 데친 다음 찬물에 헹구고 물기를 뺍니다.

4 접시에 삶은 달걀, 따뜻한 렌틸콩, 아스파라거스, 올리브를 담고 올리브유, 소금, 후춧가루를 뿌립니다. 먹기 직전에 레몬즙을 짜 넣어 산뜻함을 더합니다.

1

2

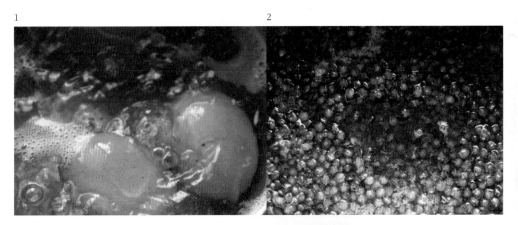

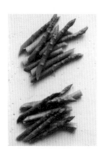

아스파라거스는 올리브유를 두르고 팬에 가볍게
구워도 돼요.

3   4

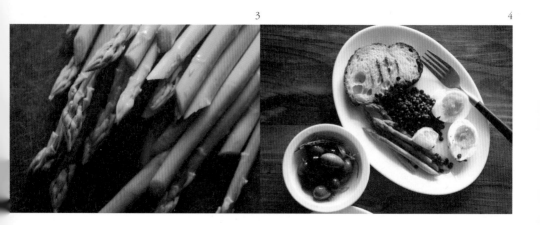

눌은밥 아침

엄마는 직접 만든 숭늉 가루를 사용한 옛날식 눌은밥 끓이는 법을 가르쳐주었지만 요즘 우리 집 눌은밥은 세대교체 중입니다. 언젠가 해외에서 감기 몸살을 심하게 앓았는데 그때 먹은 눌은밥이 제게는 향수병을 치유해준 약이자 엄마 밥 같은 소울 푸드였죠. 그래서 지금도 몸이 으슬으슬하거나 컨디션이 안 좋을 때면 눌은밥을 끓여 먹어요. 제가 만드는 눌은밥은 고명을 얹는 게 특징이에요. 수수한 맛에 먹고 나면 몸도 마음도 편안해진답니다.

재료(2인분)

말린 누룽지 120g
다시마 물 800ml(p.414 다시마 국물 만들기 참고)
신김치 50g
쪽파 20g
김 1장
달걀 2개
참기름 1/4작은술
포도씨유 1/2큰술
통깨 2작은술
양조간장 1큰술
물 적당량

POINT
- 채수를 사용해도 좋지만 담백한 누룽지 맛을 살리기 위해 다시마 물을 사용했어요.
- 집에서 만든 누룽지는 시판 누룽지보다 수분 함량이 많으니 다시마 물을 600ml로 줄여서
  끓이다가 부족하면 추가하세요.
- 포도씨유는 다른 식물성 기름으로 대체해도 돼요.

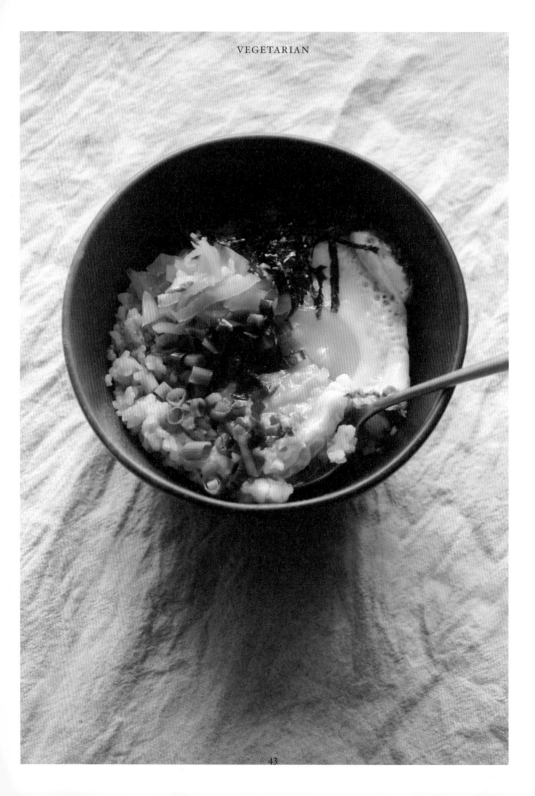

1 냄비에 다시마 물을 끓이다가 누룽지를 넣고 중불에서 약불로 불을 줄여가며
   잘 퍼지게 합니다.
2 신김치는 양념을 깨끗하게 씻어서 물기를 꼭 짠 뒤 송송 썰고 쪽파도 잘게
   썹니다. 김은 약불에 살짝 구워 잘게 부수거나 가위로 채 썹니다.
3 달군 팬에 포도씨유를 두르고 달걀을 깨뜨려 넣어 반숙으로 익힙니다.
4 그릇에 따뜻한 누룽지를 담고 달걀, 김치, 쪽파, 김, 통깨를 올린 후
   간장 1/2큰술과 참기름을 뿌려 먹습니다.

1

2

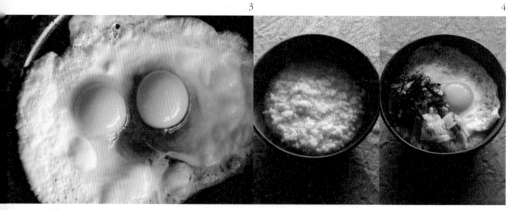

3   4

시간 여유가 있다면 눌은밥이 끓을 때 달걀을 깨뜨려 넣어
수란처럼 익혀보세요. 달걀 맛이 더 담백해져요.

보통 날의 오트밀

따뜻하고 맛있게 먹을 수 있는 음식이에요. 특히 상큼한 맛의 사과와 계피의 조화로 누구나 좋아할 만하지요. 저는 부드러운 오트밀과 정반대되는 아삭한 식감을 즐기는 편이라 사과를 그대로 토핑으로 사용했지만 기호에 따라 사과를 냄비에 넣고 함께 끓여도 좋아요.

재료(2인분)

오트밀 1컵
사과 1/2개
계핏가루 1/2작은술
메이플 시럽(또는 꿀, 아가베 시럽) 2작은술
물 400ml

POINT

• 메이플 시럽은 기호에 따라 양을 조절하고 꿀이나 아가베 시럽 등 다른 당류로 대체해도 좋아요.
• 사과 대신 바나나, 딸기, 블루베리 등 다양한 계절 과일을 사용해도 좋아요.

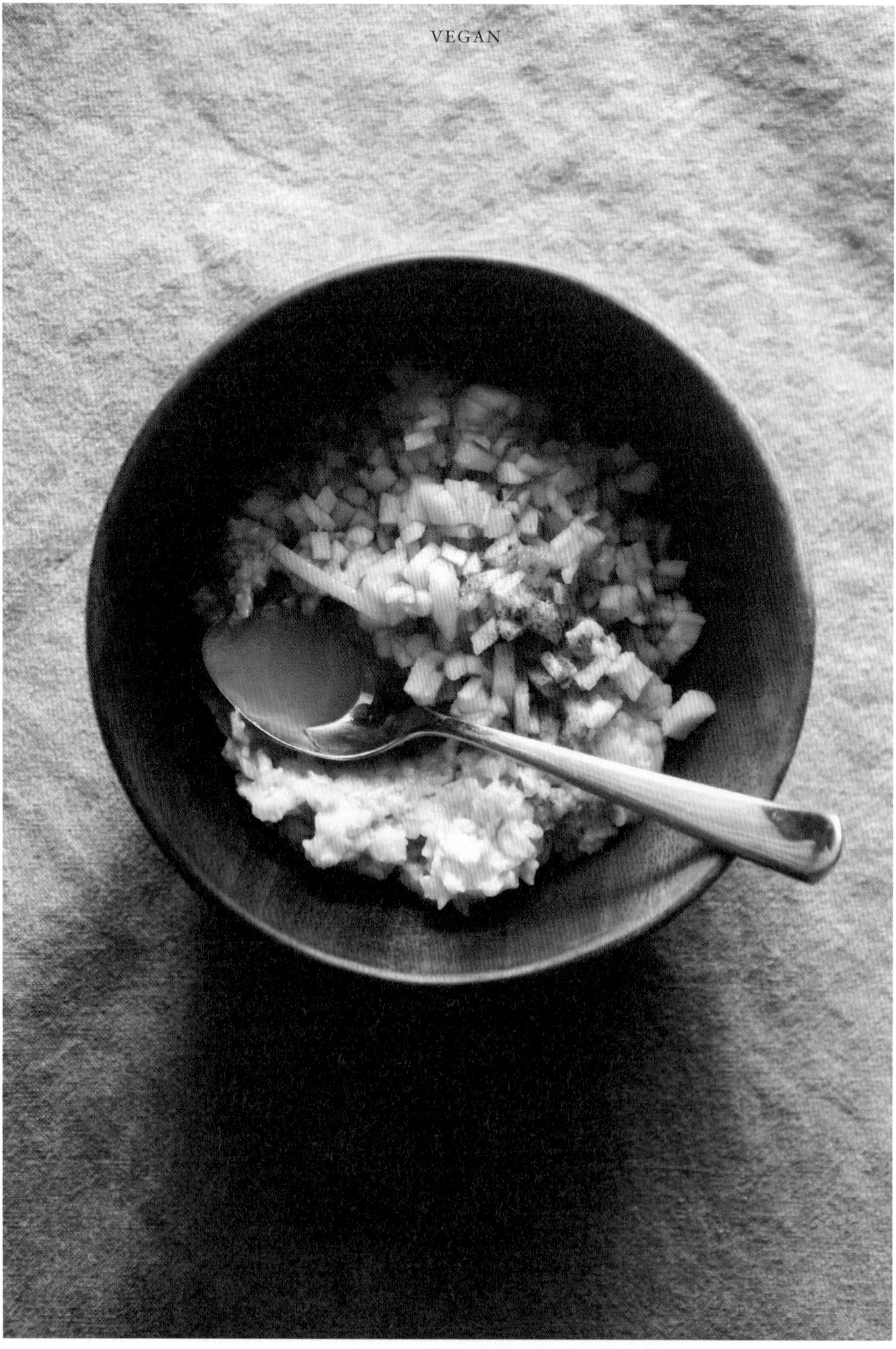

더 간편하게 만들려면 그릇에 오트밀과 물을 붓고 전자레인지에 넣어 8~10분
가열하세요.

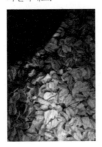

1

2

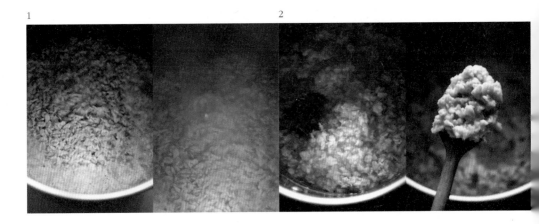

1 냄비에 오트밀과 물을 넣고 센 불에서 끓입니다.

2 ①이 끓어오르면 약불로 줄여 죽 형태가 되도록 잘 저으면서 익힙니다.

3 사과는 0.2cm 두께로 자른 뒤 가늘게 채 썰어 잘게 다집니다.

4 오트밀이 따뜻할 때 그릇에 담고 사과와 계핏가루를 올린 후 메이플 시럽을 넣어
   완성합니다.

3

4

오버나이트 오트밀

뮤슬리가 제게 생소하던 시절, 다이어트와 미용에 관심 많던 싱가포르 친구가 알려준 아침 식사 메뉴예요. '섞다'라는 뜻의 뮤슬리는 스위스의 한 영양학자가 환자들의 식이요법을 위해 개발한 것으로 지금은 스위스의 전통 건강식으로 알려져 있지요. 오트밀을 중심으로 다양한 과일과 씨앗을 한 번에 골고루 먹을 수 있어 당분과 오일이 들어 있는 미국식 그래놀라와는 사뭇 다른 담백하고 건강한 맛이 느껴져요. 전날 모든 재료를 쓱쓱 섞어 냉장고에 넣어두면 다음 날 아침 푸딩처럼 부드럽고 쫀득해져 그대로 먹으면 되는 간편한 아침 식사 메뉴죠. 토핑으로 사용하는 사과는 귀찮아도 먹기 직전에 갈아 올려야 맛있어요.

재료(2인분)

오트밀 1컵
저지방 우유 200ml
저지방 요구르트 1컵
신선한 레몬즙 1큰술
사과 1/2개
꿀 2작은술
＊ 헴프시드 2작은술

POINT
- 비건일 경우 꿀 대신 메이플 시럽이나 아가베 시럽으로, 우유 대신 두유나 두유 요구르트 또는
  다른 식물성 유제품으로 대체 가능해요.
- 씨앗은 치아시드, 바질시드, 통들깨, 견과류 등 기호에 따라 대체 가능해요.

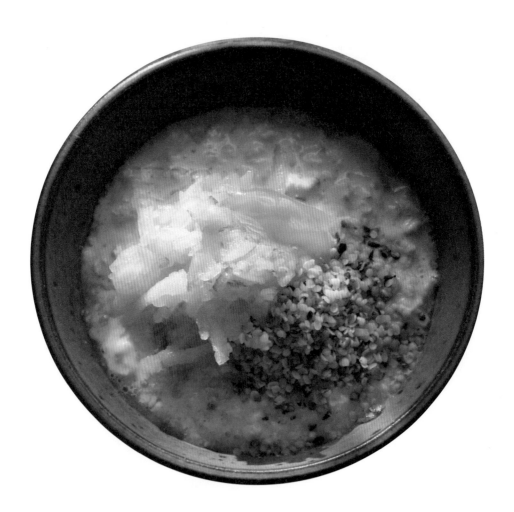

사과 대신 바나나, 단감, 복숭아 등 다른 제철 과일로
대체할 수 있어요.

1 빈 유리병에 오트밀, 우유, 요구르트, 레몬즙을 넣고 잘 섞어 냉장고에
   하룻밤(최소 5시간) 둡니다.
2 다음 날 아침 걸쭉해진 오트밀을 숟가락으로 골고루 섞으세요.
3 사과는 강판에 갑니다.
4 ①을 그릇에 담고 간 사과와 오트밀, 꿀, 헴프시드를 올려 냅니다.

1

2

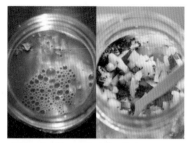

사과는 갈지 않고 잘게 다져도 좋아요.

3   4

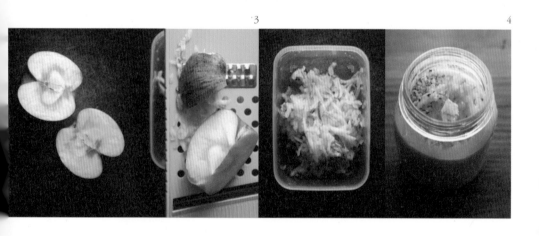

아마란스 튀밥을 곁들인 카카오 스무디

가끔 식욕이 없거나 컨디션이 저조한 날에는 평소와 다른 음식을 찾게 되는데, 그럴 땐 식욕을 돋우면서도 간단하게 차릴 수 있는 것을 원하지요. 카카오 스무디에 곡물 튀밥과 신선한 과일 또는 말린 과일을 듬뿍 올려 먹어보세요. 무겁던 몸이 언제 그랬냐는 듯 활력이 생겨요. 식사 대용 가루 식품도 이렇게 토핑으로 얹어 스무디를 해 먹으면 먹는 재미가 남다르답니다.

재료(2인분)

아마란스 1/4컵
무첨가 두유 200ml
바나나 2개
카카오(코코아) 가루 2큰술
* 아로니아 가루 1큰술
선식 가루 1큰술

토핑
* 산딸기, 말린 구기자 등 말린 과일, 씨앗 등

POINT
- 두유는 저지방 우유나 일반 우유로 대체할 수 있어요.
- 아마란스 튀밥 대신 쌀 튀밥이나 오트밀을 넣어도 좋아요.
- 아로니아 가루는 평소 먹는 가루 타입의 식품 보조제로 대체하거나 생략해도 좋아요.

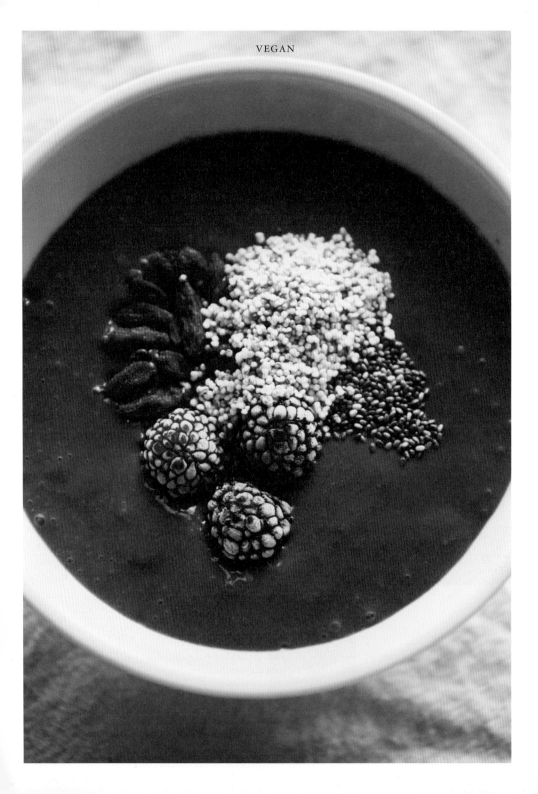

1

2

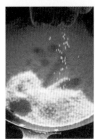

아마란스 튀밥을 만들 때는 스테인리스 소재의 팬이나
냄비를 이용하는 게 좋아요. 또 처음 만들 때는 태우기 쉬우니
조금씩 여러 번 반복해서 만드세요.

1 센 불로 달군 팬에 아마란스를 넣고 바로 뚜껑을 닫은 후 곡물이 튀어오르면
  중불로 낮춰 팬의 열기로 튀밥을 만듭니다.
2 80% 정도 튀밥이 되면 불을 끄고 그릇에 옮겨 담아 식힙니다.
3 블렌더에 두유, 바나나, 카카오 가루, 아로니아 가루, 선식 가루를 넣고
  곱게 갑니다.
4 그릇에 담고 아마란스 튀밥과 함께 각자의 취향대로 여러 토핑을 올립니다.

글루텐프리 바나나팬케이크

검은 점이 생긴, 맛있게 후숙된 바나나가 있으면 자주 구워 먹던 주말 아침 메뉴예요. 밀가루가 들어가지 않아 포슬포슬한 식감은 없지만 식이 섬유가 풍부한 바나나와 오트밀 덕에 식감이 쫀득하고 촉촉하며 장 건강에도 도움이 된답니다. 밀가루 음식을 먹으면 소화가 잘 안 되는 사람에게도 권할 만한 메뉴예요.

재료(6~7장)

잘 익은 바나나 2개
오트밀 1컵
달걀 3개
식물성 기름 1큰술+@
* 베이킹파우더 1/2작은술
* 바닐라 오일 1/4작은술
* 계핏가루 1/2작은술

토핑
신선한 과일
메이플 시럽(또는 꿀) 적당량

POINT
• 식물성 기름은 포도씨유나 코코넛 오일(실온에서 액상 형태)을 권해요.
• 폭신하게 만들기 위해 소량의 베이킹파우더를 첨가하는 것이니 원치 않으면 생략해도 좋아요.
• 바닐라 오일이나 계핏가루도 취향에 따라 생략할 수 있어요.

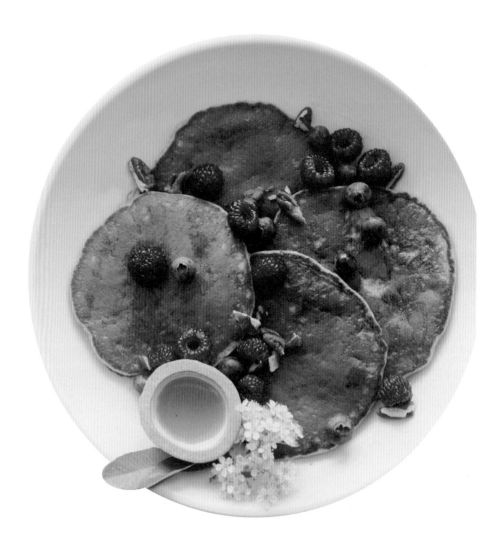

1　　　　　　　　2　　　　　　　　　　　　　　3

1 바나나는 반드시 충분히 익어 슈거 스폿(반점)이 뚜렷한 것으로 준비합니다.

2 오트밀은 믹서로 곱게 갈아 가루로 만듭니다.

3 바나나 껍질을 벗겨 볼에 넣고 포크로 거칠게 으깹니다.

4 으깬 바나나에 달걀을 넣고 잘 섞습니다.

5 ④에 오트밀 가루와 식물성 기름, 베이킹파우더, 바닐라 오일, 계핏가루를 넣고
　잘 섞어 묽은 반죽 형태로 만듭니다.

6 달군 팬에 기름을 살짝 두르고 반죽을 국자로 얇게 떠 올려 약중불에서 익힙니다.
　한쪽 면에 기포가 생기면 뒤집어서 반대쪽도 익힙니다.

7 접시에 따뜻한 팬케이크를 담고 신선한 과일을 올린 후 메이플 시럽을 곁들여
　냅니다.

코팅된 팬이나 잘 길들여진 무쇠 팬인 경우 기름을 사용하지 않고 구워도 돼요.

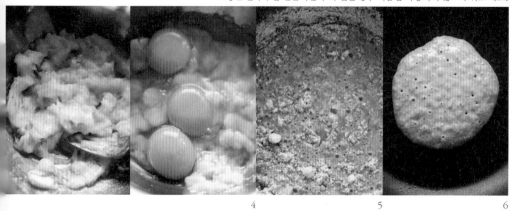

4   5   6

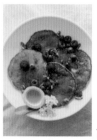

7

61

잡곡팬케이크와 딸기 시럽

국내산 잡곡을 듬뿍 넣은 팬케이크는 제가 생각하는 이상적인 아침 메뉴입니다. 잡곡의 구수한 맛과 구운 떡처럼 쫄깃한 식감이 특징이지요. 저는 이렇게 만든 팬케이크를 한 장씩 랩으로 포장해 냉동 보관해두었다가 필요할 때마다 꺼내 구워서 시럽을 곁들이곤 해요. 이렇게 하면 평일 아침에도 얼마든지 주말 브런치 같은 식사를 즐길 수 있답니다.

재료(지름 약 8cm, 12장)

수수가루·현미가루·보리·옥수수·흑미가루 1/4컵씩
통밀가루 1/4컵
베이킹파우더 1작은술
소금 1/4작은술
달걀 2개
메이플 시럽 1작은술
저지방 우유 300ml
포도씨유 1큰술
＊딸기 시럽 적당량(p.448 과일 시럽 만들기 참고)

POINT
•잡곡류는 취향에 따라 다른 종류로 대신할 수 있어요.
• 포도씨유 대신 향 없는 카놀라유나 해바라기씨유, 현미유를 사용해도 좋아요.
• 산뜻한 과일 시럽을 곁들이는 것이 잘 어울리지만 기호에 따라 생략해도 되고,
꿀 또는 메이플 시럽으로 대체해도 맛있어요.

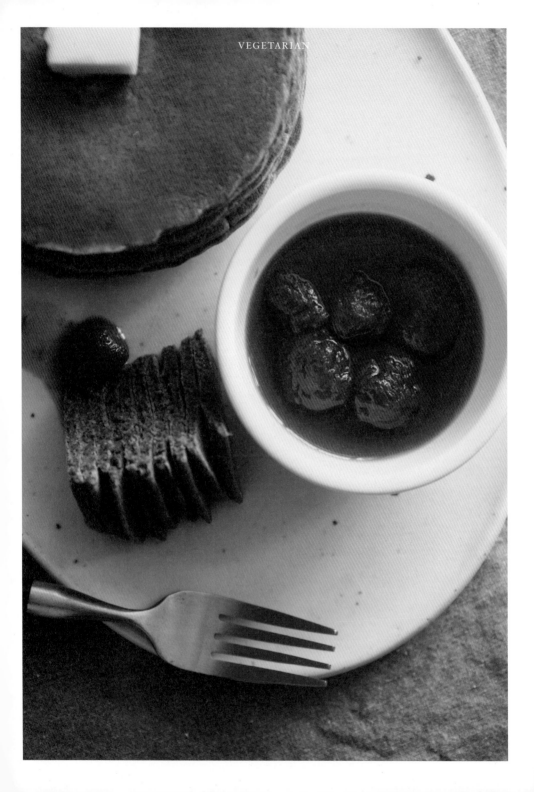

1 볼에 달걀, 메이플 시럽, 우유, 포도씨유을 넣고 섞습니다.
2 ①에 잡곡가루, 통밀가루, 베이킹파우더, 소금을 넣고 다시 잘 섞습니다.
3 중불로 달군 마른 팬에 반죽을 한 국자씩 떠 넣고 약불로 천천히 굽습니다.
4 한쪽 면에 기포가 생기면 뒤집어서 반대쪽도 익힙니다.
5 접시에 팬케이크를 여러 겹 올리고 딸기 시럽을 곁들여 냅니다.

1   2

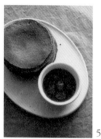

5

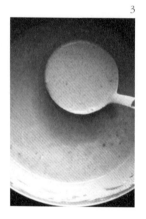

3

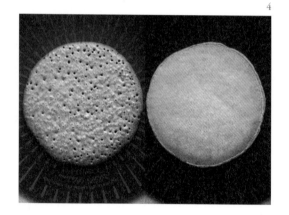

4

옥수수와플

와플은 제 아침 식단에 빼놓을 수 없는 음식이에요. 특히 제가 굽는 와플은 설탕, 버터 없이 물과 소금, 곡물에 때때로 식물성 재료를 넣어 건강하게 만들지요. 아주 바쁠 때는 따뜻하게 데운 와플에 잼을 발라 손에 들고 나가기도 해요. 옥수수술빵을 떠올리며 만든 옥수수와플은 국산 옥수수 가루에 찐 옥수수알을 듬뿍 넣고 두유로 반죽해 구운 즉석 빵이자 식사용 와플이랍니다. 먹는 내내 옥수수알이 톡톡 씹히는 재미는 덤이지요.

재료(5장)

옥수수 가루 1컵
소금 1/2작은술
굵게 간 후춧가루 1/4작은술
통밀가루 1/2컵
베이킹파우더 1/2작은술
무첨가 두유 230ml
신선한 레몬즙 1큰술
메이플 시럽 1½큰술
식물성 기름 1½큰술
찐 옥수수알 1/2컵
* 해바라기씨 1큰술
* 치아시드 1큰술

POINT
• 조금 더 달콤한 맛을 원한다면 반죽이나 구운 와플에 당분을 더하세요. 조청이나 꿀을 추천해요.
• 사용하는 두유의 종류에 따라 반죽의 묽기가 다를 수 있어요. 반죽이 묽을 경우 바삭하고
가벼운 와플이 완성되고 반죽이 되면 쫀득한 식감의 와플이 만들어져요.

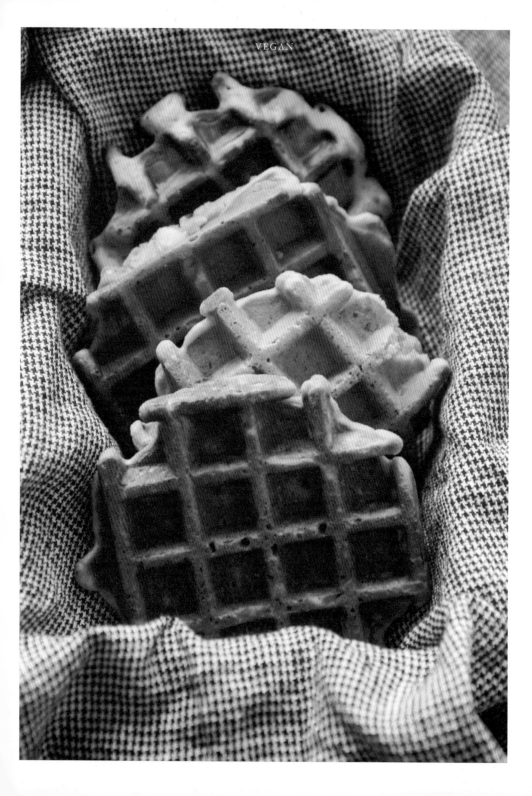
VEGAN

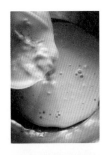

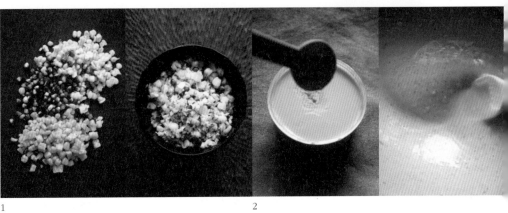

1   2

3   4   5

1 옥수수알은 1/2분량을 굵게 다지거나 푸드 프로세서에 넣고 거칠게 두어 번 갈고,
  나머지 1/2분량은 그대로 둡니다.
2 두유에 레몬즙을 넣고 가볍게 섞어 잠시 둡니다.
  두유가 응고되기 시작하면 메이플 시럽, 기름을 넣고 가볍게 섞으세요.
3 옥수수 가루, 통밀가루, 베이킹파우더를 체에 쳐서 ②에 넣고 가볍게 섞습니다.
4 어느 정도 섞이면 옥수수알, 해바라기씨, 치아시드를 넣고 두어 번 섞습니다.
5 와플 팬을 미리 달궜다가 약불로 줄여 반죽을 크게 한 국자씩 떠 넣고 앞뒤로
  노릇하게 구워냅니다.

두부와플

예전에는 두부 응용 요리라고 하면 콩비지를 베이킹에 쓰거나 두부 프로스팅을 올린 컵케이크 정도라고 생각했어요. 그러던 어느 날 잡지에서 두부로 만든 와플을 발견하고는 한동안 주방에서 매일 와플과 씨름하며 살았죠. 그렇게 달걀이나 우유를 사용하지 않고도 겉은 바삭하고 속은 쫀득하게 만든 이 와플은 한 입 베어 문 순간 터져 나오는 웃음을 참을 수 없을 정도로 맛이 일품이에요. 무엇보다 만들기도 간단해 추천하고 싶어요.

재료(4개)

단단한 두부 280g
생캐슈너트 1/4컵
무첨가 두유 100ml
메이플 시럽 1큰술+@
레몬즙 1큰술
코코넛 오일 2큰술
통밀가루 1컵+@
베이킹파우더 1작은술
소금 1/4작은술

POINT

- 구울 땐 약불에서 천천히 구워야 속까지 잘 익어요.
- 메이플 시럽은 꿀 등 다른 액체 당류로 대체 가능해요.
- 구워서 한 김 식은 다음 바로 먹어야 맛있어요. 남은 와플은 냉동 보관하세요.

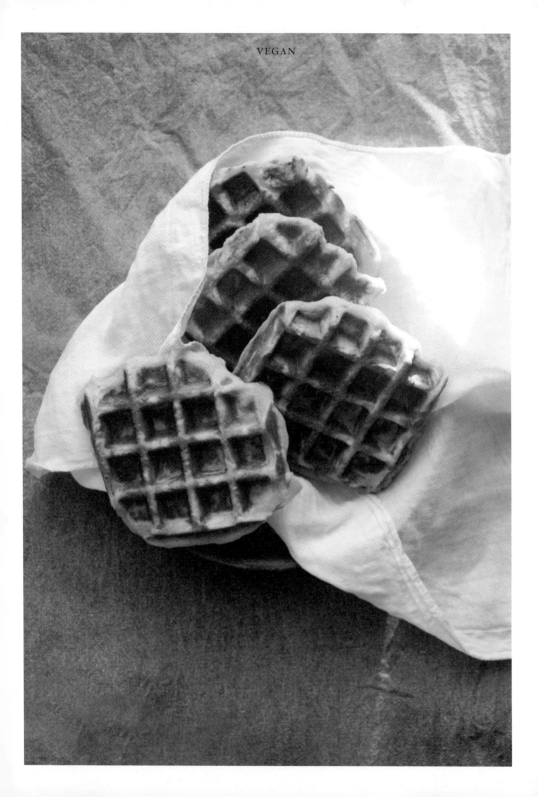

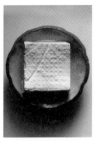

1 2

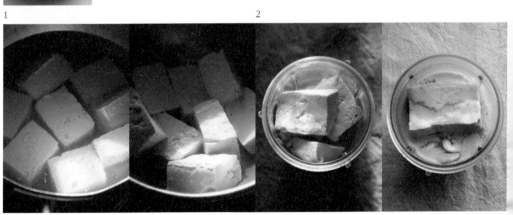

코코넛 오일이 굳어 있다면 따뜻한 온도에서 액체
상태가 되도록 녹여서 사용하세요.

1 두부는 끓는 물에 데친 후 채반에서 한 김 식히고 와플 팬은 약불에 미리
   예열하세요.
2 블렌더에 ①의 두부, 캐슈너트, 두유, 메이플 시럽, 레몬즙을 넣고 퓌레 형태로
   만듭니다.
3 ②에 분량의 코코넛 오일을 넣고 다시 한번 갑니다.
4 ③을 볼에 옮겨 담고 그 위로 통밀가루, 베이킹파우더, 소금을 체에 쳐서 넣어
   잘 섞습니다.
5 와플 팬에 노릇하게 구워 기호에 따라 과일이나 꿀, 메이플 시럽을 곁들여 냅니다.

3			5

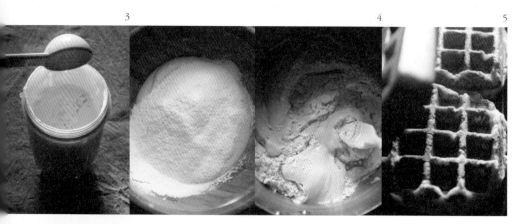

아보카도 토스트

한때 뉴욕에서 아보카도를 듬뿍 얹은 토스트가 인기였어요. 알고 보면 특별할 것 없는 메뉴지만 재료 본연의 맛을 추구하는 뉴요커들의 음식 취향을 엿볼 수 있었죠. 세 가지 버전의 아보카도 토스트는 서로 비슷한 콘셉트로, 만들기 간단하면서 고소하고 크리미한 아보카도 고유의 맛을 느낄 수 있답니다. 또 부재료가 맛을 더 풍부하게 해주거나 매콤하게 마무리하기도 해요.

재료(3개)

천연 발효 빵 3쪽, 아보카도 1½개, 오일 약간

VERSION 1
달걀 1개
굵게 간 후춧가루 약간
소금 약간

VERSION 2
크러시드 페퍼 1/2작은술
올리브유(또는 칠리 오일) 1작은술
신선한 레몬즙 1/2작은술
소금 약간

VERSION 3
말린 토마토절임 2쪽
올리브(또는 올리브절임) 4알(p.422 올리브절임 만들기 참고)
올리브유 1/2작은술
굵게 간 후춧가루 1/4작은술

POINT

- 빵은 버터나 달걀을 넣지 않은 우리밀 발효 식빵을 기준으로 했습니다.

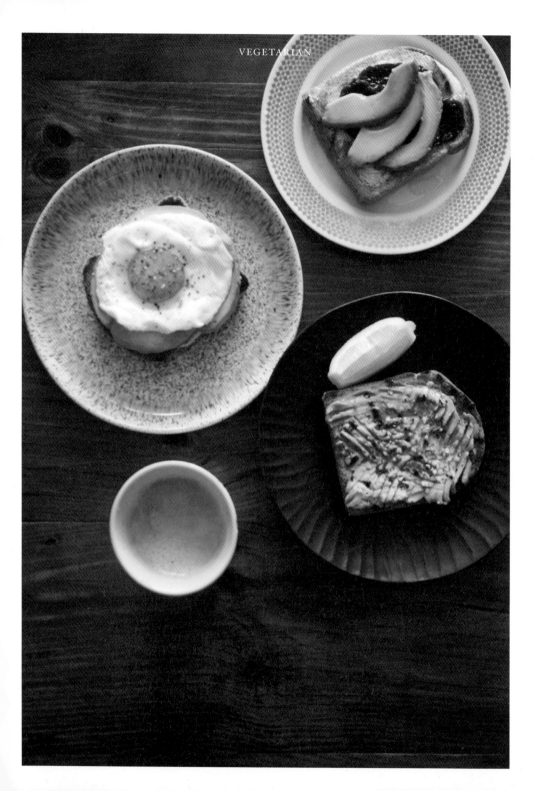

1 잘 익은 아보카도를 반 잘라 씨를 빼고, 빵을 먹기 좋은 크기로
  썰어 놓습니다.
2 마른 팬에 빵을 노릇하게 굽습니다.
3 아보카도를 얇게 자릅니다.
4 구운 빵 위에 아보카도 과육을 올립니다.

VERSION 1

5　6　7

5 수란을 만듭니다.(p.442 수란 만들기 참고)
6 포크로 아보카도를 으깹니다.
7 으깬 아보카도 위에 수란을 올리고 소금과 후춧가루를 뿌립니다.

VERSION 2

5　6

5 포크로 아보카도를 으깹니다.
6 크러시드 페퍼를 솔솔 뿌리고 올리브유(또는 매콤한
　칠리 오일), 레몬즙, 소금을 뿌립니다.

VERSION 3

5 말린 토마토절임과 올리브를 잘게 다집니다.
6 슬라이스한 아보카도 위에 다진 토마토절임과 올리브를
　얹고 올리브유, 후춧가루를 뿌립니다.

5　6

봄딸기브루스케타

텃밭에 딸기가 알알이 맺히는 5월이면 딸기로 간단한 브런치 메뉴를 만듭니다. 하우스 재배가 아닌 자연산 딸기는 단맛과 함께 새콤한 산미도 느낄 수 있는데요, 이럴 때 집에서 만든 생치즈가 있다면 금상첨화랍니다. 소스 맛이 아닌 재료의 순수한 맛을 느끼며 식사를 즐길 수 있지요. 여기에 바질 향으로 포인트를 주면 더욱 근사한 봄 음식이 된답니다.

재료(10~12개)

통밀 치아바타 2개
딸기 50g
바질잎 10g
홈메이드 생치즈 1컵(p.434 홈메이드 생치즈 만들기 참고)
레몬즙 1큰술
로 슈거 딸기잼 적당량(p.442 로 슈거 잼 만들기 참고)

POINT
- 통밀 치아바타 이외에 다양한 치아바타로 대체해도 좋아요.
- 딸기는 크기에 따라 개수나 자르는 크기를 조절하세요.
- 오디, 산딸기, 블루베리, 바나나, 파인애플, 복숭아, 자두 등 다른 계절 과일로도 대체 가능해요.
- 홈메이드 생치즈 대신 크림 치즈나 모차렐라 치즈로 대체 가능해요.

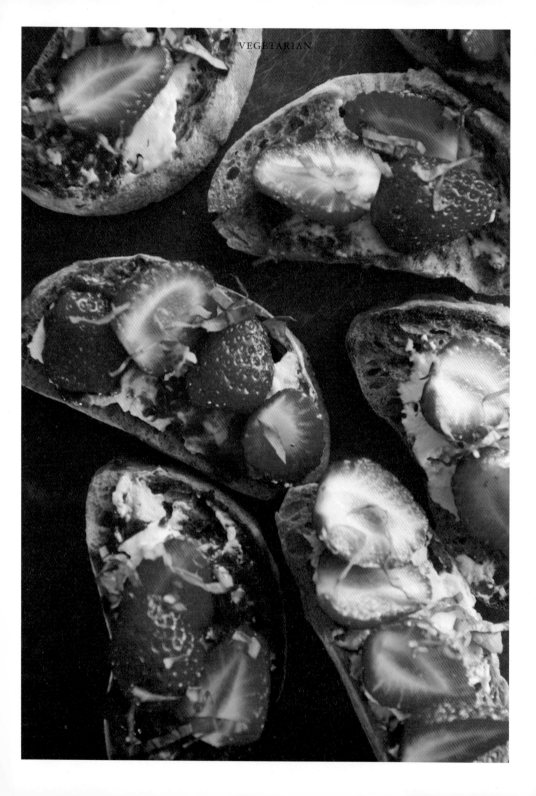

치즈와 딸기잼의 양은 기호에
따라 조절하세요.

1   2

1   냉장 보관한 치즈는 스프레드하기 쉽도록 실온에 30분간 꺼내둡니다.

2   딸기는 큰 것은 한 입 크기로 자릅니다.

3   바질잎은 곱게 채 썹니다.

4   치아바타는 1cm 두께로 잘라 달군 팬에 바삭하게 굽습니다.

5   구운 치아바타 위에 치즈 1큰술, 레몬즙 1/4작은술, 딸기잼 1작은술씩 각각
    바르고 딸기와 바질잎을 올려 냅니다.

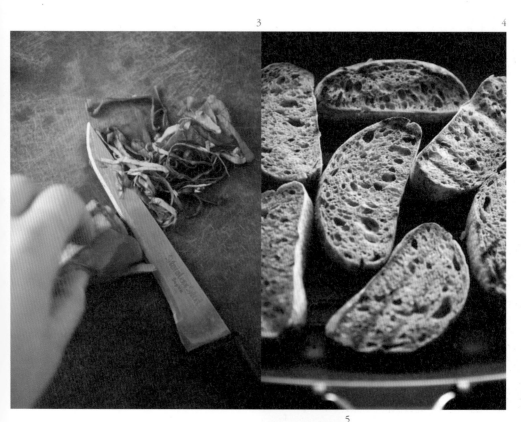

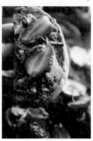

구운 토마토 브루스케타

토마토 브루스케타를 만들 때 보통은 잘 익은 토마토를 생으로 듬뿍 올리지만 오븐에 살짝 구운 토마토를 올리면 맛이 무척 새로워요. 생토마토에서 느낄 수 없는 풍부한 감칠맛과 진한 단맛이 브루스케타를 특별하게 만들어주지요. 촉촉한 치즈와 함께 농축된 토마토즙이 입속에서 퍼지는 맛이 별미라 토마토가 한창인 계절에 추천하는 음식입니다. 다양한 색깔의 토마토로 색감을 살리면 먹는 즐거움이 배가되지요.

재료(10~12개)

통밀 치아바타 2개
방울토마토 300g
올리브유 1큰술+@
홈메이드 생치즈 1컵(p.434 홈메이드 생치즈 만들기 참고)
소금 1/4작은술
* 바질잎 적당량

POINT
- 취향에 따라 발사믹 비니거를 올리브유와 함께 뿌리면 더욱 맛있어요.
- 치즈는 넉넉한 양이니 기호에 따라 조절하세요.
- 홈메이드 생치즈 대신 리코타 치즈나 생모차렐라 치즈를 사용해도 좋아요.
- 방울토마토 대신 완숙 토마토를 잘게 썰어 같은 방법으로 구워서 사용해도 돼요.

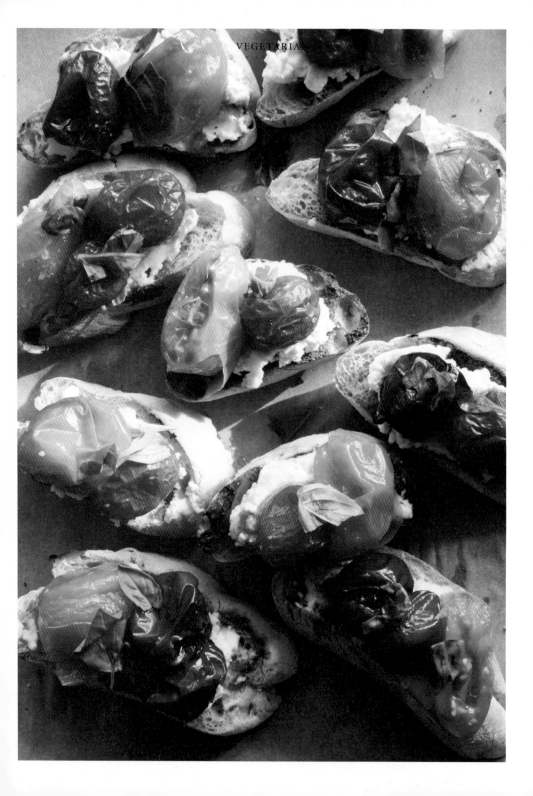

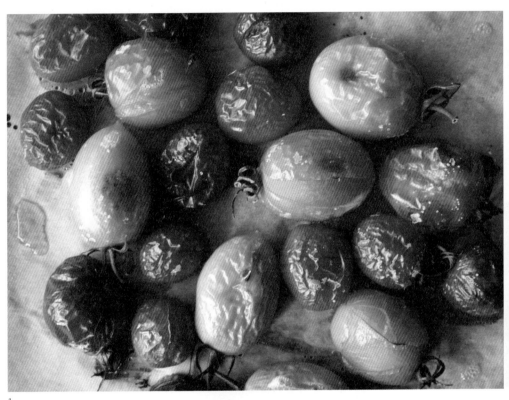

1

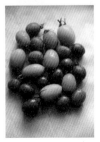

1 방울토마토를 올리브유에 버무려 200℃로 예열한 오븐에 20분간 구운 뒤 충분히
  식힙니다.
2 치아바타는 1.5cm 두께로 두툼하게 자른 뒤 마른 팬에 구워 바삭하게 만듭니다.
3 구운 빵 위에 치즈를 1~2큰술씩 거칠게 바릅니다.
4 치즈 바른 빵에 구운 토마토를 올리고 올리브유와 소금을 한 꼬집씩 뿌린 다음
  기호에 따라 바질잎을 잘게 썰어 올립니다.

2   3   4

시금치딸기케사디야

겨울 시금치, 특히 해풍을 맞고 자란 겨울 섬초는 단맛이 좋아 밥상에 자주 올리지요. 사실 겨울 시금치는 어떻게 요리해도 맛있어요. 저는 생치즈를 사용해 시금치 맛을 조화롭고 풍부하게 살리고, 여기에 새콤달콤한 딸기를 넣어 맛의 포인트를 주었어요. 따뜻하게 데운 통밀 토르티야에 싸 먹으면 건강한 별미 아침 식사가 되는데 여기에 담백한 크래커에 올려 먹어도 좋아요. 또 생치즈 대신 크림치즈를 써도 되고요. 기호에 따라 질 좋은 꿀이나 당분, 다양한 씨앗을 활용하면 더욱 건강하고 먹는 재미가 있는 브런치 메뉴가 된답니다.

재료(10개)

통밀 토르티야(10인치) 10장
시금치 120g
홈메이드 생치즈 100g(p.434 홈메이드 생치즈 만들기 참고)
딸기 5~8개
＊아가베 시럽 적당량
소금 1/4작은술

POINT
• 통밀 토르티야는 냉장 제품을 이용했어요.
• 구운 호두, 잣 등 견과류를 곁들이면 더욱 식감이 좋아요.
• 시금치를 데칠 때 2분을 넘기지 않도록 하세요.
• 당분은 향이 없는 시럽류가 가장 잘 어울려요. 기호에 따라 꿀을 사용해도 좋아요.

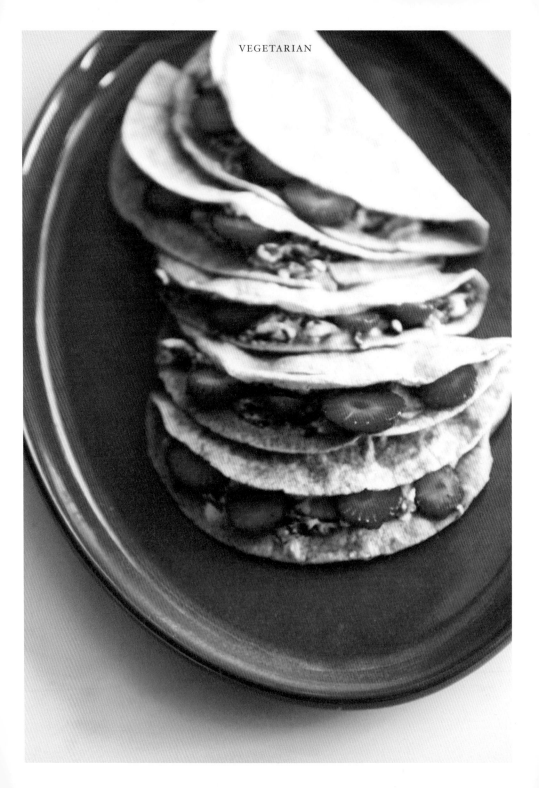

딸기는 크기에 따라 개수와 써는 방법을 조절하세요.

1 시금치는 끓는 물에 1~2분간 데친 뒤 찬물에 헹궈 물기를 꼭 짜서
  1cm 길이로 썹니다.
2 볼에 치즈와 데친 시금치, 소금을 넣고 뭉쳐지도록 잘 섞습니다.
3 딸기는 얇게 편썰기하세요.
4 달군 마른 팬에 토르티야를 따뜻하게 데웁니다.
5 토르티야 위에 ②를 1큰술씩 펴 바르고 딸기를 올린 뒤 반으로 접습니다.

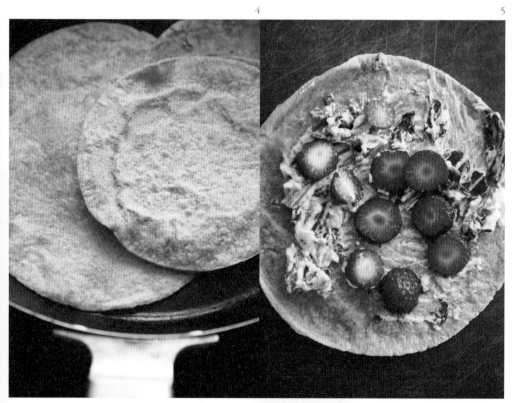

기호에 따라 아가베 시럽을 뿌리세요.

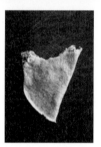

토마토스크램블드에그

토마토의 감칠맛에 쪽파로 풍부한 맛을 더한 아시아식 스크램블드에그입니다. 건강한 재료를 사용하고 요리 시간도 짧은 데다 맛있기까지 해 급하게 반찬을 만들어야 할 때 가장 먼저 떠오르는 메뉴지요. 갓 지은 밥과 잘 어울리고 빵에 곁들여 먹어도 좋아요. 아침으로 먹기에 쪽파가 부담스럽다면 생략해도 되지만 밥과 함께 먹을 때만큼은 반드시 넣어 그 풍부한 맛을 느껴보세요. 저는 토마토스크램블드에그를 덮밥처럼 밥에 올려 도시락으로 싸기도 해요.

재료(2인분)

토마토(작은 것) 2개
쪽파 3쪽
달걀 3개
올리브유 2큰술
소금 1/2작은술
굵게 간 후춧가루 1/4작은술

POINT
• 밥에 곁들일 때는 올리브유 대신 마늘 기름을 사용하면 더 맛있어요.(p.418 마늘 기름 만드는 법 참고)
• 토마토는 잘 익은 것으로 조리해야 맛있어요.

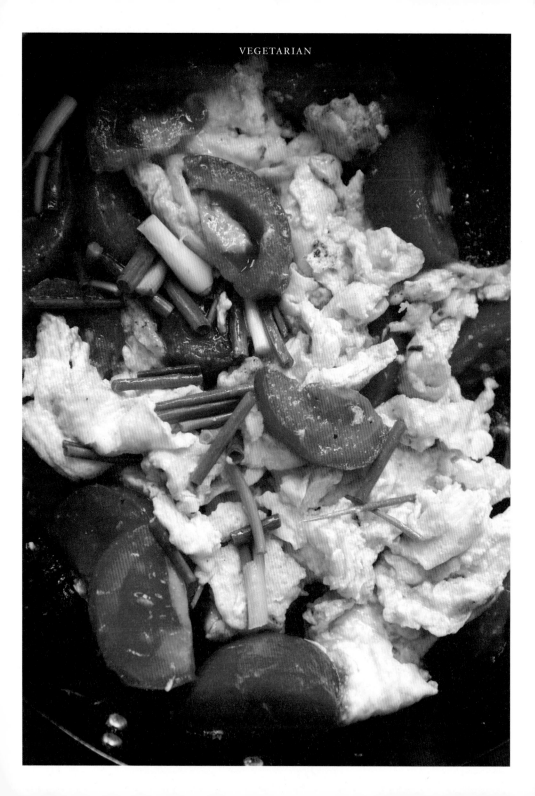

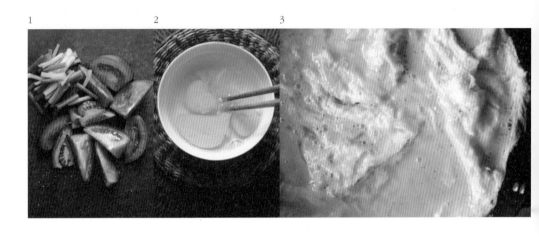

1

2

3

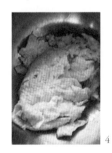

4

1 토마토는 반달 모양으로 잘라 소금 1/4작은술을 뿌리고 쪽파는 3cm 길이로
  자릅니다.
2 달걀은 깨뜨려 소금 1/4작은술을 넣고 잘 섞습니다.
3 중불로 달군 팬에 기름을 1큰술 두르고 ②의 달걀물을 넣어 젓습니다.
4 달걀을 젓가락으로 저어가며 반숙 상태로 익으면 달걀물을 섞었던 볼에 다시
  옮겨 담습니다.
5 같은 팬에 기름을 1큰술 두르고 토마토를 넣어 중불에서 토마토 껍질 부분이 살짝
  분리될 때까지 가볍게 볶습니다.
6 ④의 달걀, 쪽파, 후춧가루를 넣고 젓가락으로 섞어 완성합니다.

그린 샥슈카

샥슈카는 이집트 모로코, 아프리카, 터키의 전통 음식으로 토마토소스에 달걀을 깨뜨려 넣은 뒤 소스의 열기로 반숙처럼 부드럽게 익혀 빵과 함께 먹는 요리입니다. 여기에 큐민 향이 없다면 샥슈카라고 할 수 없을 정도로 향신료의 역할이 중요한데, 저는 토마토소스 대신 신선한 잎채소와 브로콜리를 사용해 초록빛 샥슈카를 만들었어요. 여유가 있는 날엔 종종 이렇게 채소를 듬뿍 넣은 샥슈카에 구운 빵 한 쪽 곁들여 느긋한 아침을 먹어요. 집에서도 이국적인 요리를 즐길 수 있어서 좋지만 무엇보다 이 요리로 평소 잘 먹지 않는 채소를 골고루 섭취할 수 있어서 좋답니다. 가급적 만들어서 당일에 먹되 남은 음식은 꼭 냉장 보관하세요.

재료(2~4인분)

달걀 2~4개
브로콜리 1/2송이
시금치 100g
근대 100g
양파 1/2개
마늘 2쪽
찬물 100ml+@
* 얼음 3개
올리브유 1½큰술+@
큐민 가루 1작은술
고수 가루 1/2작은술
소금 1/2작은술+@
굵게 간 후춧가루 1/4작은술
* 이탈리아 파슬리잎 5g
파프리카 가루 1/4작은술

POINT

- 달걀은 2~4개가 적당해요. 뚜껑을 닫고 3분 미만이면 반숙, 5분 이상이면 완숙으로 조리돼요.
- 퓌레가 잘 갈리지 않으면 물을 1~2큰술 추가하세요. 이때 물보다 얼음을 넣으면 더 좋아요.
- 칠리 가루를 넣으면 샥슈카가 더 맛있게 만들어져요. 칠리 가루 대신 카엔페퍼 가루, 고춧가루 등 매운맛이 있는 가루를 소량 사용해도 좋아요.

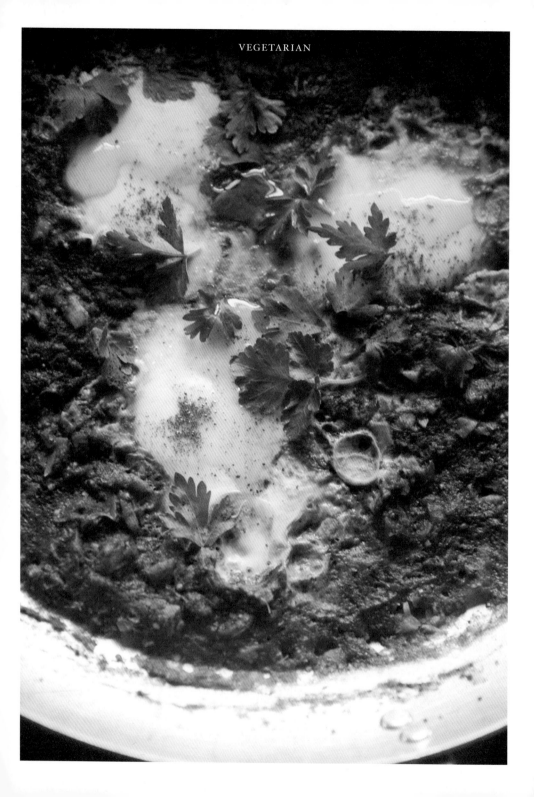

1 마늘은 으깨서 다지고 양파는 잘게 다집니다.

2 잎채소는 손질해 끓는 소금물에 가볍게 데친 후 찬물에 헹궈 물기를 꼭 짜고
  물은 그대로 둡니다.

3 브로콜리는 적당한 크기로 잘라 ②의 잎채소 데친 물에 30~40초 가볍게 데친 후
  찬물에 헹궈 최대한 물기를 털어냅니다.

4 데친 브로콜리를 칼 또는 블렌더로 잘게 다집니다.

5 블렌더에 데친 시금치와 찬물 50ml, 얼음을 넣고 갈아 고운 퓌레를 만듭니다.

6 중불로 달군 팬에 기름을 두르고 다진 마늘과 양파를 볶습니다.

7 ⑥에 다진 브로콜리를 넣어 볶은 뒤 시금치 퓌레, 큐민 가루, 고수 가루를 넣고
  생수 50ml를 퓌레 만든 용기에 헹구듯이 부어 섞은 뒤 중불에서 끓인 다음 소금,
  후춧가루로 간을 맞춥니다.

8 소스가 자박해지면 스푼으로 공간을 만들고 달걀을 깨뜨려 넣습니다.

9 뚜껑을 닫고 약불에서 3~5분 익힙니다.

10 달걀이 익으면 파슬리잎을 흩뿌리고 약간의 올리브유, 파프리카 가루를 뿌려 냅니다.

8   9   10

브로콜리를 다질 때 푸드 프로세서나 다짐기 등을
사용하면 편해요.

햇완두콩수프

봄이면 싱그러운 완두콩이 왜 그리도 탐나는지. 콩을 유독 좋아하는 저는 완두콩뿐 아니라 껍질째 먹는 꼬투리콩, 울타리콩, 줄콩 등 철마다 다양한 콩을 즐겨 먹어요. 그중 초록빛 완두콩은 봄이면 꼭 장바구니에 담아 와 완두콩을 듬뿍 넣고 진한 수프를 끓여요. 향긋한 완두콩 퓌레에 채소 국물의 감칠맛이 더해져 시너지를 발휘하는 식사용 수프를 여러 버전으로 만들 수 있지만 이번에는 채소 스톡으로 담백하고 깔끔하게 끓여봤어요. 전날 미리 만들어두었다가 아침에 살짝 데워 먹기 좋아요. 딱딱한 바게트 빵과 특히 잘 어울린답니다.

재료(3~4인분)

생완두콩 1컵
감자 1개
양파 1/2개
마늘 2쪽
채수 블록 1개
따뜻한 물 600ml
올리브유 1큰술
흰 후춧가루 약간
소금 약간
잘게 썬 차이브(또는 쪽파) 1/4컵

POINT

- 채수 블록은 유기농 채소 파우더 블록으로 무염, 무첨가물 제품을 사용했어요. 가염 채수를
  사용하는 경우에는 소금을 생략하거나 기호에 맞게 가감하세요.

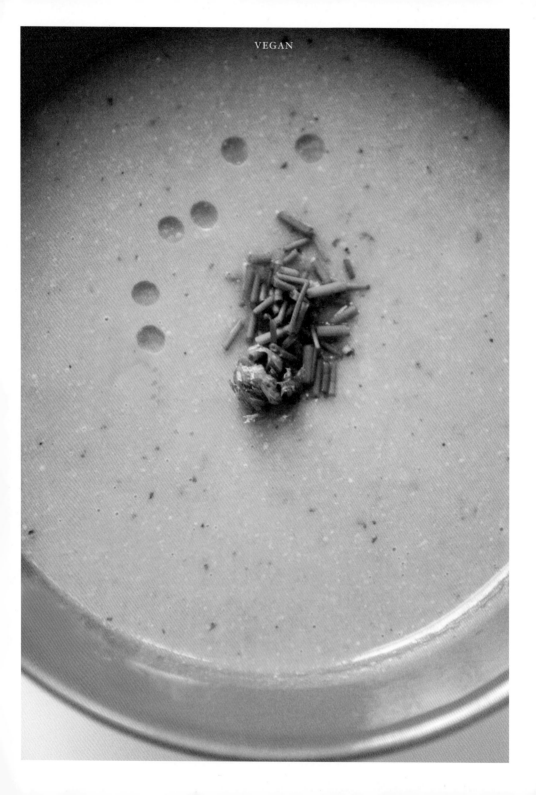

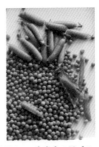

제철이 아닌 경우 완두콩은 냉동 콩으로 대체해도 좋아요.

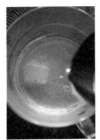

1   2   3   4

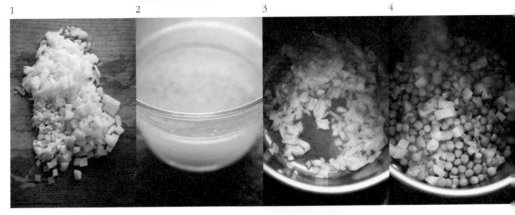

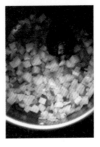

1 감자와 양파는 잘게 다지고 마늘은 칼등으로 으깹니다.

2 따뜻한 물에 채수 블록을 풀어 서양식 채수를 만듭니다.

3 중불로 달군 팬에 기름을 넣고 팬을 돌려가며 코팅한 후 양파를 넣어 충분히 볶습니다. 양파가 기름을 머금고 노릇해지면 감자와 마늘을 넣어 볶습니다.

4 감자가 익으면 완두콩을 넣고 다시 볶습니다.

5 ②의 채수를 넣고 끓인 뒤 불을 끄고 한 김 식힙니다.

6 핸드 블렌더로 ⑤를 곱게 갑니다.

7 먹기 전 따뜻하게 데운 뒤 후춧가루를 넣고 소금으로 간을 맞춘 뒤 차이브를 토핑으로 올려 냅니다.

조금 더 크리미한 것을 원하면 물 2컵을 넣고 끓여 한 김 식힌 후 곱게 갈아 우유 1컵과 함께 다시 끓여도 좋아요.

소박한 연근수프

어린아이들은 뿌리채소를 싫어하는 경우가 많죠. 저도 마찬가지였어요. 유독 연근만큼은 필사적으로 거부했죠. 하지만 특유의 그 우아한 향과 담백한 맛을 온전히 즐길 수 있게 되면서 연근의 매력에 빠져버렸어요. 연근 요리를 좋아하는 사람이라면 쉽게 공감할 거라 생각해요. 이 수프는 연근 한 뿌리를 통째로 넣어 한 숟가락 입에 넣는 순간 소박하지만 고소한 맛의 극치를 느낄 수 있답니다. 뽀얀 국물에 쫀쫀한 식감이 더해져 남녀노소 모두 좋아할 만한 음식이죠. 아이에게는 크래커를 곁들여 줘보세요. 연근수프라고는 전혀 알아채지 못할 거예요.

재료(3~4인분)

연근 350g
물 600ml
양파 1/2개
대파 흰 뿌리 부분 1개
포도씨유 2큰술
무첨가 두유 400ml
흰 후춧가루 1/4작은술
소금 1/2작은술
* 곱게 간 파르메산 치즈 적당량
* 잘게 다진 호두 적당량

POINT
• 부족한 간은 파르메산 치즈로 맞추면 좋아요.
• 기호에 따라 두유 대신 우유, 포도씨유 대신 버터 1큰술로 대체하면 풍미가 더욱 깊어져요.
• 토핑으로 건조 파슬리 또는 타라곤 가루를 올리면 더 맛있어요.

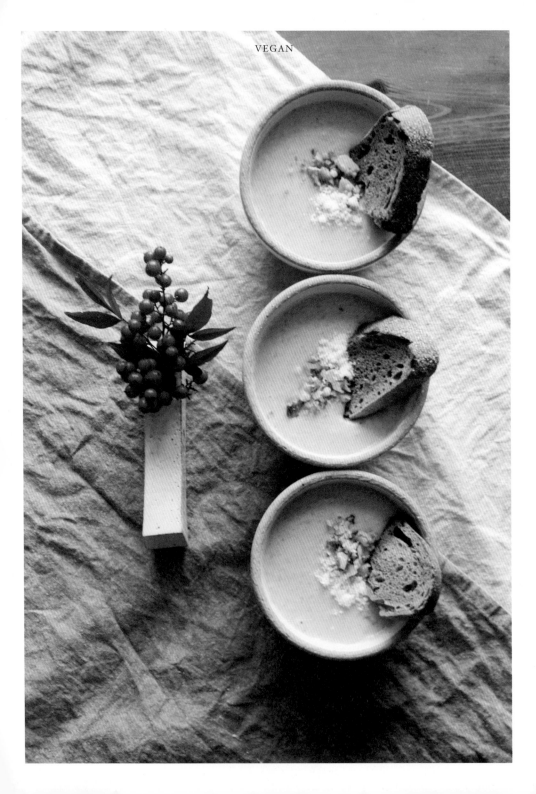

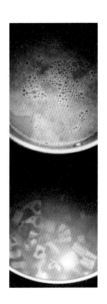

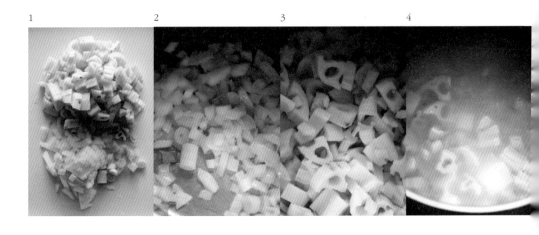

1   2   3   4

1 연근, 양파, 대파를 각각 잘게 썹니다.
2 달군 냄비에 기름을 두르고 양파, 대파를 넣어 볶습니다.
3 양파가 투명해지면 연근을 넣고 볶습니다.
4 물을 부어 중불에서 20~30분 끓입니다.
5 물이 절반 정도 졸아들 때까지 끓이다가 연근이 익으면 불을 끄고 충분히 식힙니다.
6 연근이 식으면 블렌더로 곱게 간 다음 두유, 흰 후춧가루, 소금을 넣고 끓입니다.
7 곱게 간 파르메산 치즈, 잘게 다진 호두를 곁들여 냅니다.

5   6   7

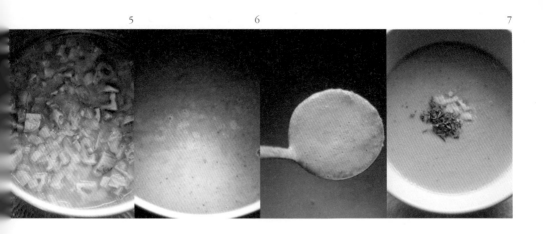

구운 채소 오픈 샌드위치

구운 채소를 빵에 올려 샌드위치로 먹을 땐 샐러드로 먹을 때와는 달리 소스의 역할이 더욱 중요하죠. 이 샌드위치는 구운 대파에 곁들인 스페인의 로메스코 소스에서 아이디어를 얻어 만든 것으로, 냉장고에 있는 다양한 자투리 채소를 이용할 수 있다는 것이 장점이에요. 채소만 구워서 소스를 딥처럼 곁들이거나 와인과 함께 타파스로 즐겨도 좋답니다. 미리 소스를 만들어두면 그때그때 활용할 수 있어 색다른 채소 요리를 즐기고 싶을 때 유용하답니다.

재료(2~3인분)

천연 발효 빵 6쪽
채소(브로콜리, 양파, 주키니호박, 가지, 대파 등) 200g
올리브유 1큰술
소금 1/4작은술
굵게 간 후춧가루 1/4작은술

소스
붉은 파프리카 1개
완숙 토마토 2개
마늘 5쪽
발효 빵 1/2조각
구운 아몬드 1/2컵
화이트 발사믹 비니거 1큰술
소금 1/4작은술
올리브유 3큰술

POINT
- 토마토는 노릇하게 굽고 나머지 채소는 모두 익혀야 해요. 마늘은 타기 쉬우니 중간에 빼내도 좋아요.
- 소스는 약 2컵 분량으로, 냉장고에 두면 딥 형태로 굳어요.
- 화이트 발사믹 비니거가 가장 맛이 깔끔하지만 일반 발사믹 비니거나 와인 식초 등을 사용해도 좋아요.
- 소스의 신맛이 강하면 아가베 시럽이나 꿀 같은 액체 당류를 더하세요.

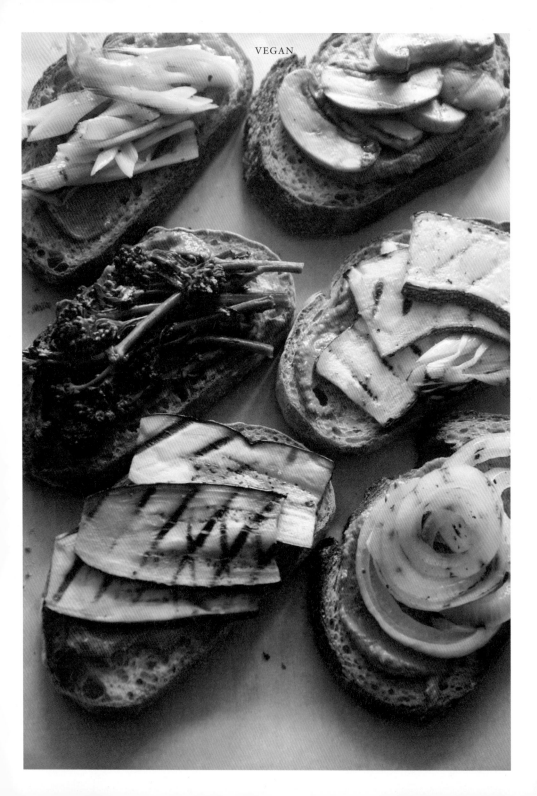

1 오븐을 200℃로 예열하고 1/4등분한 파프리카와 토마토, 마늘을 함께 넣어
   20분간 굽습니다.
2 채소가 식는 동안 오븐에 빵 1/2조각을 넣고 겉이 바삭하게 구워 한 입 크기로
   자릅니다. 마른 팬에 따로 구워도 좋아요.

1   2

3 블렌더에 구운 채소, 빵, 나머지 소스 재료를 모두 넣고 곱게 갑니다.

4 브로콜리, 양파, 주키니호박, 가지, 대파를 0.5cm 두께로 썹니다.

5 볼에 썰어놓은 채소를 담고 올리브유, 소금, 후춧가루를 넣고 가볍게 버무리세요.

6 마른 팬을 중불로 달군 뒤 채소를 올려 아래쪽이 노릇하게 익으면 한 번만 뒤집어
  다시 익히세요.

7 다른 팬을 불에 올려 빵을 구운 뒤 빵에 ③의 소스를 1큰술씩 펴 바릅니다.

8 구운 채소를 올려 완성합니다.

오래된 빵과 토마토수프

제가 사는 경상북도 경산은 작은 소도시로 정통 발효 빵을 살 만한 마땅한 곳이 없어요. 그래서 서울이나 부산 같은 큰 도시에 나가거나 인근 청도에 가서 구입해 오는데, 보통 당장 필요한 양보다 넉넉히 구입해 냉동 보관해두고 쓰지요. 그렇다 보니 가끔은 시간이 많이 지나 빵이 딱딱해지거나, 해동만 해두고 먹지 않아 남은 빵이 생기곤 해요. 이 메뉴는 그렇게 오래된 빵을 활용할 수 있는 소스 같은 수프예요. 로마 토마토나 산마르차노 토마토를 사용한 캔토마토가 좋겠지만 수분 없이 익혀 단맛을 최대로 끌어올린 홈메이드 저수분 토마토로 만들어도 괜찮아요. 걸쭉하게 끓인 따끈한 수프를 딱딱한 빵에 부어 촉촉하게 적셔 먹는데, 수프는 당일 만들어 먹는 것보다 다음 날 먹는 게 더욱 맛있으니 가급적 전날 만들어두었다가 다음 날 아침에 먹는 게 좋아요.

재료(3~4인용)

천연 발효 빵 4쪽
채소 스톡 1개
뜨거운 물 400ml
저수분 토마토(또는 캔토마토) 2컵
마늘 2쪽
양파 1/2개
올리브유 2큰술
이탈리아 허브 1/2작은술
소금 1/2작은술
굵게 간 후춧가루 1/4작은술
바질잎 10g
파르메산 치즈 2큰술

POINT

- 저는 통조림 토마토가 들어가는 모든 요리에 저수분 토마토를 대신 사용한답니다. 냄비에 토마토를 넣고 그대로 뚜껑을 덮어 약불에서 40분 정도 익힌 후 충분히 식히면 저수분 토마토가 됩니다. 국물과 토마토 건더기를 함께 사용하세요.
- 이탈리아 허브는 여러 허브를 섞어 말린 시판 제품을 사용했어요.

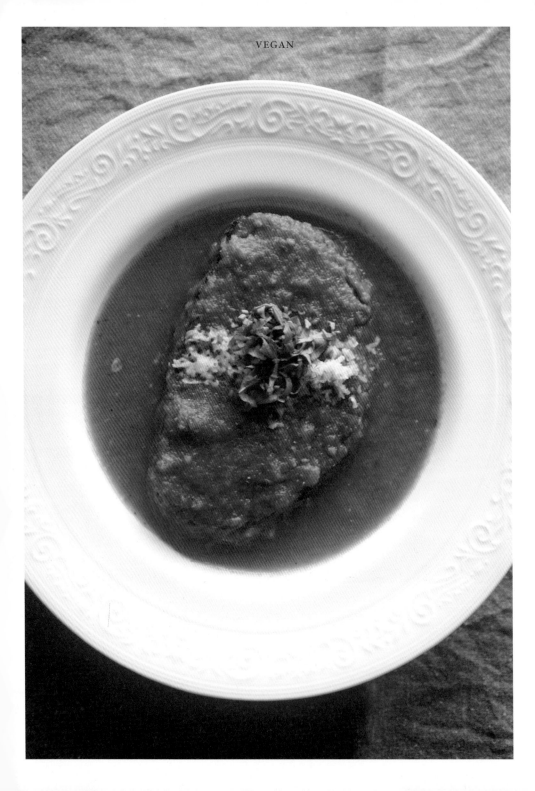

1 뜨거운 물에 채소 스톡을 녹여 채수를 만듭니다.

2 마늘은 으깨어 다지고 양파도 잘게 다집니다.

3 저수분 토마토는 껍질을 벗겨 잘게 썹니다.

4 달군 냄비에 올리브유를 두르고 다진 마늘과 양파를 볶습니다.

5 양파가 노릇해지면 잘게 썬 토마토를 넣고 볶습니다.

6 토마토가 기름과 어우러지면서 으깨어지면 채수, 이탈리아 허브, 소금,
   후춧가루를 넣고 중불에서 20분간 끓입니다. 한 김 식으면 핸드 블렌더로
   덩어리가 없을 정도로 갈아 다시 중불에서 끓입니다.

7 중불로 달군 마른 팬에 빵을 앞뒤로 따뜻하게 데우듯 굽습니다.

8 접시에 빵을 얹고 소스를 듬뿍 끼얹은 뒤 바질잎을 잘게 썰고 파르메산 치즈를
   갈아 올립니다.

1   2   3   4

기호에 맞게 좋아하는 치즈를 올린 뒤 소스를 붓거나 올리브유를 곁들이는 등 다양하게
응용해보세요.

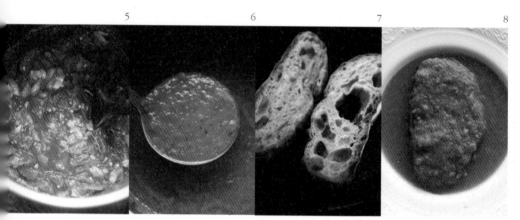

빵은 시큼한 맛의 호밀빵이 잘 어울려요.

말린 나물을 이용한 토마토소스와 거친 빵

말린 나물은 주로 나물 반찬을 해 먹거나 밥으로 지어 먹는데, 말린 나물에서 우러나오는 감칠 맛을 토마토소스에 응용해 독특한 소스를 만들어봤어요. 일반 토마토소스와 다르면서도 익숙한 깊은 감칠맛은 다른 어떤 재료로도 흉내 내거나 대체할 수 없는 맛이지요. 한번 끓어오른 뒤 약불에 오랜 시간 은은하게 끓여야 나물의 달콤한 맛과 부드럽게 익은 채소 맛이 모두 느껴져요. 또 소스를 끓인 당일보다 다음 날 먹어야 맛이 더 깊고 풍부하답니다. 호박, 가지, 무말랭이, 버섯 등의 아삭아삭한 식감에 쫄깃함이 더해져 먹는 재미가 있고, 무엇보다 먹고 나면 속이 든든하답니다. 소스는 추운 겨울 아침 따끈한 차 한잔과 함께 거친 빵 위에 올려 먹거나 파스타, 햄버거, 핫도그 등 다양한 요리에 활용해도 좋아요.

재료(4인분 이상)

말린 채소 40g
양파 1/2개
마늘 3쪽
올리브유 2큰술
채수 500ml
토마토 캔(400g) 1개
이탈리아 허브 1작은술
크러시드 페퍼 1/2작은술
소금 1작은술
굵게 간 후춧가루 1/2작은술

POINT

- 빵과 함께 딥, 소스, 브루스케타로 먹을 땐 소스를 바싹 졸이세요.
- 파스타 소스로 사용할 땐 토마토 페이스트를 더하거나 덜 졸인 상태에서 삶은 파스타를 넣고 볶으세요.
- 채수의 양을 적당히 조절하세요. 국물을 조금 늘려 뭉근하게 끓이면 맛이 더 깊어져요.
- 집에서 만든 채수 대신 채수 큐브 스톡을 사용해도 좋아요.(p.475 참고)

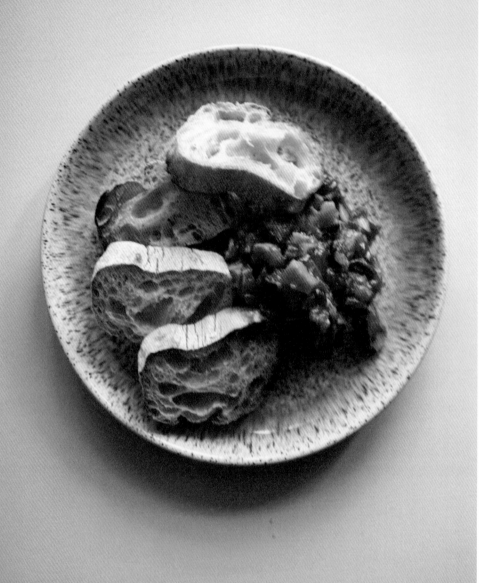

1 말린 채소는 흐르는 물에 깨끗이 헹궈 이물질을 제거하고 미지근한 물에
   30분 정도 불립니다.
2 부드러워지면 칼로 잘게 다집니다. 채소 불린 물은 감칠맛이 있으니 분량에
   맞춰 채수를 섞어 사용해도 좋습니다.
3 양파와 마늘은 잘게 다집니다.
4 팬에 올리브유를 두르고 양파와 마늘을 타거나 갈색 빛이 나지 않도록 볶습니다.
5 양파가 투명해지면 다진 채소를 넣고 약 10분간 중약불에서 볶습니다.
6 ⑤에 분량의 채수를 넣고 끓어오르면 토마토 캔, 허브, 크러시드 페퍼, 소금,
   후춧가루를 넣고 원하는 농도로 졸입니다.

1   2   3   4

말린 채소는 가지, 호박고지, 버섯, 무말랭이를 섞어 준비했어요. 기호에 따라
다른 것을 활용해도 좋아요.

이탈리아 허브가 없다면 다른 종류의 허브를
사용해도 됩니다.(p.471 참고)

가벼워요

—

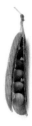

SALAD

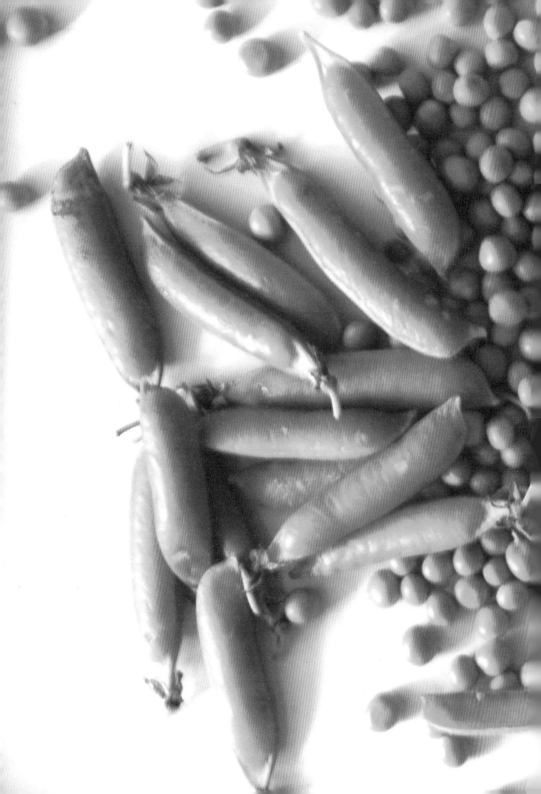

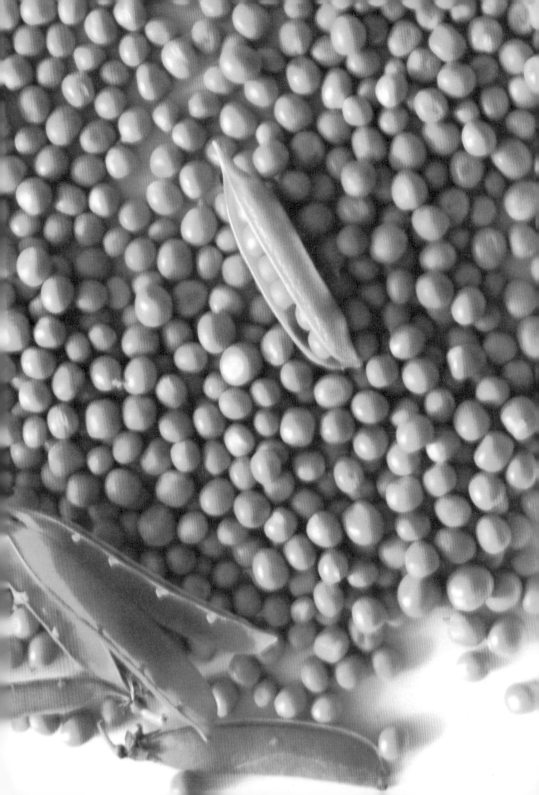

늘 곁에 두고 먹고 싶은 채소와 드레싱

샐러드는 채소의 영양 성분을 가장 효과적으로 섭취할 수 있는 음식이지만 다이어트를 위해
　　꾸준히 먹는 게 의외로 어렵다고 호소하는 사람이 많습니다. 그리고 보면 간단하면서도
　　맛있게 먹기 어려운 것이 샐러드인 것 같아요.
　　먹다 보면 매번 같은 재료에서 맴돌고, 색다르다 싶은 건 재료도 방법도 생소해 도전하기
　　쉽지 않죠. 식구도 적은데 채소를 종류별로 구입하면 얼마나 쓸까, 묵히다 또 버리는 건
　　아닐까 망설이다 결국 소량 포장된 시판 샐러드에 손이 가는 경우도 많죠. 물론 시판
　　샐러드라고 무조건 나쁜 건 아니에요. 문제는 내용이죠. 대부분의 시판 샐러드는 구성이
　　단순하고 종류가 획일화되어 있으며, '저칼로리'나 '다이어트'라고 이름 붙인 샐러드는
　　약속이나 한 듯 양상추로 부피를 채우고 닭 가슴살을 올린 것이 대부분이기 때문이죠.
먹는 사람 스스로도 먹고 싶은 음식이 아니라 몸을 위해 의무적으로 먹어야 하는 음식 정도로
　　규정짓거나, 건강을 위해 먹는다면서도 채소를 먹는 건지 드레싱을 먹는 건지 알 수 없을
　　정도로 드레싱 의존도가 높은 경우도 흔히 볼 수 있지요. 이는 샐러드의 묘미를 제대로
　　몰라 저지르는 실수입니다. 저 역시 그랬으니까요. 채소는 드레싱 맛으로 먹고 거북한
　　채소일수록 자극적인 드레싱을 찾았죠. 하지만 음식에도 궁합이 있듯 식감과 맛이
　　조화로운 채소를 찾아 그에 맞는 드레싱을 곁들이면 채소 본래의 맛이 배가 됩니다.
　　'감자에 이런 맛이 있었구나', '늘 먹던 오이가 이런 맛이 나네' 하고 말이죠. 그리고
　　샐러드라고 하면 냉장고에서 갓 꺼낸 차가운 샐러드만 떠올리는데, 따뜻한 샐러드로도
　　눈을 돌리면 매일 먹어도 질리지 않는 새로운 맛을 음미할 수 있어요.
그래서 저는 채식을 시작하거나 샐러드가 낯설다고 느끼는 분들에게 세 가지를 제안합니다.
　　첫째, 질 좋은 양념에 투자할 것. 둘째, 샐러드의 양보다 채소 종류에 신경 쓸 것. 셋째, 제철
　　채소와 지역 농산물을 이용할 것. 이 세 가지가 충족된다면 맛없는 샐러드, 먹어도 배고픈
　　샐러드, 돈 많이 드는 샐러드라는 편견에서 벗어날 수 있습니다.
우선 질 좋은 소스라고 하는 것은 화학 첨가물과 불필요한 당류가 빠진 양념입니다. 시판하는

가공 드레싱은 각각의 재료를 섞지 않았을 때보다 보존 기간이 짧기 때문에 어쩔 수 없이 화학 첨가물이 들어갈 수밖에 없습니다. 아무리 유기농이라 해도 가공식품에 불과하죠. 하지만 가공하지 않은 질 좋고 정직한 천연 양념 재료를 구비해두면 간단하게 조리해도 맛과 향이 남다른 결과물로 보답합니다.

그리고 샐러드를 먹으면 금세 허기가 진다고 생각하는데, 이는 다양한 샐러드 재료를 사용하면 충분히 극복할 수 있습니다. 여러 종류의 채소와 콩, 견과류, 과일, 달걀이나 치즈 등을 섞어 양을 늘리는 것이 아닌 종류를 다양하게 한다면 포만감을 유지할 수 있지요.

마지막으로 중요한 것이 채소의 질입니다. 저도 텃밭에서 채소를 길러보기 전까지는 토마토는 토마토, 오이는 오이일 뿐 다 같은 채소였습니다. 하지만 텃밭에서 직접 기른 점박이 상추와 쭉 뻗은 로메인, 탄탄한 가지와 주렁주렁 매달린 토마토를 맛본 후로는 더 이상 그것들은 똑같은 채소가 아님을 알게 되었습니다. 못생기고 벌레 먹은 텃밭 채소의 참맛을 알게 되면서 드레싱 없이도 맛있는 채소를 구별할 수 있는 미각이 생기더군요. 텃밭까지는 아니라도 요즘은 동네마다 지역 농산물 조합이 갖춰진 곳이 많으니 신선하고 맛난 채소를 구하기가 어렵지 않습니다. 요즘은 오크라, 줄콩, 껍질콩(그린빈), 공심채 등 이국적인 채소도 국내에서 재배하는 농가가 있어 어렵지 않게 구할 수 있어요. 온라인으로 주문하면 대부분 당일 수확해 보내기 때문에 신선한 상태로 받아볼 수 있지요. 이렇듯 다양한 채소에 관심을 가지면 고기 등 동물성 식품을 사용하지 않고도 다채롭게 조리할 수 있답니다.

이 장에서는 계절 채소와 과일의 조화에 중점을 두고 그에 어울리는 질 좋은 드레싱 만드는 법을 소개합니다. 직접 개발한 것도 있고 요리책에서 영감을 받아 만들거나 해외에서 맛본 샐러드를 몇 가지 양념으로 다시 만든 것도 있습니다. 낯선 샐러드와 마주하면 생소하겠지만 하루 이틀 만들어 먹다 보면 어느 순간 내 것이 되는 때가 있답니다. 손에 익으면 오래도록 채소를 맛있게 즐길 수 있는 나만의 노하우가 쌓일 거예요.

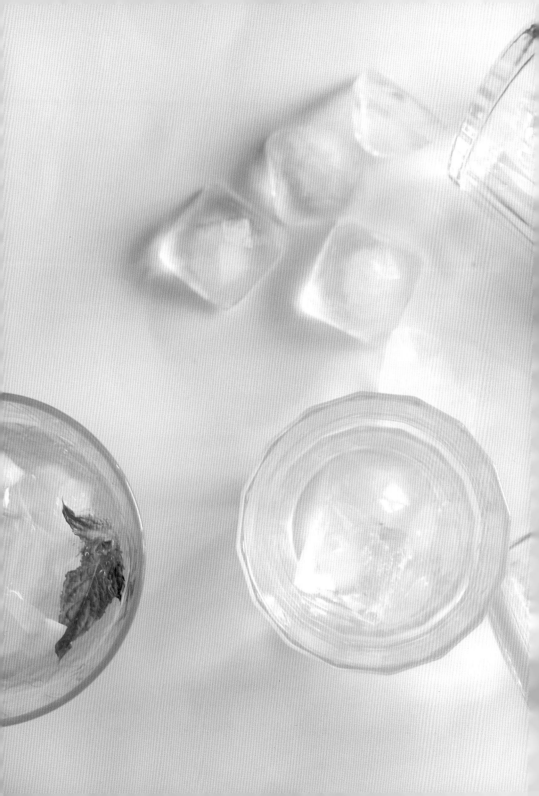

시원합니다

—

COLD SALAD

봄꽃 판차넬라 샐러드

꽃이 만개한 시기에는 바구니를 들고 나가 텃밭의 허브꽃, 뒷산의 진달래꽃, 그리고 옆집 할머니네 유채꽃도 얻어 오곤 해요. 그런 날은 초록 잎과 어울리는 아름다운 꽃잎을 샐러드 볼에 가득 담아 가벼운 드레싱을 만들어요. 계절의 색을 입과 눈으로 맘껏 즐길 수 있답니다.

재료(2인분)

식용 꽃(진달래, 유채꽃 등 시판 꽃) 20g
베이비 잎채소 30g
발효 빵 1쪽(30g)
해바라기씨 1큰술
사과 주스 2큰술
올리브유 1/2큰술
화이트 발사믹 비니거 1/2큰술

POINT
• 사과 주스는 사과 과즙 100%를 기준으로 한 것이며 시중에서 판매하는
냉장 주스로 대체 가능합니다.

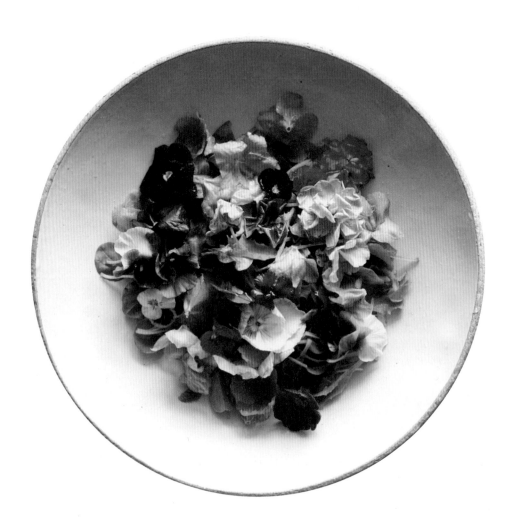

1 식용 꽃은 흐르는 물에 가볍게 씻어 시든 잎과 꽃술을 떼어내고 물기를
  제거합니다.
2 베이비 잎채소도 깨끗하게 손질해 씻은 후 물기를 제거합니다.
3 발효 빵은 한 입 크기로 깍둑썰기해 마른 팬에 가볍게 굽습니다.
4 사과 주스, 올리브유, 화이트 발사믹 비니거를 잘 섞어 드레싱을 만듭니다.
5 볼에 샐러드 재료를 넣어 크게 섞고 해바라기씨를 뿌립니다.
6 먹기 직전에 드레싱을 잘 흔들어 샐러드에 넣고 버무린 뒤 빵이 부드러워지면
  먹습니다.

1 2

3

4 5 6

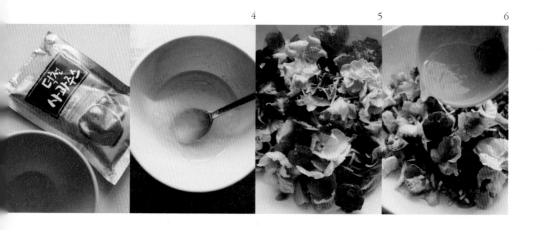

생치즈와 딸기 판차넬라

판차넬라는 오래되어 딱딱해진 빵을 각종 채소와 드레싱으로 적셔 촉촉하게 먹는 이탈리아식 여름 샐러드입니다. 입맛 잃은 여름날 식욕을 돋우기도 하고, 남은 재료를 알뜰하게 활용할 수 있는 메뉴죠. 보통 토마토, 오이 등 여름 채소를 사용하는데 판차넬라를 너무 좋아하는 저는 계절마다 다양한 제철 과일과 채소를 사용해요. 이번에는 새콤달콤한 텃밭 딸기에 순한 생모차렐라 치즈를 섞었어요. 달콤하고 부드러운 맛이 컨디션 저조한 날 먹으면 기분을 끌어올려주고, 특별한 날 와인이나 샴페인 등을 곁들여도 좋아요.

재료(2~3인분)

생딸기(샐러드용) 200g
　　　(소스용) 100g
생모차렐라 치즈 125g
빵 2쪽
올리브유 1½큰술
화이트 발사믹 비니거 1큰술
바질잎 10g
치아시드 1/2큰술

POINT
• 모든 재료는 냉장고에 차갑게 두었다가 조리하세요.
• 시간이 지나 수분이 없어진 빵을 활용한 메뉴로, 신선한 빵을 사용하는 경우는 오일 바를 때 브러시를 이용하면 편리해요.

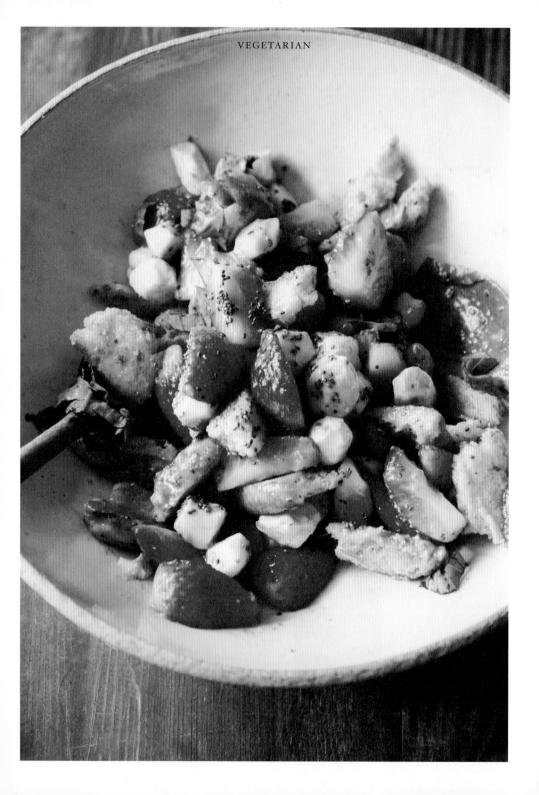

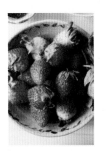

1   2   3

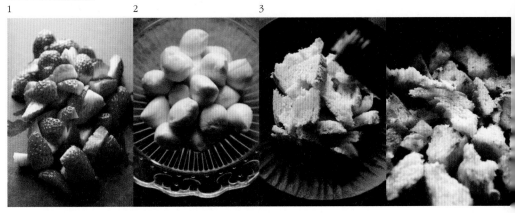

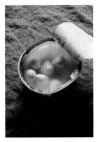

여기서 사용한 생모차렐라 치즈는 한 입 크기의 공 모양 제품인데,
큰 덩어리라면 같은 크기로 잘라서 사용하세요.

1 딸기는 깨끗하게 씻어 놓고, 이중 샐러드용은 한 입 크기로 자릅니다.

2 생모차렐라 치즈는 물기를 뺍니다.

3 빵은 딸기와 같은 크기로 자른 뒤 올리브유 1/2큰술을 넣고 가볍게 섞어 중불로
  달군 마른 팬에 노릇하게 굽습니다.

4 믹서에 소스용 딸기와 올리브유 1큰술, 발사믹 비니거를 넣고 돌립니다.

5 볼에 손질한 딸기, 치즈, 구운 빵을 넣고 잘 섞은 뒤 ④의 드레싱을 부어 빵을
  촉촉하게 만듭니다. 손으로 잘게 뜯은 바질잎과 치아시드를 얹어 냅니다.

딸기살사

살사라고 하면 보통 토마토살사를 떠올리는데, 살사는 소스를 총칭하는 말로 토마토 외에도 다양한 과일과 채소로 살사를 만들 수 있답니다. 저는 봄이면 딸기로 살사를 만들어요. 할라페뇨의 화끈하게 매운맛이 달콤한 딸기와 의외의 조화를 이루거든요. 한번 맛보면 자꾸 먹게 되는 소스로 새콤한 맛과 묘하게 어우러진 매콤한 맛, 코끝에서 느껴지는 딸기 향이 샐러드로 먹을 때 정말 좋답니다. 구운 요리나 바삭한 발효 빵과 함께 식사로 먹어도 좋고, 나초나 크래커에 올리면 작은 파티 메뉴로도 제격이지요.

재료(2인분)

생딸기 300g
절인 할라페뇨 20g
샬롯 30g
민트잎 5g
쪽파 1대(5g)
신선한 레몬즙 1½큰술
소금 1/4작은술
굵게 간 후춧가루 1/4작은술
* 풋고추 1개

POINT
- 샬롯 대신 양파를 써도 돼요. 풋고추는 매운 고추가 좋아요.
- 기호에 따라 매운맛이 부담스럽다면 고추는 생략하고 할라페뇨만 사용하세요.
- 레몬즙 대신 라임즙을 사용하면 더 좋아요.
- 시간이 지나면서 수분이 생기면 맛이 떨어지므로 만든 당일 먹는 것이 좋아요.

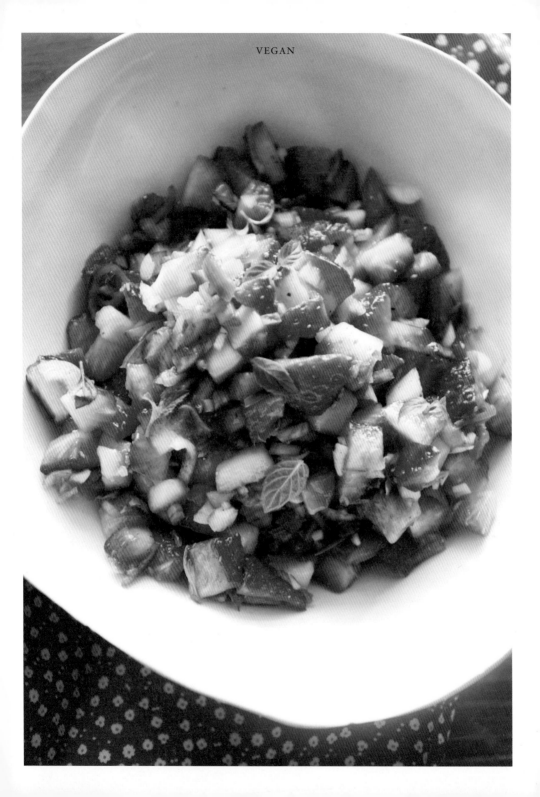

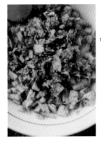
딸기 대신 복숭아로 만들어도 맛있어요. 단, 이때는 매운맛을 줄여야 해요.

1

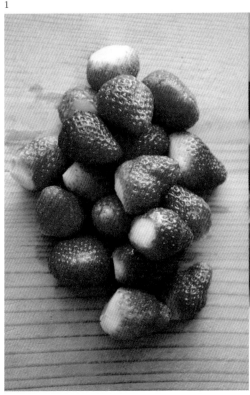

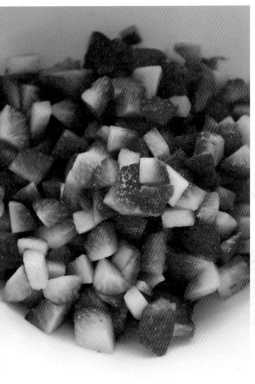

1 딸기는 흐르는 물에 씻어 꼭지를 제거하고 작은 큐브 형태로 썹니다.

2 할라페뇨와 민트잎, 쪽파, 고추는 잘게 다집니다.

3 샬롯도 절반으로 잘라 얇게 슬라이스합니다.

4 볼에 딸기와 샬롯, 다진 재료를 넣고 레몬즙, 소금, 후춧가루를 넣어 잘 섞습니다.
  30분 정도 가볍게 절인 후 냅니다.

2   3

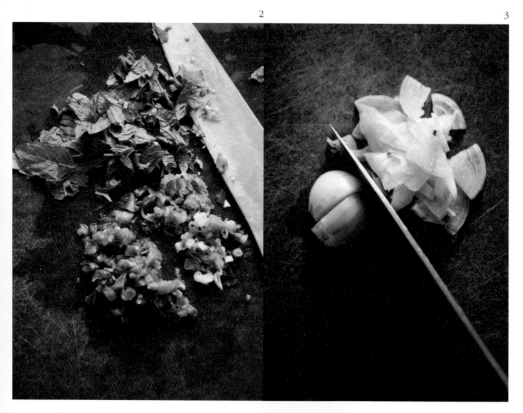

여름 렌틸콩 샐러드

여름 과일을 듬뿍 넣은 렌틸콩 샐러드는 제가 좋아하는 여름 샐러드예요. 드레싱을 최소화해 다양한 과일의 고유한 맛과 향을 만끽할 수 있고 만들기도 간단하죠. 밥 먹은 뒤 후식으로 과일을 먹으면 혈당 수치도 올라가고 식사량도 과해지지만 샐러드로 만들어 먹으면 적절히 조절하기 쉬워요. 렌틸콩에 양념이나 소스가 흡수되는 동안 과일 즙과 향이 배어 더 맛있기도 하고요. 봄에는 살구나 딸기, 여름에는 복숭아나 자두를 활용해보세요. 파인애플, 망고처럼 향이 강한 과일은 다른 과일과 섞지 말고 한 종류만 사용하는 것이 좋아요.

재료(2인분)

삶은 렌틸콩 1컵
살구 1개
자두 1개
천도복숭아 1개
화이트 발사믹 비니거 1큰술
레몬즙 1작은술
올리브유 1큰술
민트잎 5g

POINT
• 30분 정도 냉장고에 두어 가볍게 절인 후 먹으면 더 맛있어요.
• 민트잎은 특유의 향이 청량감을 주어 과일 맛을 돋워주지요. 집 안에서 화분으로 키우면
그때그때 활용하기 편리해요.

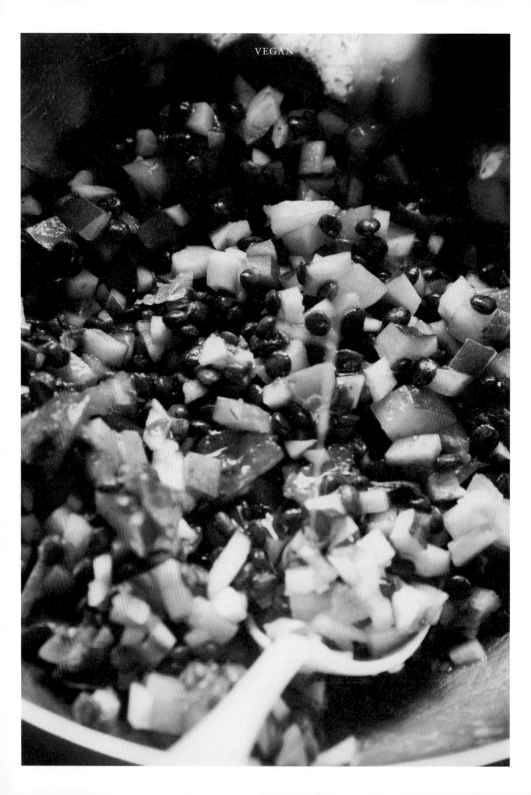

1 삶은 렌틸콩은 충분히 식혀 볼에 담아둡니다.
2 과일은 껍질째 작은 큐브 형태(렌틸콩과 같은 크기 또는 0.7cm 크기)로 썹니다.
3 ①에 썰어놓은 과일을 담고 화이트 발사믹 비니거와 레몬즙을 넣어 가볍게
   버무린 뒤 올리브유, 민트잎을 넣고 잘 섞습니다.

1   2

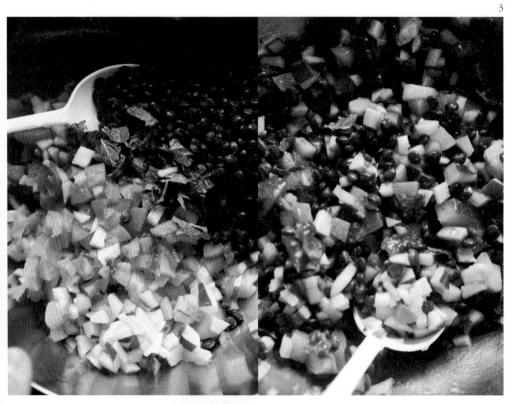

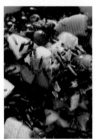

렌틸콩 대신 야생 쌀(와일드 라이스)이나
현미를 섞어도 좋아요.

과카몰레

과카몰레를 만들 때마다 처음 이 음식을 먹던 날이 생각나요. 365일 다이어트를 하던 사촌 동생이 식사 대용으로 즐겨 먹던 샐러드를 저에게 처음 선보인 날이었죠. 요리를 잘 못하더라도 아보카도와 레몬만 있으면 누구나 쉽게 만들 수 있으며 아보카도 맛이 낯선 사람도 이 요리만큼은 맛있게 먹을 수 있어요. 샐러드뿐 아니라 타코나 각종 롤에 소스처럼 활용할 수도 있고요. 바짝 구운 토르티야 칩이나 통곡물로 만든 나초에 듬뿍 올려 먹어보세요. 바삭한 식감까지 더해져 그날은 더 이상 다른 과자나 간식이 생각나지 않을 거예요.

재료

잘 익은 아보카도 1개
완숙 토마토 1/2개
적양파(작은 것) 1/2개
라임 1/2개+@
* 고수잎 5g
소금 1/4작은술
굵게 간 후춧가루 1/4작은술

POINT

- 시간이 지나면 아보카도의 색이 변하니 만든 당일에 먹는 게 좋아요.
- 아보카도 과육은 잘게 써는 대신 포크로 으깨도 돼요.
- 라임즙은 기호에 따라 가감하세요. 라임 대신 레몬을 사용해도 좋아요.

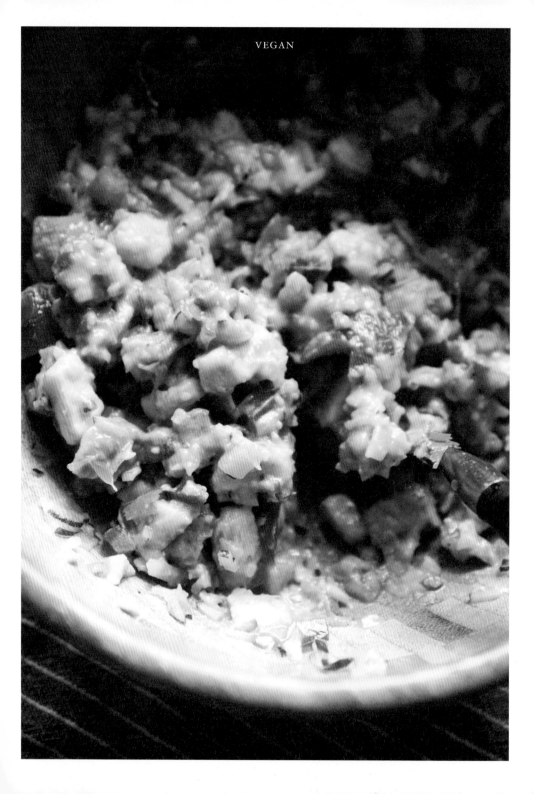

1 아보카도는 반으로 갈라 씨앗과 껍질을 제거하고 과육을 잘게 다집니다.
2 토마토와 적양파도 잘게 다집니다.
3 볼에 다진 아보카도, 양파, 토마토를 담은 뒤 고수잎, 소금, 후춧가루와 함께
　라임즙을 짜 넣고 섞습니다.
4 아보카도 등 재료가 부드러워지면 완성입니다.

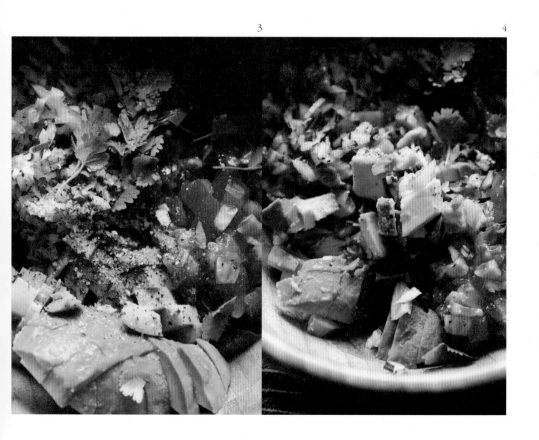

아보카도 오렌지 샐러드

과일에 허브를 곁들인 샐러드는 접시가 비워지는 내내 기분이 좋아요. 허브를 잘 활용하면 그 과일 본래의 맛을 넘어서 전혀 다른 요리를 만들 수 있지요. 저는 오렌지와 조개 관자로 만든 전채 요리에서 아이디어를 얻었어요. 로즈메리 몇 줄기만 넣었을 뿐인데 그 향에 살짝 절여진 아보카도와 오렌지에서 우아하고 고급스러운 맛이 우러나오는 이 요리는 과하지 않은 드레싱과 복잡하지 않은 방법으로 만들어 먹을 수 있는 샐러드랍니다.

재료(2인분)

오렌지(큰 것) 1개
아보카도 1/2개
올리브 15알
로즈메리잎 5g
올리브유 1작은술
화이트 발사믹 비니거 1작은술
굵게 간 후춧가루 1/4작은술

POINT
• 올리브는 칼라마타 또는 타지아스카 등 지중해 올리브가 잘 어울리며
가급적 씨앗이 제거되어 있는 상태가 좋아요.

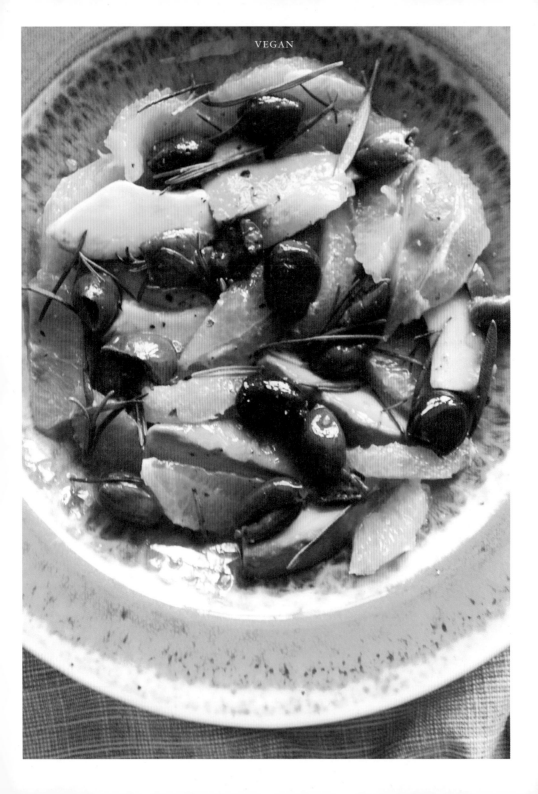

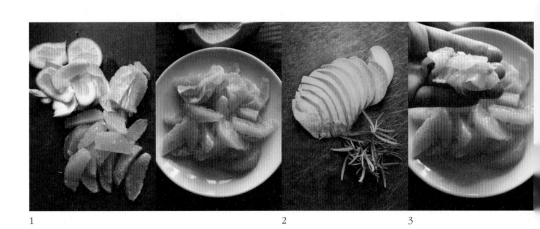

1   2   3

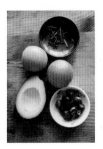

4

5

1 오렌지는 칼로 껍질을 잘라 그릇에 담고 남은 속껍질은 따로 둡니다.

2 아보카도는 껍질을 벗긴 후 오렌지와 비슷한 두께로 썹니다.

3 오렌지를 담은 그릇 위에 오렌지 속껍질 속 즙을 짜내고, 올리브유와
  화이트 발사믹 비니거를 섞어 드레싱을 만들어둡니다.

4 손질한 오렌지와 아보카도에 올리브, 로즈메리잎을 넣고 가볍게 섞어 용기에 담고
  준비한 드레싱의 절반 분량을 골고루 뿌려 냉장고에 30분 정도 둡니다.

5 먹기 직전에 남은 드레싱과 후춧가루를 뿌립니다.

가지절임샐러드

일본식 냉가지 요리에서 아이디어를 얻은 절임 요리예요. 싱가포르의 한 채소 가게에서 구매한 기다란 가지로 만들어 먹고 난 후, 제 점심 도시락에 가장 자주 등장하는 샐러드가 되었죠. 전날 밤 만들어두고 다음 날 아침 냉장고에서 꺼내기만 하면 되는 편리함도 있지만, 요리에 자신 없는 사람도 실패 없이 맛을 낼 수 있을 만큼 만드는 방법이 간단하지요. 블로그에 소개한 후 맛있다는 후기가 많이 올라와 더욱 뿌듯했던 요리예요. 쪽파, 고수 같은 향 채소로 샐러드에 경쾌한 맛을 더하는 게 포인트인데, 저는 고수잎을 아주 좋아해 듬뿍 얹어 먹지만 익숙지 않은 경우는 잘게 썬 쪽파로 대신해도 좋아요. 밥반찬으로 먹거나 볶음밥 또는 주먹밥에 곁들여 먹어도 썩 괜찮답니다. 빨갛게 잘 익은 완숙 토마토를 사용해야 맛이 풍부해져요.

재료(2인분)

가지 2개
완숙 토마토 1개
양파 1/2개
고수 10g(또는 쪽파 30g)
통깨 1/2큰술
포도씨유 1큰술

드레싱
올리브유 1큰술
간장 1큰술
화이트 발사믹 비니거 1큰술
레몬즙 1/2작은술
참기름 1/2작은술

POINT
- 소스와 자른 토마토에서 나온 물에 살짝 절여 먹는 요리예요.
절이는 시간에 따라 간이 달라지니 취향에 맞게 시간을 조절하세요.
- 소스가 적은 듯싶어도 절이는 동안 토마토와 양파에서 즙이 나오니 걱정하지 마세요.
- 곁들이는 향 채소는 취향에 따라 고수와 쪽파 중 선택하거나 또는 둘을 섞어 사용해도 좋아요.

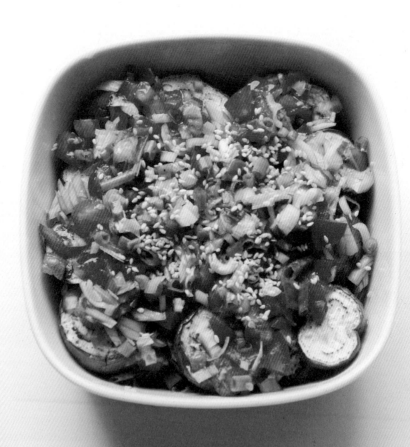

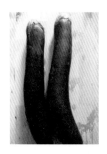

1   2   3   4

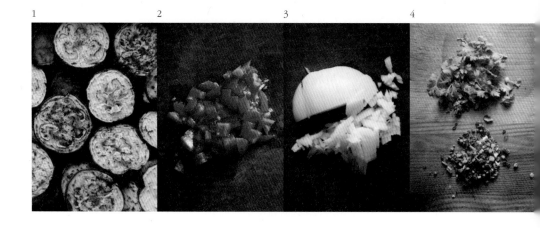

1 가지는 1.5cm 두께로 도톰하게 잘라 잘 달군 팬에 포도씨유를 두르고
  양면을 노릇하게 굽습니다. 구운 가지를 한 김 식혀 보관할 용기에 차곡차곡
  쌓아둡니다.
2 토마토는 작게 깍둑썰기합니다.
3 양파는 토마토보다 더 작게 다지듯 썹니다.
4 고수는 잘 씻어 잎만 크게 자릅니다. 쪽파인 경우 송송 썹니다.
5 소스 재료를 모두 섞습니다.
6 구운 가지에 썰어놓은 토마토, 양파를 덮듯이 올리고 소스를 부어 절입니다.
7 먹기 직전에 고수잎, 통깨를 뿌립니다.

5   6   7

방울토마토절임

방울토마토가 흔한 여름이 오면 저는 토마토의 얇은 껍질을 벗겨 양념에 절이곤 합니다. 껍질 벗긴 토마토는 허브와 마늘 향을 더욱 잘 흡수해 풍부한 맛을 내는데, 이 자체를 생모차렐라 치즈와 함께 꼬챙이에 꽂아 내도 좋고 샐러드에 토핑처럼 올려도 좋아요. 카펠리니 파스타 면을 삶아 질 좋은 올리브유, 파르메산 치즈, 바질잎과 함께 냉파스타로 만들어 즐기거나 바질 페스토에 버무린 파스타에 곁들여도 맛있지요. 볶음밥을 좋아하는 저는 이 방울토마토절임을 볶음밥에 반찬처럼 곁들이기도 하는데, 토마토 과육이 달큰한 즙을 가득 머금고 있어 수분 없는 볶음밥을 먹어도 목이 메이지가 않는답니다. 시간이 지날수록 토마토 색이 변하니 가급적 당일에, 늦어도 다음 날까지 먹는 게 좋아요.

재료(2인분)

방울토마토 500g
마늘 3쪽
허브잎 10g
올리브유 1½큰술
발사믹 비니거 1작은술
소금 1/4작은술

POINT
• 데친 토마토는 맛있는 즙이 빠져나오니 찬물에 오래 담가두지 마세요.
• 허브는 차이브, 바질, 오레가노 등이 좋으며 구하기 힘들 땐 쪽파로 대체하세요.

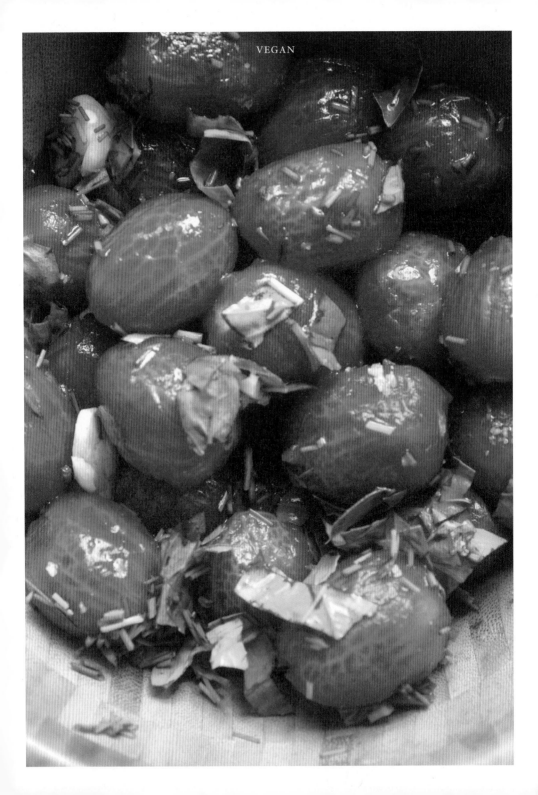
VEGAN

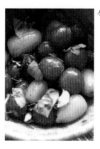

색색의 방울토마토를 이용하면 더욱 근사한 요리가 돼요.

1   2

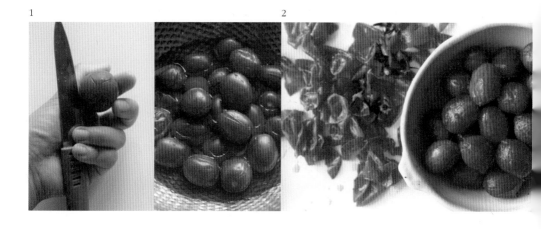

생허브 대신 말린 이탈리아 허브 1/2작은술을 사용해도 돼요.

3

4

1 방울토마토는 열십자(+)로 칼집을 내 끓는 물에 넣은 뒤 칼집 낸 부분의 껍질이 살짝
  분리되면 즉시 꺼내 얼음물에 담급니다.
2 토마토를 채반에 옮겨 손으로 껍질을 벗기세요.
3 마늘은 칼등으로 굵게 으깨고 허브잎은 잘게 썰거나 손으로 뜯습니다.
4 볼에 손질한 토마토와 마늘, 허브잎을 넣고 나머지 재료를 모두 넣어 가볍게 섞습니다.

강낭콩오크라샐러드

오크라는 매년 여름마다 우리집 식탁에 등장하는 채소예요. 여러 나라의 요리를 경험한 뒤 저는 집으로 돌아와 오크라를 직접 길러 먹기 시작했는데, 요즘은 인터넷을 통해 신선한 오크라를 쉽게 구입할 수 있어 얼마나 반가운지 몰라요. 오크라와 강낭콩을 섞어 만든 이 샐러드는 끈끈한 성질이 있는 오크라에 된장을 베이스로 한 소스를 사용해 감칠맛을 낸 게 특징이랍니다. 낫토 같기도 하지만 부드럽게 익은 강낭콩과 토마토가 어우러져 샐러드라고 생각하게 만들죠. 콩 중에서 강낭콩이 가장 잘 어울리는데 콩알을 누르면 으깨질 정도로 부드럽게 익히는 것이 중요해요. 그래야 콩이 겉돌지 않고 양념과 잘 어우러져요. 하루 전날 삶아두면 먹기 전 드레싱만 섞으면 되니 간단하지만, 만약 그럴 여유도 없다면 통조림 콩을 사용해도 돼요.

재료(1~2인분)

생오크라 10개
익힌 강낭콩 1컵
잘 익은 토마토 1개
쪽파 2대

드레싱
무첨가 미소 된장 1큰술
재래 된장 1작은술
화이트 발사믹 비니거 1½큰술
아가베 시럽 1큰술+@
올리브유 1큰술

POINT
- 냉장고에 하룻밤 재어두었다가 먹으면 더 맛있어요.
- 콩은 익혔을 때 질감이 포슬포슬해야 잘 어우러지며 부드럽게 익어야 더 맛있어요.
압력솥에 삶거나 냄비에 삶을 땐 마른 콩 1컵당 베이킹 소다 1/2작은술을 넣고 삶아요.
바쁠 땐 통조림 콩으로 대체해도 좋아요.

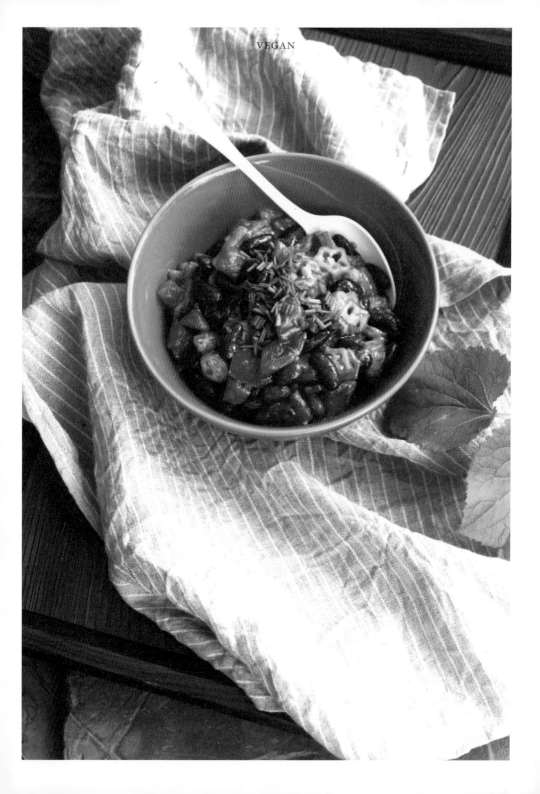

1

1 오크라는 0.5cm 두께로 편으로 썰고 토마토는 깍둑썰기하고 쪽파는 다집니다.
2 볼에 드레싱 재료를 넣고 잘 섞습니다.
3 강낭콩과 썰어놓은 채소, 드레싱을 넣고 버무리듯 섞습니다.

아가베 시럽 대신 비정제 설탕이나 꿀을 사용해도 돼요.
이때는 양을 조금 늘리세요.
미소 된장은 가다랑어 국물과 진액이 첨가되지 않은 순수 미소 된장을 사용했어요.

병아리콩톳샐러드

톳은 다시마와 함께 제가 사시사철 애용하는 바다 채소예요. 매년 겨울이면 재래시장에서 한가득 구입해 하루 이틀 말린 후 소분해두었다가 밥, 국, 조림에 넣어 먹고, 해조류가 제철이 아닌 여름에는 건톳을 불려 다양한 음식으로 요리하죠. 그중에서도 병아리콩과 톳을 넣은 이 샐러드는 제가 즐겨 먹는 톳 요리로, 고소한 병아리콩과 해조류가 아주 잘 어우러지는 별미 샐러드예요. 잘 익은 붉은 토마토를 썰어 넣고 상큼한 레몬즙과 화이트 발사믹 비니거를 넣어 버무리면 먹음직스러운 건강 요리가 완성되지요. 이 샐러드는 살짝 절여져도 괜찮으므로 미리 만들어두고 냉장 보관해 시원하게 먹으면 더욱 맛있어요.

재료(2인분)

말린 톳 10g
완숙 토마토 1개
삶은 병아리콩 1컵
적양파 1/2개

드레싱
화이트 발사믹 비니거 1큰술
올리브유 1큰술
레몬즙 1큰술
마늘 1쪽
* 소금 1/4작은술

POINT
- 말린 톳은 불려서 사용하면 꼬들꼬들한 맛이 살아나요.
- 기호에 따라 드레싱에 들어가는 마늘은 빼도 좋아요.
- 생톳이라면 건조기를 사용하거나 통풍이 잘되는 곳에서 말려 사용하세요.
- 적양파 대신 일반 양파를 사용해도 돼요.

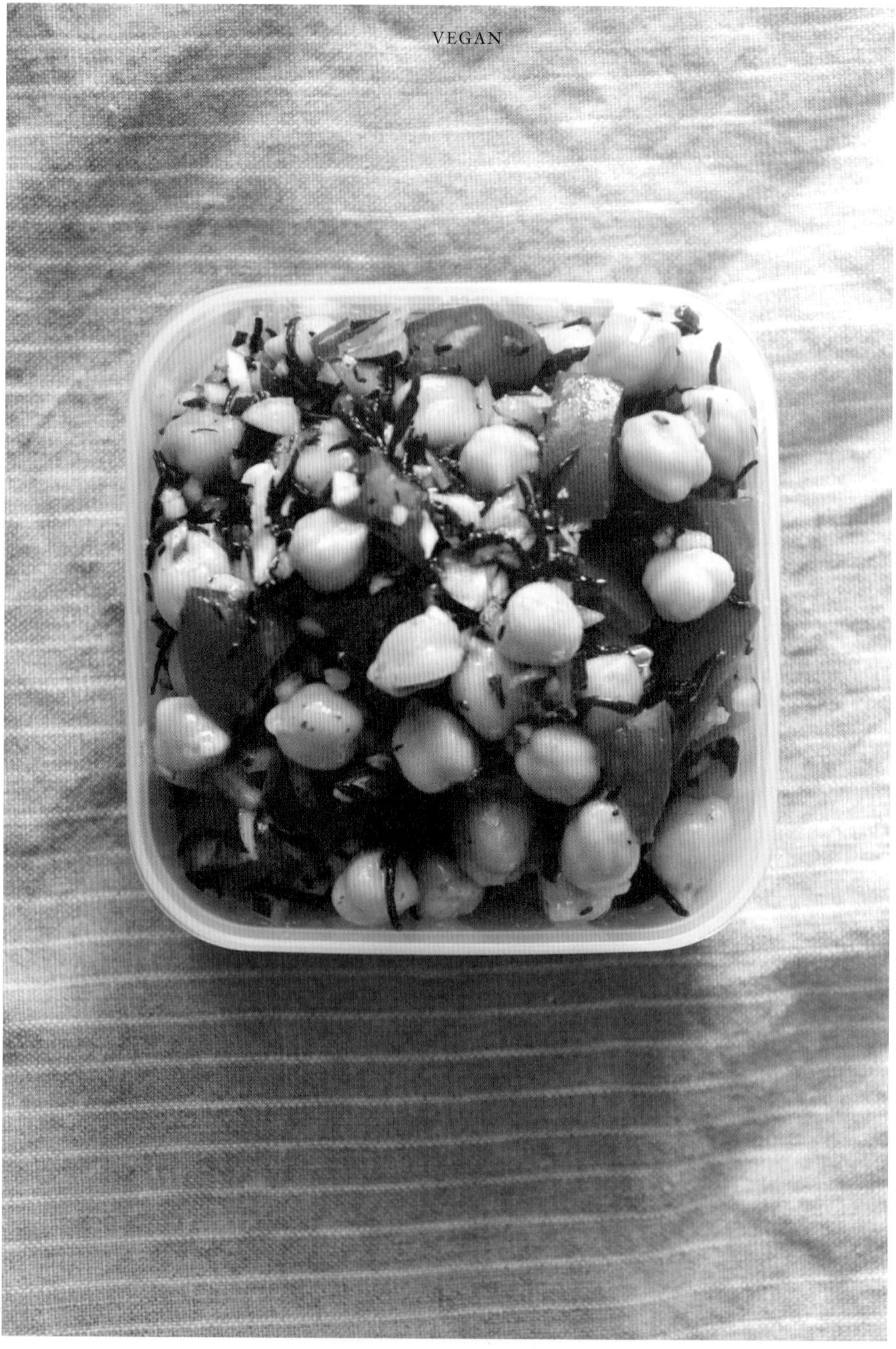
VEGAN

병아리콩은 최대한 부드럽게 삶으세요. 압력솥을 이용하거나 마른 콩 1컵당 베이킹 소다 1/2작은술을 넣고 삶으면 돼요. 바쁠 땐 통조림 콩으로 대체해도 좋아요.

1   2   3

1 말린 톳은 미지근한 물에 5~7분 불려 물기를 꼭 짭니다.

2 완숙 토마토는 잘게 깍둑썰기합니다.

3 적양파는 토마토보다 더 작게 다지듯 썹니다.

4 마늘은 으깨어 다집니다.

5 드레싱 재료를 잘 섞습니다.

6 볼에 불린 톳과 토마토, 병아리콩, 양파를 담고 준비한 드레싱을 부어 잘 섞으세요.

7 바로 내거나 냉장고에 30분 정도 두었다가 냅니다.

경수채사과샐러드

맛있는 겨울 사과로 만든 상큼한 샐러드예요. 아삭한 사과에 잘 어울리는 채소를 찾다가 불현 듯 경수채가 생각 났어요. 교토의 어느 식당에서 샐러드로 처음 맛보았을 때 경쾌하게 씹히는 아삭한 식감이 재미있어 꼭 샐러드로 만들어보고 싶었거든요. 경수채 특유의 식감이 상큼한 사과와 기가 막히게 잘 어울려 저는 최소한의 드레싱만으로 그 맛을 음미하기를 좋아하지요. 일본 가정 요리에서는 깨 소스에 가볍게 무쳐 먹거나 샤부샤부 같은 국물 요리에 곁들여 먹기도 하는 친숙한 채소랍니다.

재료(2~3인분)

사과 1/2개
경수채 100g
양파 1/2개

드레싱
올리브유 1½큰술
화이트 발사믹 비니거 2큰술
레몬즙 2작은술
디종 머스터드 1작은술
굵게 간 후춧가루 1/4작은술

POINT

• 바로 버무려 먹는 샐러드예요. 시간이 지나면 경수채 특유의 아삭한 식감이 떨어져요.
• 사과는 곱게 채 썰어야 맛있어요. 갈변 현상 때문에 다른 재료를 모두 준비한 뒤
마지막에 썰어야 해요.

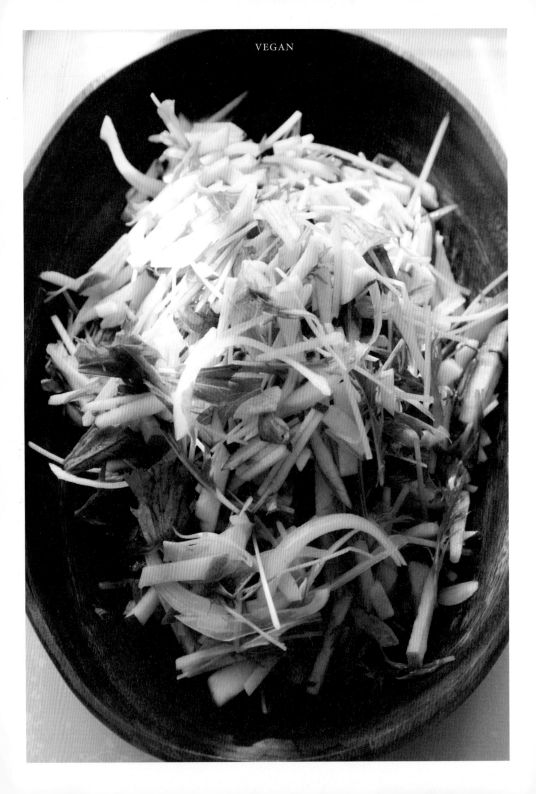

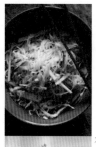

경수채는 채 썬 양배추로 대체 가능해요.

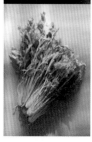

1　　　　　　　　　　　　　　　　　　2　　　　　　　　3

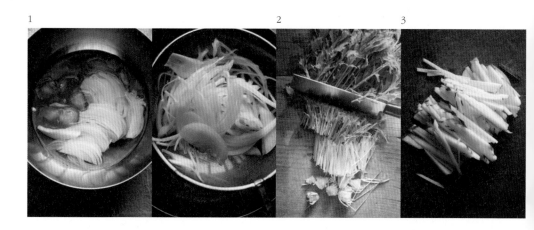

1 양파는 0.1cm 정도로 얇게 잘라서 얼음물에 담가 매운맛을 뺀 뒤 물기를 제거합니다.

2 경수채는 흐르는 물에 씻은 뒤 뿌리 부분을 잘라내고 3cm 길이로 썰어 샐러드 스피너나 채반을 이용해 최대한 물기를 뺍니다.

3 사과는 깨끗하게 씻어 껍질째 0.2cm 두께로 자른 뒤 곱게 채 썹니다.

4 드레싱 재료를 모두 섞습니다.

5 볼에 손질한 재료를 모두 넣고 드레싱을 부어 가볍게 버무립니다.

4

5

화이트 발사믹 비니거는 종류에 따라 단맛에 차이가
있어요. 산도가 너무 강하다 싶으면 드레싱 만들 때
꿀을 조금 넣으세요.

참한 맛 단호박샐러드

우리가 흔히 먹는 마요네즈나 생크림이 듬뿍 들어간 단호박샐러드를 보다 건강하고 맛있게 만들어보았어요. 살짝 절인 양배추는 물론 토마토와 껍질콩까지 부재료를 충실히 넣어 샐러드 하나로도 가벼운 식사가 될 수 있도록 말이죠. 더욱이 이 단호박샐러드는 부드럽기만 한 것이 아니라 씹히는 맛이 좋고, 짭조름한 케이퍼 덕에 소스가 느끼하거나 과하지 않아 먹고 난 뒤에도 더부룩한 느낌 없이 속이 편하지요. 캐슈너트 마요네즈는 단호박과 나머지 재료를 결합시키는 역할을 하며, 채소는 미리 소금에 절여 수분을 없애고 사용해야 완성 후 샐러드가 흥건해지지 않아요.

재료(2~3인분)

단호박 1/2개
적양배추 100g
완숙 토마토 1개
껍질콩(그린빈) 50g
소금 1작은술+@

드레싱
캐슈너트 마요네즈 4큰술(p.428 캐슈너트 마요네즈 만들기 참고)
케이퍼 1½큰술
레몬즙 1작은술
아가베 시럽 1작은술
굵게 간 후춧가루 1/2작은술
소금 적당량

POINT
- 단호박은 포크나 젓가락으로 찔렀을 때 부드럽게 들어가는 정도로 쪄세요.
- 수분이 적은 가을 단호박을 사용했어요. 수분이 많으면 찐 다음 면포로 물기를 제거하거나 드레싱 분량을 줄이세요. 단호박을 오븐에 구우면 더 좋아요.
- 아가베 시럽 대신 향이 적은 꿀을 사용해도 좋아요.

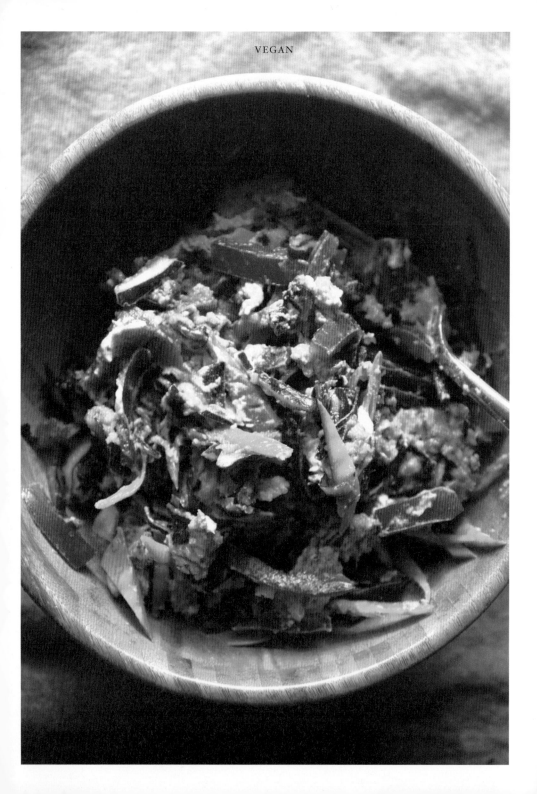

1　　　　　　　2

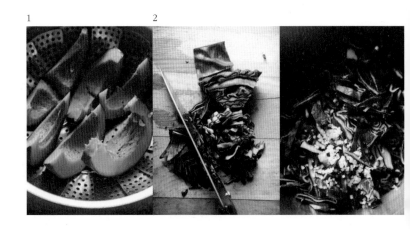

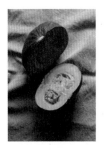

3　　　　　　4　　　　　　5

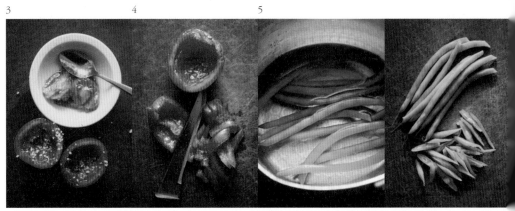

껍질콩 대신 스노피나 줄콩, 아스파라거스를
사용해도 좋아요.

1 단호박은 껍질째 깨끗이 씻어 찜통에 20분간 찝니다.

2 적양배추는 채 썬 뒤 소금 1/2작은술에 버무려 30분 정도 가볍게 절입니다.

3 토마토는 작은 티스푼으로 씨 부분을 제거하고 과육에 소금 1/2작은술을
   나누어 뿌린 후 30분 정도 절입니다. 양배추가 부드럽게 휠 정도로 절여지면
   물기를 짭니다.

4 키친타월이나 면 행주로 토마토의 남은 물기와 소금을 제거하고 잘게 썹니다.

5 껍질콩은 끓는 물에 소금을 넣고 데친 후 찬물에 헹궈 얇게 어슷썹니다.

6 작은 그릇에 드레싱 재료를 넣어 잘 섞습니다.

7 찐 단호박을 포크나 매셔로 으깹니다.

8 볼에 단호박, 양배추, 토마토, 껍질콩을 담고 드레싱을 부어 잘 섞습니다.
   부족한 간은 소금으로 맞춥니다.

적양배추를 일반 양배추로 대체해도 돼요.

감귤 소스를 곁들인 양상추 샐러드

시중에서 판매되는 샐러드에서 양상추는 양 채우기용으로 느껴질 때가 많아요. 저는 아삭한 양상추의 장점을 살려 양상추가 주인공인 샐러드를 만들어봤어요. 겹겹이 쌓인 도톰한 양상추를 한 입 가득 넣고 씹으면 채소 속 수분이 입안에 퍼지는 느낌이 얼마나 신선하고 좋은지 몰라요. 여기에 새콤달콤한 감귤 드레싱을 곁들이면 양상추 한 통을 기분 좋게 다 먹을 수 있답니다. 이 드레싱은 양상추 외에 다른 잎채소와도 잘 어울려요. 맛과 향이 순한 여린 채소가 좋아요.

재료(1~2인분)

양상추 1통
골든키위 1개

드레싱
감귤(작은 것) 3개
적양파 1/4개
올리브유 1큰술
화이트 발사믹 비니거 1큰술
디종 머스터드 1/2 작은술
비정제 설탕 1/2 작은술+@
소금 1/4작은술
굵게 간 후춧가루 1/4작은술

POINT
- 키위는 꼭 골든키위가 아니어도 되고 없으면 생략해도 좋아요.
- 양상추에 물기가 남아 있으면 드레싱이 싱거워져 맛이 떨어지니 샐러드 스피너를 활용하거나 채반에 자른 단면이 바닥으로 가게 해 올려 물기를 확실히 빼내야 해요.
- 화이트 발사믹 비니거 대신 현미 식초를 사용해도 좋아요.

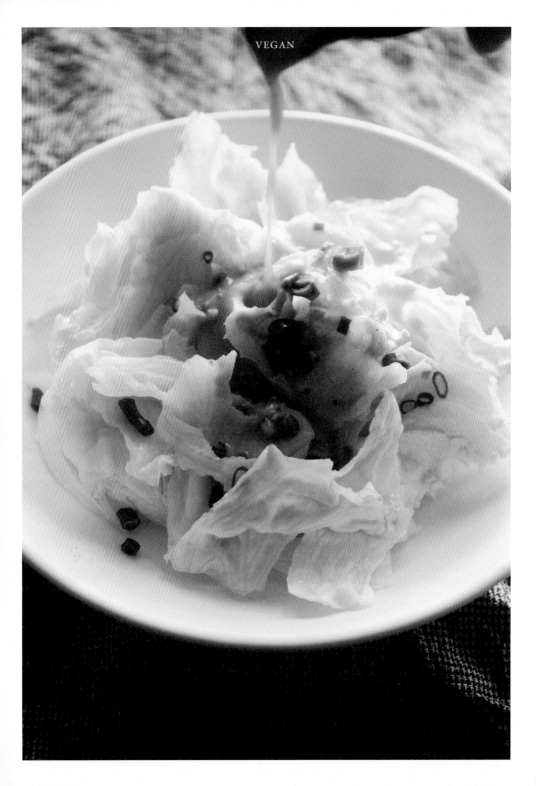

만들어서 바로 먹는 샐러드로 드레싱은 먹기 직전까지 냉장
보관하는 것이 좋아요.

1 양상추는 겉껍질을 2~3장 벗겨내고 밑동을 자른 뒤 밑부분에 칼집을 넣고
   손으로 반 갈라 흐르는 물에 깨끗이 씻어 물기를 뺍니다.
2 손질한 양상추를 냉장 보관합니다.
3 귤은 껍질을 벗기고 과육을 분리한 후 흰 막을 최대한 제거합니다.

4

4 믹서에 모든 드레싱 재료를 넣고 돌려 냉장고에 30분 정도 둡니다.

5 키위는 껍질을 벗겨 깍둑썰기합니다.

6 냉장고에서 양상추를 꺼내 물기를 뺀 뒤 적당한 크기로 자릅니다. 밑부분에
   칼집을 넣어 손으로 뜯어내듯 잘라야 자른 단면의 갈변을 막을 수 있어요.

7 준비한 양상추에 키위를 토핑으로 올리고 먹기 직전에 드레싱을 뿌립니다.

5　　　　　　　　　　　　　6　　　　　　　7

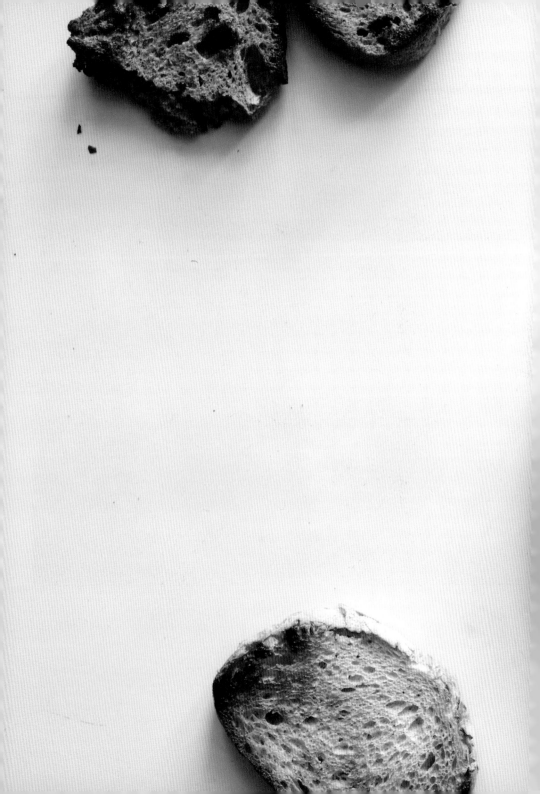

따뜻합니다

—

WARM SALAD

따뜻하게 찐 채소 플래터

몸을 가볍게 비우고 싶을 때는 채소를 쪄 먹어요. 주말 중 움직임이 덜한 하루는 카페인, 설탕, 글루텐, 유제품을 금하고 가공식품도 절제하며 먹는 양을 최소화하고 채소로만 밥상을 차리지요. 각 채소를 알맞게 익히는 것이 이 요리의 포인트랍니다. 단단한 뿌리채소와 생으로도 먹을 수 있는 가벼운 채소를 나누어 찌세요. 나무 찜기가 있으면 칸칸이 올릴 수 있어 중간에 채소를 추가하기 좋아요. 한 솥에 찌는 경우라면 단단한 채소를 먼저 찌다가 중간에 부드러운 채소를 추가하세요. 채소가 아삭하게 씹히면서 부드러우면 적당하게 익은 거예요.

재료(2인분)

모둠 채소 500g
단단한 뿌리채소: 연근, 감자, 고구마, 당근, 밤 등
꽃 채소 또는 버섯류: 양파, 옥수수, 버섯, 아스파라거스,
브로콜리, 콜리플라워 등
* 두부

깨 소스
검은깨 가루 1½큰술
마늘 1쪽
미림 1작은술   마늘 소스
간장 1/2큰술   마늘 3쪽
비정제 설탕 1작은술   올리브유 1큰술
화이트 발사믹 비니거   신선한 레몬즙 1큰술
1/2큰술   소금 1/2작은술
참기름 1작은술   굵게 간 후춧가루 1/4작은술

POINT

- 부드러운 채소는 생으로 먹거나 가볍게 데쳐 먹을 수 있는 것이 좋아요.
- 부드러운 채소는 찜기에서 2분 미만으로 증기만 잠깐 쐬는 정도로 충분해요.
- 찜기에 채소를 추가할 때는 증기가 빠져나가지 않도록 신속하게 넣으세요.

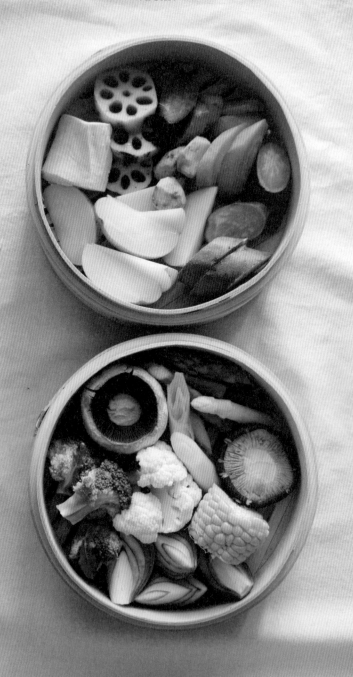

1 찜솥에 물을 넣고 센 불에서 끓입니다.

2 물이 끓는 동안 채소를 한입 크기로 썰거나 1/4등분합니다.

3 소스 재료를 모두 섞습니다. 이때 마늘은 으깨어 잘게 다져서 사용합니다.

4 물이 끓으면 대나무 찜기 또는 찜 채반을 놓고 단단한 뿌리채소부터 올려
   가열합니다.

5 5분 후 부드러운 채소를 올립니다. 대나무 찜기라면 위 칸에 올리고
   찜 채반이라면 뚜껑을 살짝 열어 채소를 올리세요.

6 2분 후 채소를 꺼내 따뜻할 때 소스와 함께 냅니다.

1   2   3

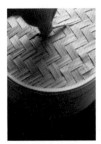

익히는 시간은 찜기에 따라 다르니 마지막 과정에서 익은 상태를 체크하고 기호에 따라 조절하세요.

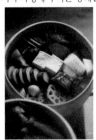

4   5   6

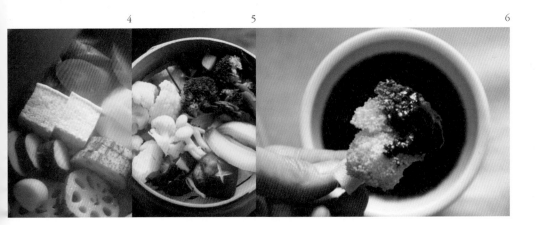

183

브로콜리 & 콜리플라워구이

요리하다 보면 계획했던 재료를 다른 것으로 대체하기도 하고 그 과정에서 의도치 않게 새로운 맛을 발견하기도 하는데 이 요리가 그런 경우예요. 애초 브로콜리에 올리브유를 뿌려 구워 먹으려고 했는데 하필 그날 올리브유가 똑 떨어진 거예요. 그때 볶음 요리에는 잘 쓰지 않는 찬장 속 코코넛 오일이 눈에 들어오더라고요. 코코넛 오일을 두르고 마늘과 홍고추를 넣어 향을 낸 뒤 센 불에서 구웠더니 정말 신세계를 만난 느낌이더라고요. 순한 맛의 브로콜리와 콜리플라워가 코코넛 오일과 만나니 이렇게 풍성한 맛을 낸다는 사실에 놀라웠죠. 코코넛 오일의 그윽한 풍미가 느껴지는 이 요리를 한번 맛본다면 누구라도 브로콜리와 콜리플라워를 장바구니에 즐겨 넣게 될 거예요.

재료(1~2인분)

브로콜리(작은 것) 1송이
콜리플라워(작은 것) 1송이
＊브로콜리니 6송이
홍고추 1개
마늘 3쪽
코코넛 오일 1½큰술+@
소금 1/2작은술+@

POINT
- 고추와 마늘이 타지 않게 구우세요.
- 채소는 센 불에서 구워야 겉은 바짝 익고 속은 아삭해요.
- 브로콜리니는 일반 브로콜리보다 맛이 달큰하고 연해요. 없으면 생략해도 좋아요.
- 모든 채소를 한꺼번에 굽기 어렵다면 코코넛 오일을 약간 추가해 나누어 구우세요.

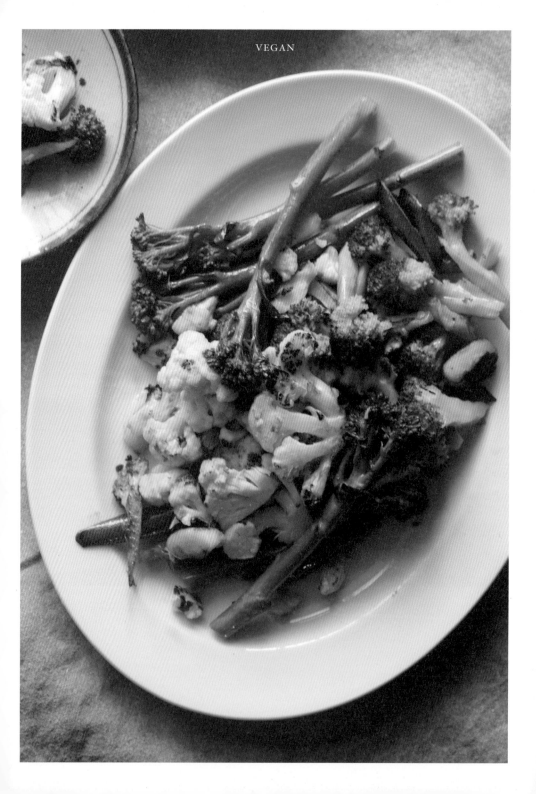

1 브로콜리와 콜리플라워는 줄기 부분을 제거하고 꽃송이만 반으로 잘라
  0.5cm 두께로 썹니다.
2 손질한 브로콜리를 끓는 물에 소금을 약간 넣고 2~3분 데친 후 찬물에
  헹궈 물기를 뺍니다.
3 브로콜리니는 아랫부분을 1cm 정도 잘라내고 브로콜리 데친 물을 계속
  끓여 1~2분 정도 데친 후 찬물에 담갔다가 물기를 제거합니다.
4 홍고추는 어슷썰고 마늘은 칼등으로 으깬 뒤 반으로 자릅니다.
5 중불에 뜨겁게 달군 팬에 코코넛 오일을 두르고 따뜻해지면 고추와
  마늘을 넣어 향을 냅니다.
6 매콤한 향이 올라오면 콜리플라워와 데친 브로콜리, 브로콜리니를 넣고
  센 불에서 굽습니다.
7 기호에 맞게 소금을 뿌려 간하고 겉면이 노릇해지면 접시에 담아냅니다.

1

2

3

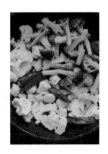

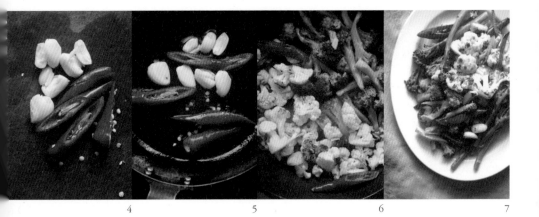

4   5   7

고아한 맛의 달걀샐러드

저는 마요네즈 맛이 강한 샐러드를 별로 좋아하지 않아요. 그래서 오랫동안 마요네즈를 사용하지 않고도 클래식한 스타일의 샐러드 만드는 방법을 찾아 헤맸지요. 두부 마요네즈와 견과로 만든 다양한 마요네즈를 사용해보기도 했지만 별다른 차이가 없었어요. 그러던 어느 날 캐슈너트 크림 소스를 사용해 만든 달걀샐러드에서 그 맛을 발견하게 되면서 제 고민은 마침표를 찍었죠. 캐슈너트 특유의 은은하고 고소한 맛이 재료를 잘 어우러지게 하고, 중간중간 씹히는 사과와 셀러리가 먹는 즐거움을 주는 샐러드예요. 모든 재료의 조합이 좋으니 가급적 빠트리지 말고 다 넣어 만들어보세요.

재료(2~3인분)

달걀 4개
셀러리 2줄기
사과 1/2개
해바라기씨 1/4컵

소스
캐슈너트 크림 4큰술(p.426 캐슈너트 크림 만들기 참고)
소금 1/4작은술
굵게 간 후춧가루 1/4작은술
* 레몬즙 1작은술

POINT
- 레몬즙은 상큼한 끝 맛을 내는 역할을 하지만 없으면 생략해도 돼요.
- 해바라기씨는 볶아서 충분히 식힌 다음 사용하면 맛과 향이 짙어져요.

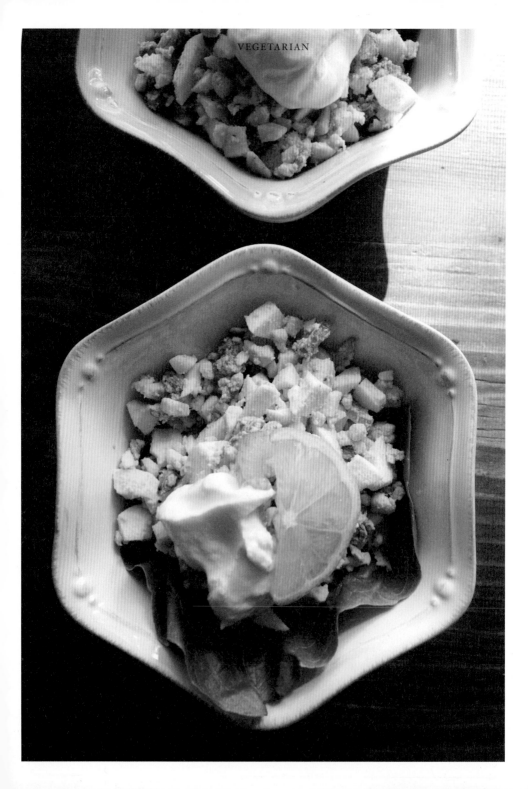

1 달걀은 완숙으로 삶습니다.(p.438 달걀 삶기 참고)
2 삶은 달걀을 충분히 식혀 잘게 다집니다.
3 셀러리 줄기는 칼끝으로 섬유질을 제거한 뒤 길이로 반 갈라 0.2cm 두께로 썹니다.
4 사과는 0.2cm 두께로 썬 뒤 곱게 채 썰어 잘게 다집니다.
5 소스 재료를 잘 섞습니다.
6 볼에 달걀, 셀러리, 사과, 해바라기씨와 소스를 넣어 잘 섞습니다.

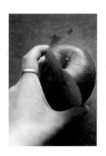

4   5   6

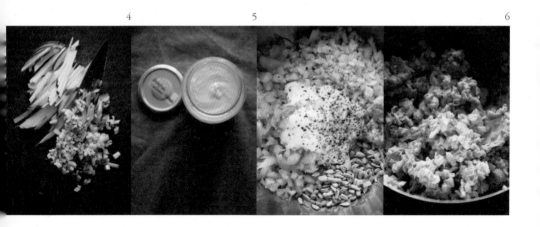

바삭한 두부 샐러드

평범한 두부구이를 저만의 스타일로 조금 독특하게 만들어보았어요. 두부에 퀴노아 반죽을 입혀 바삭한 맛이 돋보이게 만든 요리랍니다. 흔히 만드는 튀김옷과는 전혀 다른, 굉장히 쫀득하면서 바삭한 맛이라고 해야 할까요. 처음엔 양념간장과 함께 밥반찬으로 냈지만, 가만히 생각해보니 곡물 옷으로 탄수화물을 섭취할 수 있으니 식사 대용 샐러드로도 어울릴 것 같았어요. 더 좋은 건 식어도 맛있다는 것. 갓 구웠을 때가 바삭바삭해 가장 맛있지만 전날 미리 구워놓고 다음날 먹으면 쫀득함이 배가되는 맛있는 샐러드랍니다.

재료(3~4인분)

단단한 두부 1모(300g)
삶은 퀴노아 1컵
루콜라 50g
양파(작은 것) 1/2개
완숙 토마토 1개
통밀가루 1/4컵
＊ 전분 1/2큰술
달걀 1개
포도씨유 2큰술
소금·후춧가루 약간씩

드레싱
통깨 2큰술
간장·현미 식초 1큰술씩
생강술·설탕·참기름 1/2큰술씩

POINT
- 생강술은 얇게 저미거나 채 썬 생강을 청주에 담가 냉장고에 넣어두고 사용하는 조미료로 은은한 생강 향이 나요. 청주나 미림으로 대체 가능하고 생략해도 무방해요.
- 전분이 없으면 밀가루만 사용해도 됩니다.
- 루콜라는 샐러드용 베이비채소나 다른 잎채소로 대체 가능해요.

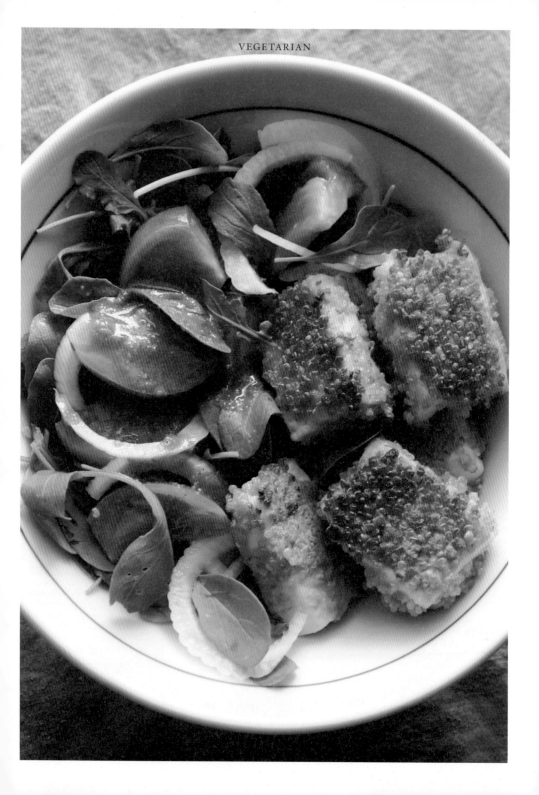

1 두부는 한입 크기로 자르고 소금을 뿌려 물기를 뺍니다.
2 루콜라는 흐르는 물에 씻은 뒤 샐러드 스피너나 채반을 이용해 물기를 빼고
  양파는 얇게, 토마토는 두부와 같은 크기로 자릅니다.
3 블렌더에 드레싱 재료를 모두 넣고 곱게 갑니다.
4 통밀가루와 전분을 섞고 달걀은 풀어둡니다.

5 팬을 달궈 포도씨유를 두르고 두부에 후춧가루를 살짝 뿌린 후 밀가루+전분,
  달걀물, 삶은 퀴노아를 차례대로 입혀 재빨리 팬에 올립니다.
6 두부를 앞뒤로 노릇노릇하게 구운 뒤 꺼내 한 김 식힙니다.
7 준비한 루콜라와 양파, 토마토를 접시에 담습니다.
  구운 두부와 야채, 드레싱을 따로 또는 같이 냅니다.

6　　　　　　　　　　　　　　　　　7

지중해식 렌틸콩샐러드

렌틸콩에 텃밭 허브로 향기 옷을 입히고, 선드라이드 토마토로 감칠맛을 내고, 페타치즈로 간을 맞춘 지중해풍 샐러드입니다. 여기에 단출하게 만든 드레싱의 심플하고 오묘한 맛에 빠져들면 시판 샐러드드레싱은 자연스럽게 멀리하게 되죠. 실온 상태일 때 가장 맛있으니 가급적 필요한 양만큼 그때그때 만들어 먹는 것이 좋아요. 마늘을 빼면 도시락용으로도 좋고요. 치즈를 생략해도 맛있지만 조금 더 근사하게 먹고 싶다면 꼭 으깬 페타 치즈를 올리세요.

재료(2~3인분)

익힌 렌틸콩 1½컵
선드라이드 토마토 30g
생허브 30g
적양파 1/4개
마늘 1쪽
페타 치즈 70g

드레싱
올리브유 1/4컵
레몬즙 1/2큰술
소금 1/4작은술
굵게 간 후춧가루 1/2작은술

POINT
- 갓 삶은 렌틸콩으로 만들어 따뜻하거나 실온 상태일 때 먹어야 맛있어요.
- 남은 샐러드는 가급적 3일 이내에 먹도록 하세요.
- 허브는 두 가지 이상 섞는 게 좋아요. 없으면 쪽파로 대체할 수 있어요.

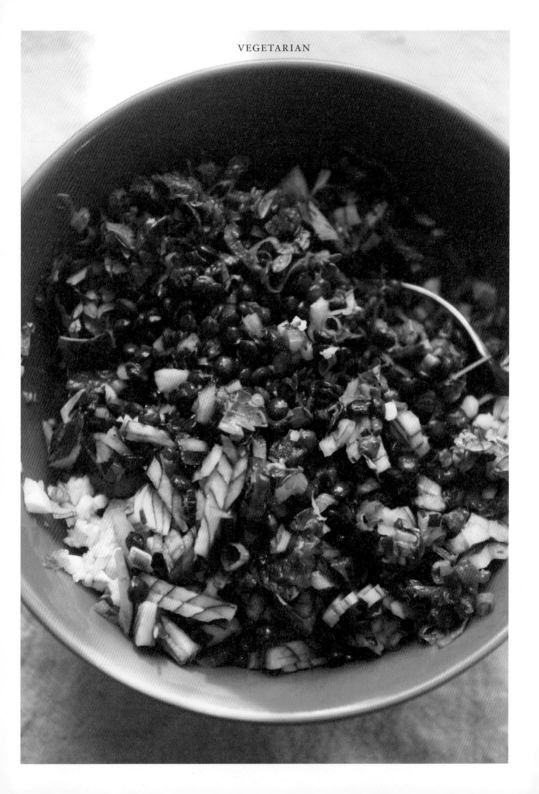

1   2

바삭하게 구운 빵이나 크래커에 곁들여 먹어도 좋아요.

비건일 경우 페타 치즈를 생략하거나 씨를 뺀
올리브 50g을 넣어도 맛있어요.

선드라이드 토마토는 기름에 절인 것을 사용했어요. 구하기 힘들 땐
오븐에 구운 토마토를 잘게 썰어서 사용하세요.

3	4	5	6

1 익힌 렌틸콩은 식혀둡니다.(p.452 렌틸콩 익히기 참고)

2 선드라이드 토마토와 허브, 양파는 모두 잘게 썹니다.

3 마늘은 칼등으로 으깬 후 잘게 다집니다.

4 볼에 렌틸콩과 잘게 썬 선드라이드 토마토, 허브, 다진 마늘을 넣고 올리브유,
  레몬즙, 소금, 후춧가루를 넣어 잘 섞은 뒤 최소 20분간 실온에 둡니다

5 페타 치즈는 잘게 썰거나 손으로 조각 내세요.

6 가볍게 절인 렌틸콩 믹스에 페타 치즈를 섞고 기호에 따라 소금이나 올리브유를
  추가합니다.

여름옥수수허브샐러드

샐러드에 꼭 드레싱이 필요한 건 아니에요. 특히 당 함량이 높은 시판 소스라면 더욱 그렇죠. 드레싱을 넣으면 샐러드가 좀 더 맛있고 먹기 쉽지만 가끔 드레싱의 양이 많아져 채소를 먹는 건지 소스를 먹는 건지 알 수 없을 때도 있죠. 이 요리는 이럴 때 가장 추천하고 싶은 샐러드예요. 허브 향이 옥수수 맛을 풍부하게 끌어올려 드레싱을 넣지 않아도 맛깔스러워 한번 맛보면 놀라실지도 몰라요.

재료(2인분)

단옥수수 1개
익힌 렌틸콩 1컵(p.452 렌틸콩 익히기 참고)
적양파 1/4개
생허브 20g
올리브유 1½큰술
소금 1/2작은술
굵게 간 후춧가루 1/2작은술

POINT
- 찰옥수수 아닌 단옥수수를 사용했어요. 삶지 않고 생으로 먹어도 맛있는 옥수수예요.
- 허브는 기호에 따라 사용하세요. 두 가지 이상 섞으면 좋아요.
- 실온에서 먹기 좋은 샐러드예요. 냉장 보관하면 옥수수가 단단해져 식감이 좋지 않아요.

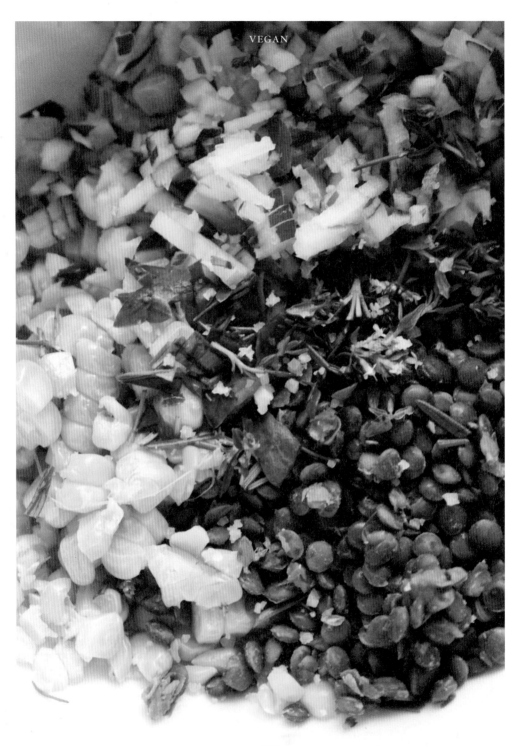

1 단옥수수는 소금 1/2작은술을 넣어 부드럽게 삶습니다.

2 한 김 식으면 옥수수를 세워 칼로 알만 훑어냅니다.

3 적양파와 허브는 잘게 다집니다.

4 볼에 익힌 렌틸콩과 옥수수알, 다진 양파, 허브를 넣고 올리브유, 소금, 후춧가루를 넣어 잘 섞습니다.

1   2

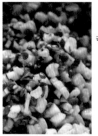

렌틸콩은 껍질이 있는 종류(그린, 퓌, 브라운)라면 모두 좋아요.

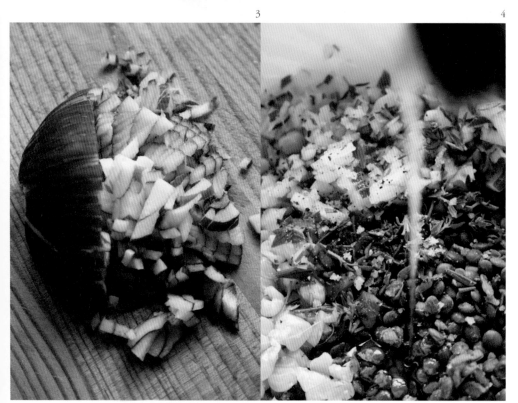

적양파 대신 일반 양파를 써도 좋아요.

퀴노아 한 그릇

따뜻한 곡물을 그릇에 담고 나머지 재료를 올려 먹는 것이 꼭 비빔밥 같은 샐러드예요. 양념이나 드레싱 없이 재료의 조합만으로 충분히 맛을 내지요. 이런 맛에 눈뜨면 맛에 대한 관점이 달라지는데 바로 이런 게 채식의 즐거움이죠. 평소엔 차이브 없이도 먹는데 향채를 넣으면 맛에 포인트를 줄 수 있어요. 가급적 따뜻하게 먹어야 맛있으니 냉장 보관은 피하고 당일 만들어 먹는 것이 좋아요.

재료(2인분)

퀴노아 1컵
물 2컵
생완두콩 1/2컵
주키니호박 100g
할루미 치즈 100g
아스파라거스 50g
반숙 달걀 2개(p.438 달걀 삶기 참고)
소금 적당량

드레싱
올리브유 적당량
굵게 간 후춧가루 1/4작은술+@
잘게 썬 차이브 2큰술

POINT
- 퀴노아 대신 보리, 율무 같은 끈기 없는 국산 잡곡으로 대체해도 좋아요.
- 완두콩은 냉동 완두콩을 사용해도 돼요.
- 차이브 대신 쪽파를 사용해도 좋아요.
- 데친 껍질콩, 노릇하게 구운 옥수수알, 구운 감자를 추가하거나 기존 재료를 대체해도 좋아요.

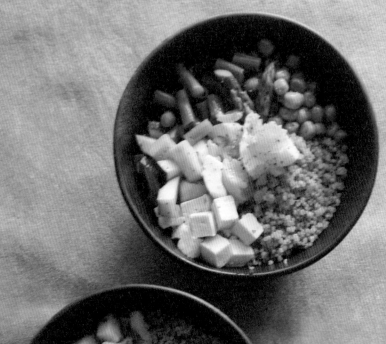

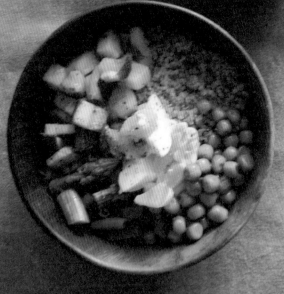

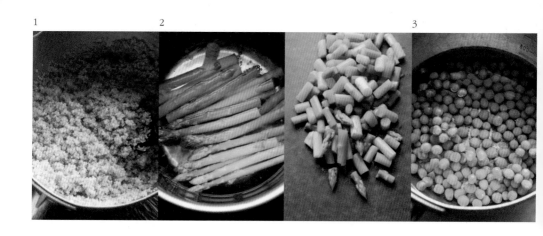

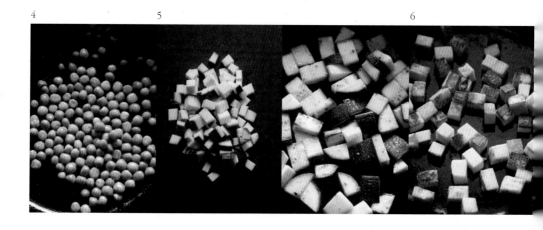

1 퀴노아는 물을 붓고 끓이다가 끓어오르면 뚜껑을 닫고 익힌 후 약불에서 뚜껑을
열고 물기가 없어져 포슬포슬해질 때까지 둡니다.

2 아스파라거스는 아랫부분을 2cm 정도 자르고 끓는 물에 소금 약 1/2작은술을
넣고 30초 정도 데친 후 즉시 찬물에 헹구고 물기를 빼 1.5 cm 길이로 자릅니다.

3 끓는 물에 완두콩을 넣고 20초 정도 데칩니다.

4 달군 팬에 올리브유를 두르고 데친 완두콩과 소금 한 꼬집을 넣어 콩의 겉면이
노릇하게 볶습니다.

5 주키니호박은 1cm로 깍둑썰기한 뒤 중불로 달군 팬에 올리브유를 두르고 소금
한 꼬집과 함께 넣어 노릇하게 볶아서 접시에 담습니다.

6 할루미 치즈는 주키니호박과 같은 크기로 깍둑썰기하고, 팬에 올리브유를 약간
두르고 노릇하게 굽습니다.

7 반숙 달걀은 큼직하게 으깨듯 썹니다.

8 드레싱 재료를 모두 섞습니다.

9 볼에 익힌 퀴노아를 담고 완두콩, 주키니호박, 할루미 치즈, 아스파라거스, 달걀을
고명을 얹듯 차례로 담은 뒤 드레싱을 곁들여 따뜻할 때 냅니다.

7	8	9

비건일 경우 치즈 대신 두부를 사용하세요. 두부를 구울 땐 소금을 뿌려 물기를 최대한
빼고 노릇하게 구워 사용하세요.

연근모둠견과샐러드

'연근' 하면 어린 시절부터 엄마가 해주신 연근조림을 떠올리기 쉬운데, 얇게 썬 연근을 머스터드 드레싱에 새콤달콤하게 버무린 이 요리는 연근에 대한 고정관념을 확실히 깨뜨리지요. 푹 조리지 않고 증기에 쪄 아삭하게 씹히는 연근의 식감을 살리고, 여기에 다양한 견과를 곁들인 뒤 머스터드 드레싱을 올려 완성합니다. 주먹밥이나 구운 떡과도 잘 어울려요.

재료(2인분)

연근 1개 250g
다진 견과 1/2컵

드레싱
홀그레인 머스터드 1큰술
화이트 발사믹 비니거 1큰술
올리브유 1큰술
꿀(또는 아가베 시럽) 1/2큰술
레몬즙 1작은술

POINT
• 견과류는 바삭하게 구운 뒤 식혀서 사용하면 잡내 없이 고소한 향이 진해져 더욱 맛있어요.
• 따뜻하게 혹은 실온에 두고 먹는 샐러드로, 냉장 보관하면 맛이 떨어져요.

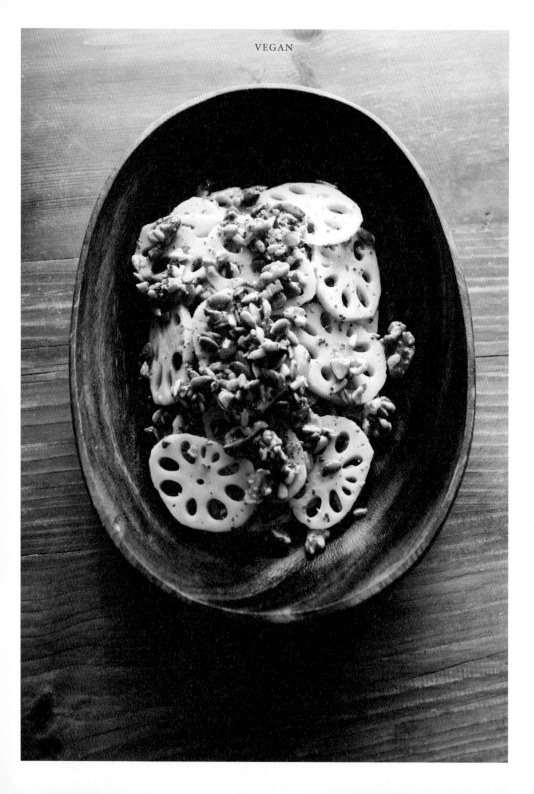

1 연근은 기호에 따라 껍질째 깨끗이 씻거나 껍질을 벗겨 손질합니다.
  껍질째 사용할 경우 채소 브러시로 손질하세요. 찜솥에 물을 끓여 팔팔 끓으면
  찜기에 연근을 통째로 올려 25~30분 정도 찝니다.
2 연근을 찌는 동안 드레싱 재료를 볼에 섞은 뒤 다진 견과를 넣어 함께 섞습니다.
3 찐 연근은 0.3cm 두께로 썹니다.
4 슬라이스한 연근에 드레싱을 켜켜이 부어 따뜻할 때 냅니다.

1   2   3

다진 견과로는 호두, 아몬드, 해바라기씨 등을 사용했어요.

비건일 경우 꿀 대신 아가베 시럽이나 메이플 시럽을 사용하세요.
아가베 시럽은 당도가 높으니 분량을 10% 줄이시고요.

4

고구마렌틸콩샐러드

이 샐러드는 고구마를 더 맛있고 근사하게 먹을 수 있는 방법이에요. 다소 생소한 염소 치즈가 새로운 맛의 세계로 이끌어주지요. 따뜻할 때 먹는 게 가장 맛있지만 식어도 맛있어서 저는 도시락 메뉴로 자주 애용해요. 많이 먹지 않아도 만족감과 포만감을 준답니다.

재료(2인분)

고구마(호박고구마와 밤고구마 섞어서) 400g
익힌 렌틸콩 1컵
실파 30g
구운 피칸 1/4컵
메이플 시럽 1/2큰술
염소 치즈 2큰술
올리브유 1/2큰술
소금 1/4작은술

POINT
- 메이플 시럽 대신 꿀을 사용해도 잘 어울려요.
- 고구마를 한 종류만 사용해도 돼요.
- 렌틸콩은 껍질이 벗겨지지 않은 것을 사용하세요.
- 메이플 시럽과 염소 치즈는 기호에 따라 양을 더해도 좋아요.

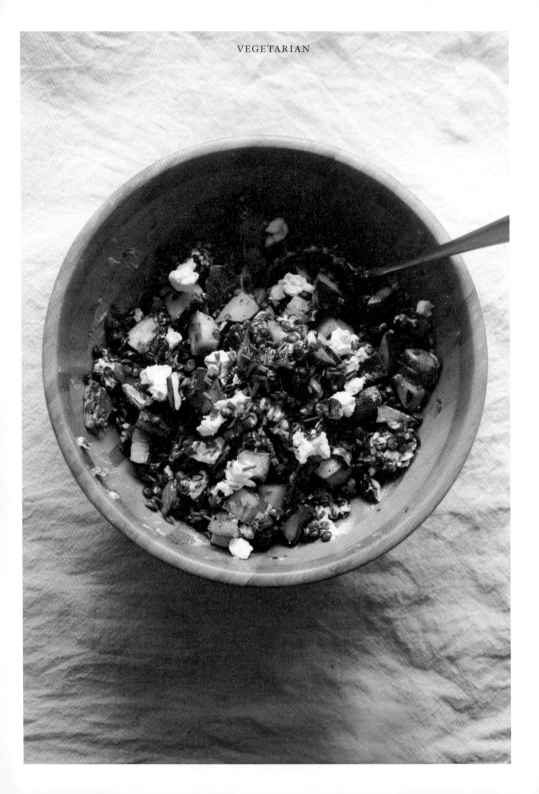

1 고구마는 깨끗하게 씻어 껍질째 사방 0.7cm로 깍둑썰기합니다.

2 볼에 고구마를 담고 올리브유와 소금을 넣어 잘 버무립니다.

3 중불로 달군 팬에 ②의 고구마를 넣고 노릇하게 구워요.
  이때 뚜껑이나 알루미늄 포일을 덮어 속까지 익힙니다.

4 실파는 송송 썹니다.

5 피칸은 잘게 썹니다.

6 고구마가 노릇하게 구워지면 다시 볼에 담아 한 김 식힌 후 렌틸콩, 실파, 피칸,
  메이플 시럽, 염소 치즈를 넣고 섞어 완성합니다.

고구마는 기호에 따라 껍질을 벗겨서 사용해도 돼요.

1   2   3   4

견과류는 호두, 호박씨도 잘 어울리므로 기호에 따라 대체하세요.

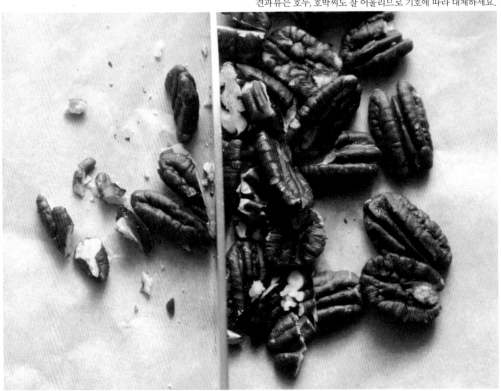

5

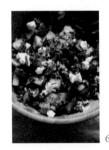

6

오븐에 구운 주키니호박과 말린 토마토

호박은 함께 쓰는 다른 재료가 간단할수록 더 맛있는 것 같아요. 저는 손님상에 낼 때 더욱 풍성하고 아름다운 샐러드를 위해 두 가지 색의 주키니호박을 사용하는 편이에요. 이 음식은 말린 토마토의 감칠맛과 향이 호박의 단순한 맛을 풍부하게 받쳐주는 비교적 간단한 요리로, 노릇노릇하게 구워 바로 상에 내도 맛있고 한 김 식혀 진한 감칠맛을 즐기기에도 좋아요. 여기에 파르메산 치즈를 뿌리면 호박의 감칠맛이 폭발하는 듯한 느낌을 즐길 수 있으니 가급적 어떤 재료도 생략하지 마세요. 단, 냉장 보관하면 맛이 떨어지니 실온에 보관하는 게 좋아요.

재료(2~3인분)

주키니호박 1개
선드라이드 토마토 40g
마늘 3쪽
올리브유 1큰술
소금 1/2작은술
굵게 간 후춧가루 1/4작은술
* 파르메산 치즈 가루 1/4컵

POINT
- 호박 가운데 부분에 씨앗이 많으면 제거하세요.
- 가급적 오븐을 사용하는 게 좋아요. 팬을 사용할 경우 뚜껑을 닫아 조리하세요.
- 따뜻할 때 더 맛있으니 만들어서 바로 먹는 게 좋아요.
- 선드라이드 토마토는 오일에 절인 것을 사용했어요.

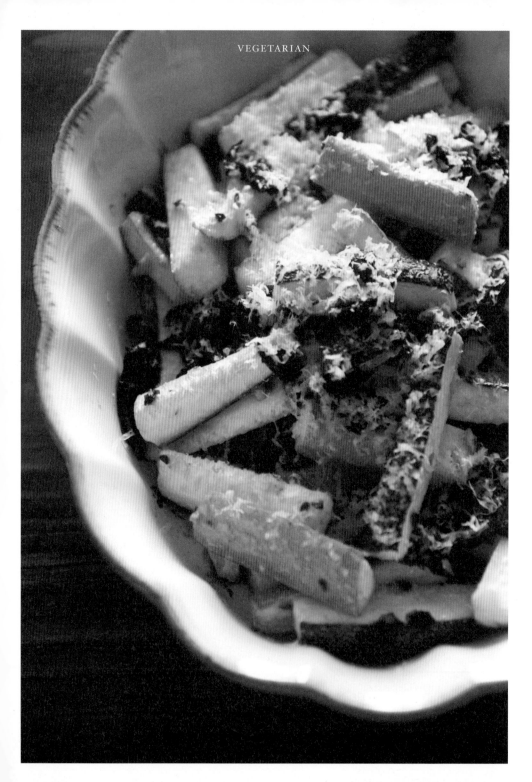

1

2

꼭 주키니호박을 사용하세요.
애호박은 수분이 많아 결과물이 달라져요.

1 주키니호박은 길이로 반 자른 후 길이 5cm, 두께 1cm 정도의 연필 모양으로
  썹니다.
2 토마토는 잘게 썰고 마늘은 으깬 후 다집니다.
3 볼에 준비한 호박, 토마토, 마늘을 넣고 올리브유, 소금을 넣어 골고루 버무린 후
  오븐 용기에 담아 200℃로 예열한 오븐에 20분 정도 노릇하게 익힙니다.
4 후춧가루와 기호에 따라 파르메산 치즈를 골고루 뿌려 냅니다.

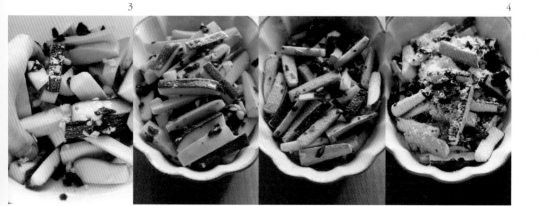

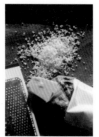

비건일 경우 파르메산 치즈를 생략하고 소금 간만 하거나 빵가루를 더해 구워도 좋아요.

따뜻한 당근셀러리샐러드

언젠가 싱가포르에서 셀러리가 잔뜩 든 채소볶음을 먹은 적이 있어요. 충분히 볶은 셀러리에서 나는 은은한 단맛이 신기해 실례를 무릅쓰고 뭘 넣었는지 물어봤죠. 잔뜩 기대한 비법은 어이없게도 설탕물이었어요. 소량의 설탕으로 변화시킨 맛이 참으로 재미났죠. 맛도 맛이지만 가열되면서 나는 불 향도 새로웠고요. 식이 섬유가 풍부한 당근과 셀러리에 든든한 병아리콩을 곁들여 식사처럼 먹을 수 있답니다.

재료(2인분)

당근(작은 것) 1개
셀러리 2대
마늘 3쪽
삶은 병아리콩 1컵
포도씨유 1큰술
＊소금 약간

소스
비정제 설탕 1작은술
소금 1/4작은술+@
물 1큰술

POINT
• 병아리콩은 부드럽게 삶아져야 잘 어울립니다. 마른 병아리콩 1컵 당 1/2작은술의 베이킹 소다를 넣고 삶거나 통조림 콩을 사용해도 좋아요.

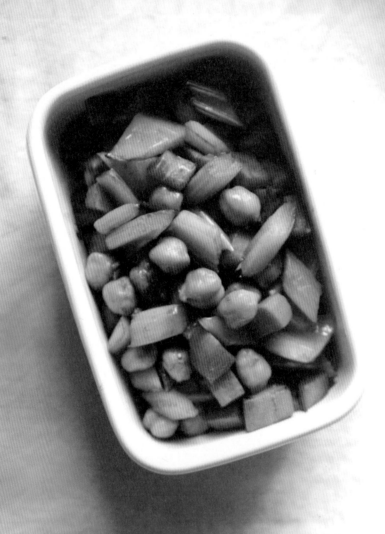

1 당근은 0.7cm로 깍둑썰기합니다.
2 셀러리는 칼끝으로 줄기의 섬유질을 벗긴 후 길이로 반 잘라 당근과 같은 크기로
　어슷썹니다.
3 마늘은 으깨어 곱게 다집니다.
4 설탕, 소금, 물을 작은 볼에 넣고 잘 섞으세요.
5 약불로 달군 팬에 기름을 두르고 다진 마늘을 볶습니다.
6 마늘 향이 올라오면 당근을 넣고 중불에서 볶다가 뚜껑을 닫고 절반쯤 익히세요.
　이때 마늘이 타지 않게 약불로 줄이세요.
7 당근이 익으면 중불로 높여 병아리콩을 넣고 노릇하게 볶은 뒤 셀러리를 넣고
　다시 볶습니다.
8 소스를 넣어 다시 볶은 뒤 부족한 간은 소금으로 맞추고 따뜻할 때 냅니다.

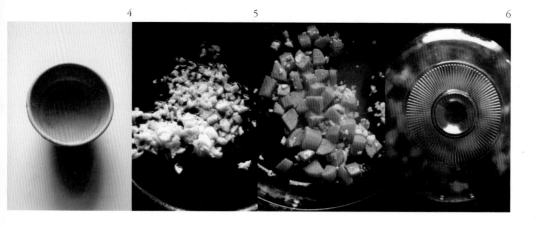

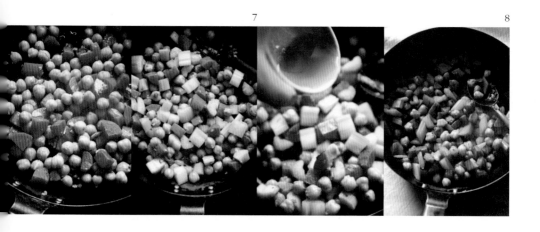

불고기 소스와 버섯퀴노아샐러드

간장 베이스의 불고기 소스와 함께 버섯과 퀴노아를 샐러드로 즐깁니다. 곁들이는 아보카도는 이 샐러드를 완벽하게 만드는 제 비장의 무기죠. 짭조름한 간장 맛을 중화시켜 재료가 잘 어우러지게 하니 절대 빠뜨리지 마세요. 샐러드지만 특유의 고소한 맛이 간장과 잘 어우러져 밥처럼 맛있게 한 그릇 먹을 수 있을 거예요.

재료(1~2인분)

모둠 버섯 200g
익힌 퀴노아 1컵
아보카도 1/2개
포도씨유 1큰술

양념
간장 3작은술
참기름 1작은술
청주 1작은술
비정제 설탕 1작은술
잘게 썬 마늘 1작은술
잘게 썬 쪽파 1작은술
잘게 썬 홍고추 1작은술
흰 후춧가루 1/4작은술

POINT
- 퀴노아 대신 현미나 보리, 율무 등을 사용해도 좋아요.
- 취향에 따라 주키니호박을 함께 구워도 좋아요.
- 흰 후춧가루는 반드시 넣어야 제맛이 나요.
- 볶을 때 양념을 한 번에 다 넣지 말고 절반 분량을 먼저 넣고 기호에 따라 간을 맞춥니다.

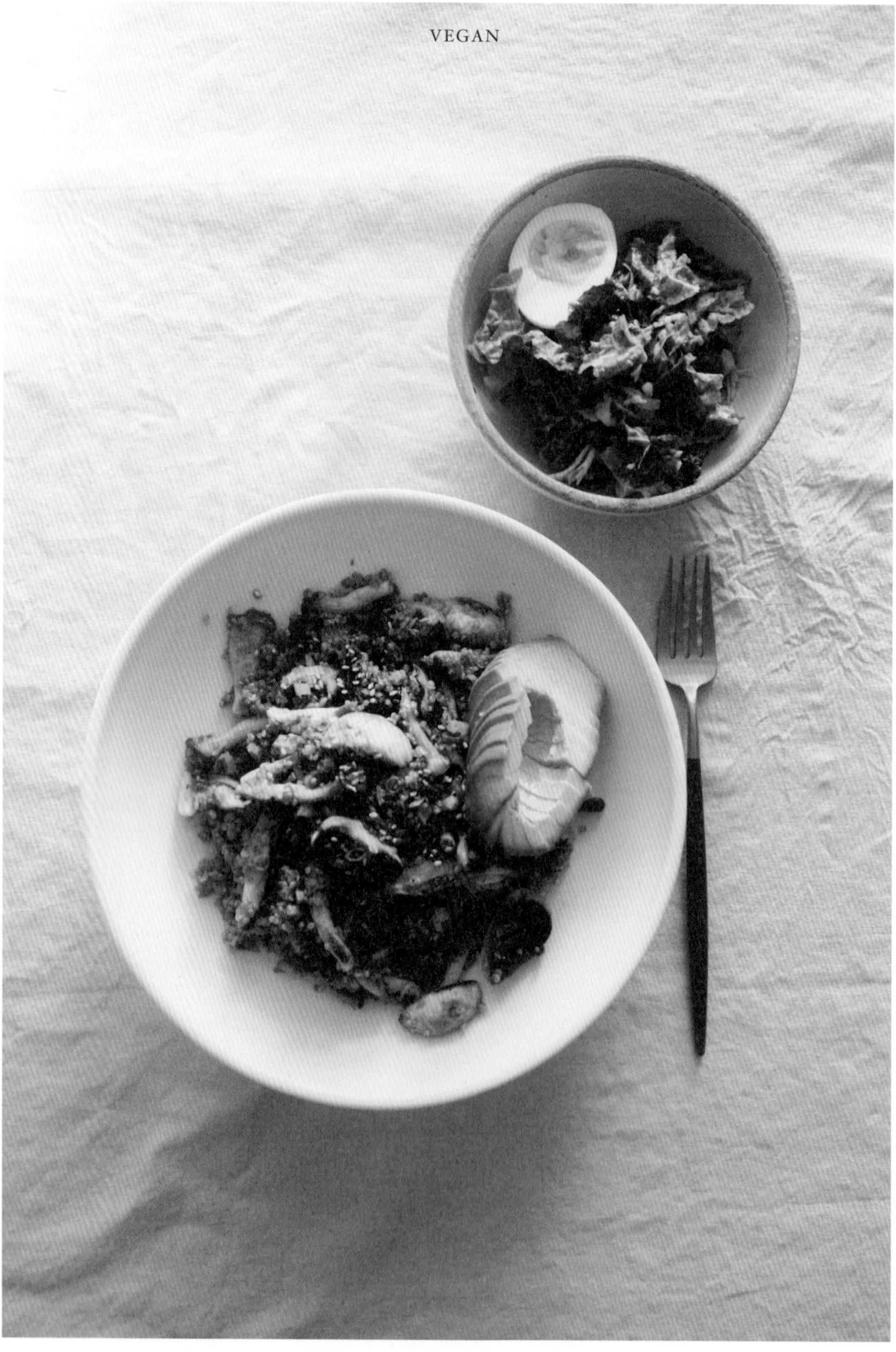

1

버섯은 밑둥에서 가까운 부분을
도려내고 갓을 깨끗하게 손질한 뒤
먹기 좋은 크기로 자릅니다.

2

볼에 버섯과 기름을 넣어 버무립니다.

3

양념 재료를 모두 섞으세요.

중불로 달군 팬에 버섯을
올립니다. 뒤적거리지 말고
한쪽 면이 노릇해지면
뒤집어서 다시 구우세요.

④에 퀴노아와 양념를 넣어 볶습니다.

아보카도 과육을 슬라이스해
함께 냅니다.

하와이안 샐러드

늘 먹는 잎채소 샐러드 대신 구운 과일을 사용해 샐러드에 다양한 변화를 줍니다. 급하게 다이어트를 할 때라면 열대 과일은 당분이 높아 망설여지지만 식습관을 잡아가며 꾸준히 하는 슬로 다이어트에서 열대 과일은 천연 당분과 풍부한 식이 섬유를 섭취할 수 있는 훌륭한 재료지요. 자칫 무거울 수 있는 식감과 풍미에 도움이 되는 것이 신선한 민트잎인데, 샐러드의 맛과 향을 돋우는 건 물론이고 시각적으로도 아름답게 만들어 손님 초대 요리나 포틀럭 파티 요리로도 손색이 없답니다.

재료(2인분)

단옥수수 1개
빨간 파프리카 1/2개
생파인애플 슬라이스 2쪽
* 민트잎 10g
코코넛 오일 1/2큰술+@
올리브유 1작은술
* 라임(또는 레몬) 1/4개
소금 1/4작은술
굵게 간 후춧가루 1/2작은술

POINT
- 코코넛 오일이 없으면 올리브유를 사용해도 좋아요.
- 라임즙은 기호에 맞게 양을 조절하세요.
- 옥수수는 찰옥수수보다 단옥수수가 더 좋아요.
- 가급적 냉장 보관하지 말고 만들어서 바로 먹거나 실온에 두고 먹는 것이 좋아요.

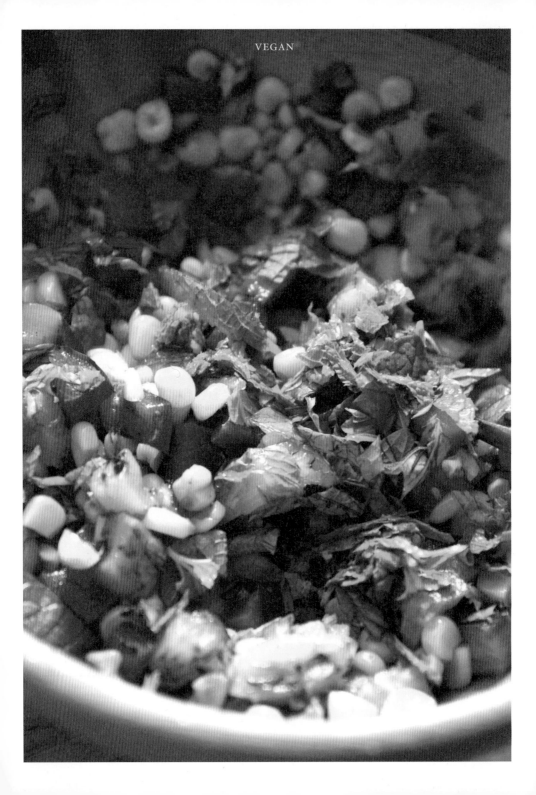

1 옥수수는 알을 떼어냅니다.
2 옥수수알에 코코넛 오일을 넣고 잘 버무린 뒤 달군 팬에 볶듯이 노릇하게 구워
  접시에 담아냅니다.

민트는 페퍼민트를 사용했어요.

3 4

3 파프리카는 0.7cm 정도의 사각 모양으로 썰어 팬에 올리브유를 두르고 중불에서
  재빨리 볶아 접시에 담아냅니다.
4 같은 팬을 중불 이상에서 잘 달군 뒤 파인애플 슬라이스를 노릇하게 구워 한 김
  식힙니다.

5 6 7

5 파인애플을 식히는 동안 민트잎을 손질해 잎만 떼어낸 뒤 손으로 잘게 뜯거나 칼로
  다집니다.
6 구운 파인애플을 파프리카와 같은 크기로 썰고 볼에 넣고 옥수수알, 파프리카와 함께
  잘 섞습니다.
7 기호에 따라 라임즙을 넣고 약간의 올리브유, 소금, 후춧가루, 민트잎을 넣어 가볍게
  섞습니다.

231

두부그라탱

아무리 건강한 식단을 좋아해도 가끔은 진한 맛의 음식이 먹고 싶을 때가 있지요. 그럴 때 음식을 금기하면 더 먹고 싶어지기 마련이기에 저는 인스턴트나 값싼 재료로 그 맛을 흉내 내기보다는 차라리 날을 잡아 제대로 된 음식을 먹기를 권해요. 두부그라탱은 그런 날을 위해 추천하는 요리예요. 두부그라탱이라고 하니 멀건 두부가 먼저 떠오를 수도 있겠지만 고소한 캐슈너트 소스와 치즈가 어우러져 놀랄 만큼 풍부한 맛을 낸답니다. 특별한 날 하루쯤 즐겁게 먹는 포상 음식이라고 생각하면 어떨까요?

재료(3~4인분)

단단한 두부 1모(300g)
단호박 1/4쪽
브로콜리 1/2송이
호박씨 1/4컵
소금 1/4작은술+@
후춧가루 1/2작은술　　　　　소스
통밀가루 2큰술+@　　　　　캐슈너트 크림 4큰술
전분 1/2큰술+@　　　　　미소 된장 2작은술
포도씨유 1큰술　　　　　마늘 1쪽
＊모차렐라 치즈 1/2컵　　　차이브(또는 쪽파) 5g
파슬리 가루 1작은술　　　　청주 1큰술

POINT
• 단호박과 브로콜리는 마지막 과정에 한 번 더 구우니 처음에 완전히 익히지 마세요.

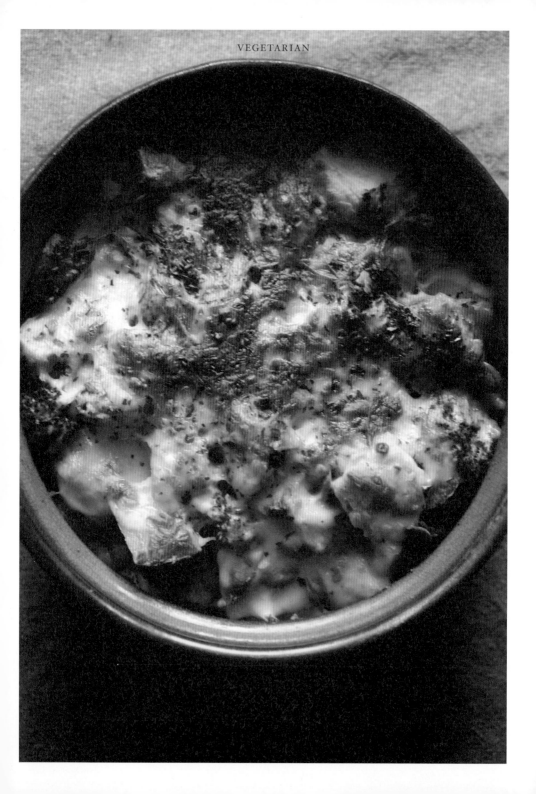

1 단호박은 김 오른 찜통에 넣고 15분 정도 익혀 식힌 뒤 1.5cm 크기로
   깍둑썰기합니다.

2 브로콜리는 한 입 크기로 잘라 끓는 소금물에 가볍게 데친 후 물기를 뺍니다.

3 두부는 물기를 뺀 뒤 1.5cm 크기로 깍둑썰기하고 소금, 후춧가루로 밑간합니다.

4 비닐 팩에 통밀가루와 전분을 넣어 섞은 뒤 두부를 넣고 흔들어 가루 옷을
   입히세요.

5 중불로 달군 팬에 두부를 앞뒤를 노릇하게 굽습니다.

6 마늘은 으깬 뒤 아주 곱게 다지고 차이브는 잘게 썹니다.

7 소스 재료를 모두 섞습니다.

8 볼에 두부, 단호박, 브로콜리와 소스를 넣어 잘 섞습니다.

9 베이킹 팬 또는 오븐 사용이 가능한 뚝배기에 담고 호박씨를 뿌린 뒤,
　기호에 따라 모차렐라 치즈와 파슬리 가루를 뿌려 180℃로
　예열한 오븐에 20~30분간 굽습니다.
　치즈가 녹거나 표면이 노릇해지면 완성입니다.

비건이라면 소스를 분량의 1.5배로 만들어 이중 1/3분량을
모차렐라 치즈 대신 사용하세요.

뿌리채소 파티

여러 종류의 뿌리채소가 나오는 늦가을은 채식하기 정말 좋은 계절입니다. 이맘때 색색의 뿌리채소를 구워보세요. 오븐에 구운 채소는 맛과 식감이 제각각 다르면서 묘하게 잘 어우러집니다. 여기에 발사믹 베이스의 새콤달콤한 드레싱을 더하면 건강한 뿌리채소를 맛있게 먹을 수 있답니다. 구운 후 한 김 식힌 상태가 가장 맛있어요.

재료(3~4인분)

모둠 뿌리채소 800g
(연근 1/4개, 우엉 1/3대, 비트 1/4개, 고구마 2개,
감자 1개, 미니 당근 4개, 돼지감자 3개)
적양파(큰 것) 1/2개
홍고추 1개
올리브유 2큰술
소금 1/2작은술

드레싱
마늘 5쪽
올리브유 1큰술
메이플 시럽 1큰술
발사믹 비니거 1큰술
케이퍼 1큰술

POINT
• 뿌리채소는 기호에 따라 다양하게 응용할 수 있어요.
• 알루미늄 포일을 사용하면 두꺼운 채소가 빨리 익어요. 두께가 얇을 경우 바로 구워도 좋아요.
• 우엉과 연근을 데치면 갈변을 막을 수 있어요.
• 마늘을 껍질째 구우면 더 맛있어요. 간 마늘을 사용하는 경우 마늘이 익으면 먼저 꺼내세요.

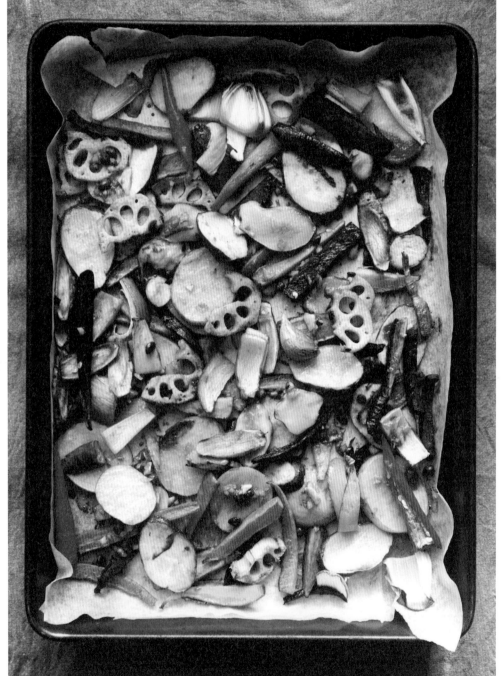

1 뿌리채소는 가능한 한 껍질째 깨끗하게 씻은 뒤 연근·우엉은 0.4cm, 비트·고구마· 감자는 0.8cm, 당근·돼지감자는 0.6cm 두께로 자릅니다.

2 적양파는 큼직하게 자르고 홍고추는 길이로 잘라 어슷썹니다. 마늘은 겉껍질만 벗겨둡니다.

3 자른 연근과 우엉은 끓는 물에 식초 1작은술을 넣고 가볍게 데쳐 물기를 뺍니다.

4 볼에 비트를 제외한 뿌리채소를 모두 담고 적양파, 올리브유, 소금을 넣어 버무려 오븐 팬에 담습니다.

비트는 다른 채소에 물드는 것을 막기 위해 나중에 버무렸어요.

238

5 오일 양념이 묻은 볼에 비트를 넣고 버무려 ④의 팬에 군데군데 올립니다.

6 볼에 마늘을 제외한 드레싱 재료를 넣고 섞습니다.

7 200℃로 예열한 오븐에 알루미늄 포일을 살짝 덮고 10분, 포일을 벗기고 10분 구운 후 마늘을 먼저 꺼냅니다.

8 마늘의 속껍질을 제거하고 페이스트 형태로 잘게 다진 뒤 ⑥과 함께 섞어 드레싱을 완성합니다.

9 구운 채소에 드레싱을 부어 가볍게 섞은 후 다시 오븐에 5~10분 노릇하게 굽습니다.

6   7   8   9

맛있어요

—

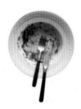

HOME COOKED MEAL

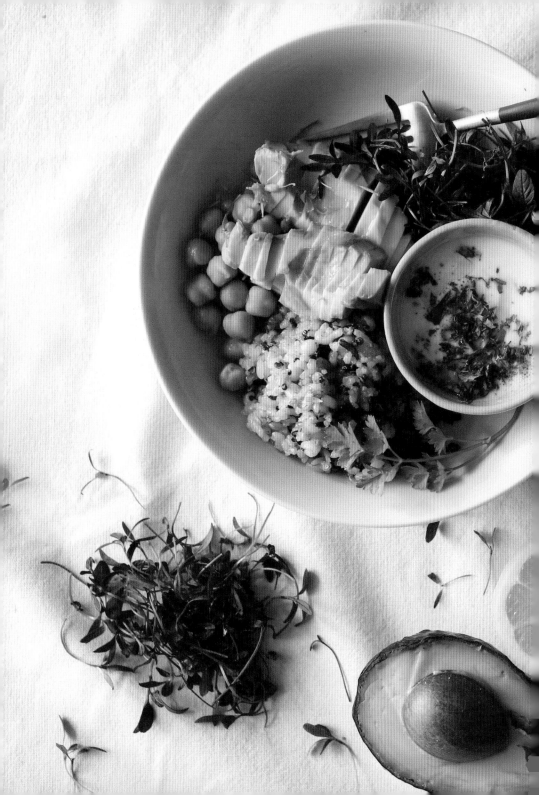

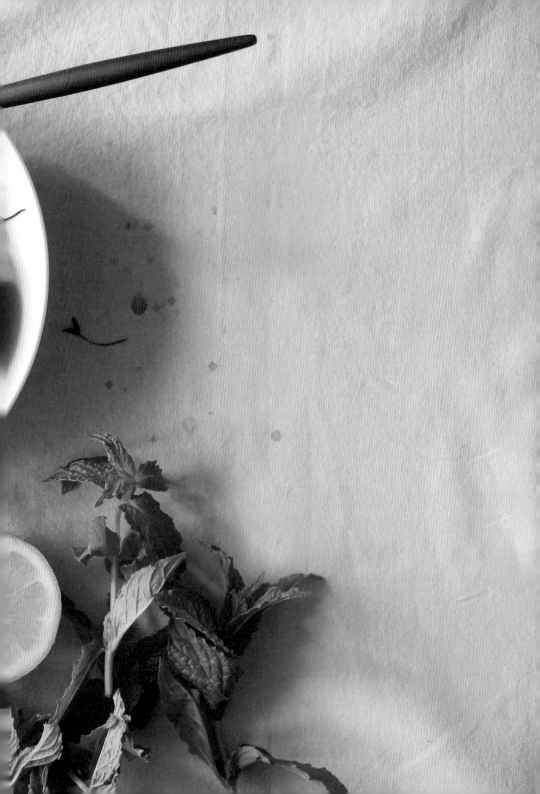

매일 먹어도 질리지 않는 우리 밥, 국, 찌개, 반찬

집밥 좋다는 건 알지만 매끼 챙기기에는 현실적으로 어려움이 많습니다. 갓 지은 고슬고슬한
　　　밥에 보글보글 끓는 찌개와 맛깔스러운 밑반찬으로 차린 엄마의 밥상을 기대한다면 더욱
　　　그렇지요. 바쁜 현대인에게 이런 집밥은 가까이하기엔 너무 먼 그리움의 대상인지도
　　　모르겠습니다.
그렇다면 집밥의 정의를 다시 내려보는 게 어떨까요? 복잡한 요리법이나 화려한 밑반찬으로
　　　차리는 밥상이 아니라 밥 한 그릇, 반찬 한 가지라도 직접 만드는 것이라고요.
다이어트하는 사람 중에는 칼로리 섭취를 줄이려고 밥을 멀리하는 경우가 많은데 이는 위험한
　　　방법입니다. 꾸준히 제한식을 병행하지 않으면 가장 쉽게 요요 현상이 오는 요인이
　　　바로 탄수화물이기 때문입니다. 제 경험상 채소와 과일 위주의 식단에서 오는 허기와
　　　공복감을 해결하는 데에는 밥과 반찬만 한 것이 없습니다. 다만 생각 없이 먹다 보면
　　　탄수화물과 염분을 과다 섭취하게 된다는 점에 주의해야 합니다. 이것만 조심하면 밥과
　　　반찬으로 이루어진 한식은 다이어트의 적이 아니라 훌륭한 다이어트 식단이 될 수
　　　있지요. 여기서 탄수화물에 대한 집착이 사라지고 오히려 그것을 조절할 수 있는 힘도
　　　생긴답니다. 건강한 다이어트를 위해 집밥을 가까이해야 하는 이유가 바로 이것입니다.
또한 집밥은 건강에 좋습니다. 외식을 하는 경우 음식의 종류 외에 우리가 선택할 수 있는
　　　것이 거의 없지만 집밥은 재료의 종류는 물론 소금과 설탕의 양까지도 스스로 정할 수
　　　있습니다. 내 의견이 배제된 외식만 하다 보면 내가 원하지 않는 몸이 되는 건 시간문제일
　　　수밖에 없어요. 편의점의 간편식이나 배달 음식은 더욱 심각하죠. 아무리 건강식이라는
　　　타이틀을 달고 있더라도 가격에 맞추려면 좋은 재료를 쓰기 어렵고 대중의 입맛에
　　　맞추려면 소금과 설탕에 관대해질 수밖에 없으니까요.

물론 앞서 언급했듯이 우리는 완벽한 집밥을 누리기 어려운 현실에 살고 있습니다. 그렇기에 가족이 한자리에 모여 먹는, 엄마가 차려주는 7첩 반상 같은 환상에서 벗어나 각자의 라이프스타일에 맞는 소박한 집밥 계획을 세울 필요가 있습니다. 하루 한 끼 또는 일주일에 몇 번은 집에서 밥을 먹고, 간단한 요리를 하면서 인스턴트식품과 화학조미료에 길들여진 입맛을 되돌리는 것이 그 시작이지 않을까 싶습니다.

어떤 음식을 먹는지는 어떤 삶을 살고 싶은지와 직결된다고 믿습니다. 혹자는 요리하는 시간에 차라리 몸을 가꾸고 자기 계발에 투자하는 것이 더 발전적이라고 생각할지도 모릅니다. 하지만 건강한 몸을 위한 먹거리에 관심을 갖지 않고 인스턴트식품이나 육식 위주의 식생활에 만족하며 겉모양만 가꾼다면 그것이야말로 시간과 돈을 낭비하는 부질없는 일 아닐까요?

이런 마음으로 집밥의 기본인 밥, 국, 찌개, 반찬을 소개합니다. 식물성 재료로, 짠 음식은 줄이고, 밥의 양은 적게 했으며, 다양한 제철 채소로 만든 반찬은 양념을 과하지 않게 해 채소 고유의 맛이 느껴지도록 했습니다. 밥과 반찬의 종류와 조리법을 색다르게 하면 고기가 빠진 밥상인지 모르고 먹는 경우도 많아요. 미네랄이 풍부한 현미를 기본으로 수수, 조, 기장, 흑미, 검은콩이 지닌 고유의 색깔을 활용하고 퀴노아, 아마란스, 렌틸콩 같은 해외 곡물까지 폭넓게 활용해보세요. 기름진 육식과 염도 높은 바깥 음식에 많이 노출된 가족들에게 칼륨이 풍부한 채소로 차린 집밥은 보약과도 같습니다. 집밥에 익숙해지면 건강한 식습관은 절로 따라옵니다. 이것이 바로 집밥의 힘인 것 같아요. 내 몸에 주는 정직한 음식으로 집밥의 힘을 만끽하시기 바랍니다.

현미다시마밥

현미밥이 좋긴 하지만 가끔 부드러운 밥이 생각날 때가 있죠. 이럴 때 다시마를 이용하면 차지고 부드러운 현미밥을 지을 수 있어요. 저는 다시마 국물이나 채수를 끓인 날은 늘 다시마밥을 지어요. 마른 다시마를 사용해도 되지만 다시마 국물을 내고 남은 다시마로 밥을 지어도 특유의 감칠맛이 느껴지면서 식이 섬유 풍부한 밥이 되죠.

재료(2~3인분)

현미 1½컵
현미찹쌀 1/2컵
마른 다시마 8g
미지근한 물 600ml

POINT
• 다시마의 점액은 완전히 제거되지 않으니 썰기 적당할 정도로만 제거하세요.
• 압력솥이 없다면 전기밥솥으로도 충분히 가능해요.

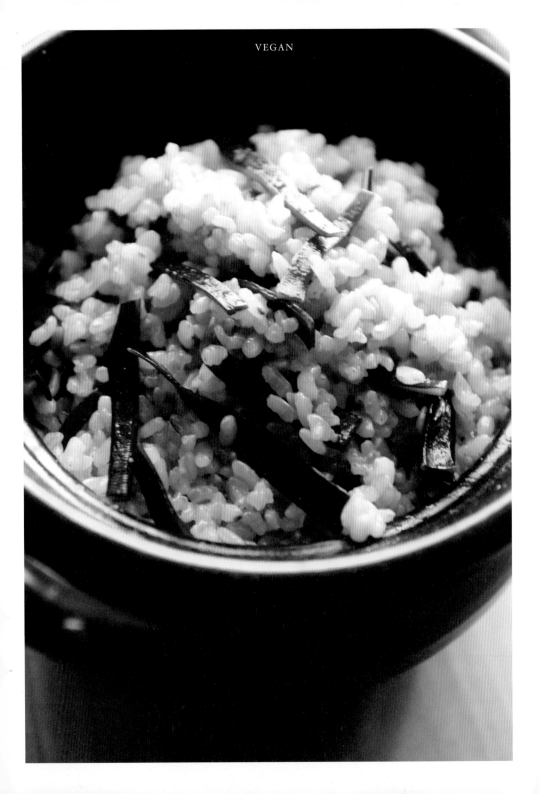

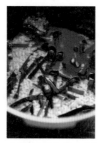

다시마 국물을 내고 남은 다시마를 사용해도 좋아요.

1

2

3

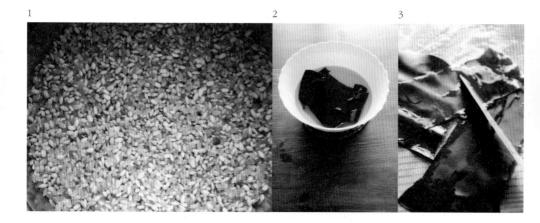

1 현미와 현미찹쌀을 씻어 하룻밤(최소 6시간) 불립니다.
2 다시마는 마른행주로 이물질을 깨끗하게 닦아내고 분량의 물에 3시간 이상
   불립니다. 다시마 물은 밥 지을 때 사용하니 버리지 마세요.
3 불린 다시마를 도마에 올려 칼등으로 점액을 훑어냅니다.
4 다시마를 대략 3cm 너비로 자른 뒤 최대한 가늘게 채 썹니다.
5 불린 쌀을 건져 채썬 다시마와 섞은 뒤 다시마 물 약 1½컵을 부어 밥을 지어요.

4

5

콜리플라워김치라이스

은은한 단맛의 콜리플라워는 익혔을 때 밥과 비슷한 느낌이 납니다. 그래서인지 외국에서는 콜리플라워를 쌀알처럼 잘게 썰어 커리를 곁들여 먹기도 하고, 따뜻한 샐러드로 활용하기도 해요. 볶음밥을 좋아하는 저는 가끔 절제하지 못하고 과식을 하는데 이 요리는 그럴 때 부담이 덜 되는 고마운 음식이지요.

재료(2인분)

콜리플라워 1/2개
잘 익은 김치 1컵
마늘 2쪽
대파 1/2대
김 1/2장
수란 2개(p.442 수란 만들기 참고)
포도씨유 2큰술
참기름 1작은술
통깨 2작은술
소금 1/4작은술
굵게 간 후춧가루 1/4작은술+@
* 비정제 설탕 또는 식초 1/2작은술+@

POINT
- 김치를 볶을 때 신맛이 강하면 설탕을, 너무 신맛이 없으면 식초를 넣고 볶으세요.
- 김치는 타지 않도록 주의하면서 오래 볶으세요.
- 김은 조미하지 않은 마른 김을 사용하세요.
- 대파 대신 쪽파를 토핑으로 올려도 좋아요.

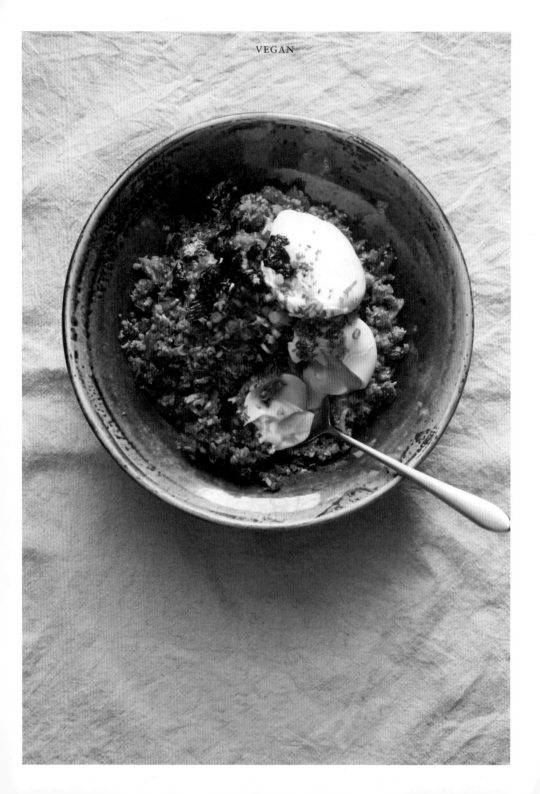

1 콜리플라워는 굵은 줄기를 잘라내고 하얀 꽃 부분만 굵직하게 자릅니다.

2 자른 콜리플라워를 분쇄기나 푸드 프로세서로 갑니다. 중간중간 멈추어
   확인하면서 쌀알 크기로 분쇄해 접시에 담습니다. 너무 곱게 갈면 수분이 나와
   축축해지니 주의하세요.

3 마늘은 으깨서 다지고 대파는 채 썹니다. 대파의 파란 부분은 토핑용으로
   남겨둡니다.

4 김치는 잘게 썹니다.

5 김은 약불에 살짝 구워 잘게 자릅니다.

6 중불로 달군 팬에 포도씨유 1큰술을 두르고 마늘과 대파를 볶아 향을 낸 뒤
　센 불로 높여 재빨리 콜리플라워를 볶습니다.

7 볶은 콜리플라워에 소금, 후춧가루를 약간 뿌려 밑간한 뒤 따로 담아놓습니다.

8 같은 팬에 포도씨유 1큰술을 두르고 잘게 썬 김치를 중불에서 수분이 없도록
　볶습니다.

9 볶은 김치에 밑간한 콜리플라워를 넣고 부족한 간을 소금으로 맞춘 뒤
　다시 볶습니다.

10 참기름을 섞어 그릇에 담고 대파, 통깨, 김, 수란을 올립니다.

가볍고 담백한 수란 대신 달걀 프라이를 올려도 맛있어요.

봄꽃김밥

꽃이 유난히 많이 피는 봄, 봄꽃김밥은 빼놓을 수 없는 별미지요. 상큼한 오렌지 소스로 버무린 밥이 아름다운 샐러드 같기도 하고요. 요즘은 온라인 쇼핑몰에서 식용 꽃이나 유채꽃을 팔기도 하니 어렵지 않게 도전할 수 있어요. 다양한 봄꽃김밥 중 제가 좋아하는 유채꽃김밥은 열무 같은 쌈싸름한 맛이 옅게 감돌고 소스와의 조합이 좋답니다. 꽃을 듬뿍 넣어야 보기 좋으니 넉넉하게 준비하세요.

재료(3~4인분)

현미밥 3컵(450g)
김 6장
유채꽃 70g 이상
오렌지 소스 3½큰술+@(소스용)(p.430쪽 오렌지 소스 참고)
* 생와사비 1큰술
* 오렌지 제스트(장식용)

POINT
- 오렌지 제스트는 김밥 위에 장식하면 보기도 좋고 향도 좋아요.
- 와사비는 밥에 바르지 않고 소스 형태로 곁들여도 좋아요.
- 취향에 따라 루콜라나 새싹채소로 대체해도 좋아요.
- 소스는 시간이 지나면서 맛이 점점 약해지니 조금 강하다 싶을 정도로 넣으세요.

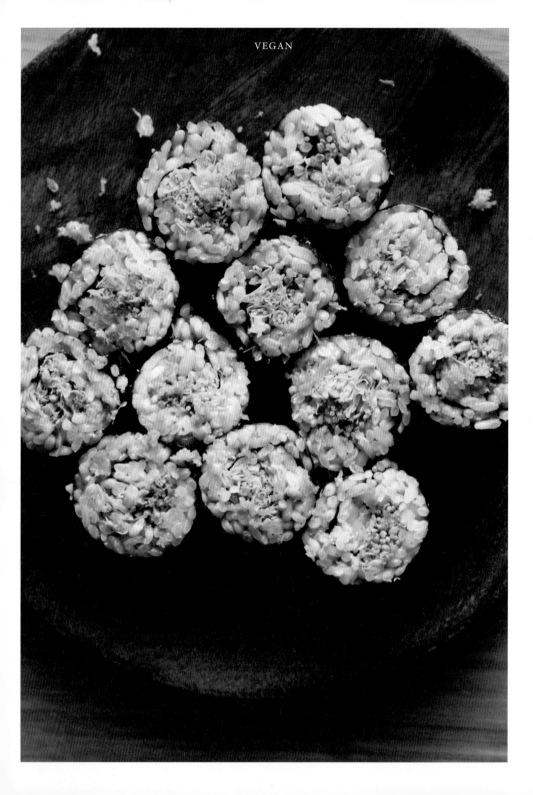

1 식용 꽃은 깨끗하게 손질하세요. 유채꽃 봉오리는 이물질을 제거하고, 진달래나 팬지처럼 꽃술이 큰 것은 꽃술을 제거하고 사용하세요.

2 손질한 꽃을 흐르는 물에 가볍게 헹궈 샐러드 스피너 또는 마른행주로 최대한 물기를 제거합니다.

3 현미밥은 따뜻하게 데워 오렌지 소스를 넣고 잘 버무립니다.

4 김의 거친 면에 밥을 3큰술 정도 깔고 기호에 따라 와사비를 바른 뒤 꽃을 듬뿍 얹어 맙니다.

5 먹기 좋은 크기로 썰어 오렌지 제스트를 뿌려 장식한 뒤 종지에 오렌지 소스를 곁들어 냅니다.

1   2   3

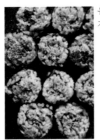

유채꽃 말고도 식용 꽃 무엇이든 좋아요. 꽃술이 있는
경우 반드시 제거해야 해요.

4

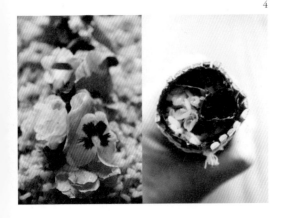

5

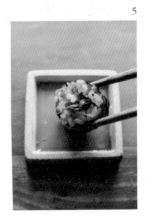

아보카도김밥

예전에 자주 가던 식당에 채식주의자를 위한 아보카도 초밥 도시락이 있었어요. 그때 한 입 크기도 안 되는 작은 초밥을 먹으면서 향긋한 쪽파와 두부를 넣으면 더 맛있겠다 생각했죠. 그 뒤로 스시 같기도 하고 김밥 같기도 한 이 음식은 박스째 구입한 아보카도가 후숙을 마치면 어김없이 우리 집 식탁에 오르지요. 상큼한 오렌지 소스가 아보카도와 잘 어우러져 아주 맛있는 별미 김밥이랍니다.

재료(6줄)

밥 3컵(450g)
김 6장
아보카도 1개
쪽파 6대
스트링 치즈 3개(또는 두부 120g)
오렌지 소스 3½큰술+@(소스용)(p.430 소스 만들기 참고)
참기름 1작은술
통깨 1작은술
* 양조간장 적당량
* 생와사비 적당량

POINT
• 밥은 현미밥, 흑미밥 등 기호에 따라 사용하세요. 밥을 적게 넣고 말아야 더 잘 어울려요.
• 스트링 치즈는 생모차렐라 치즈로 대체해도 돼요.
비건이라면 치즈 대신 노릇하게 구운 두부를 사용하세요.

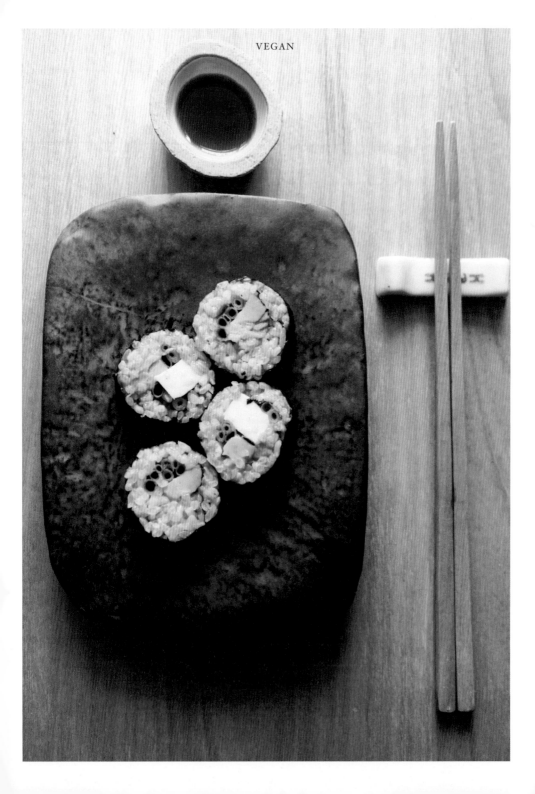

1 따뜻한 밥에 오렌지 소스, 참기름, 통깨를 넣고 잘 섞어 식히세요.

2 아보카도는 반으로 잘라 껍질을 벗긴 뒤 0.5cm 두께의 막대 모양으로 썰고, 쪽파는 김 길이에 맞게 자릅니다. 스트링 치즈는 반으로 칼집을 내 찢으세요. 치즈 대신 두부를 사용할 경우 아보카도 두께와 같게 막대 모양으로 썰어 노릇하게 구우세요.

3 김의 거친 면에 밥을 3큰술 올려 고르게 편 뒤 아보카도, 쪽파, 치즈를 올려 돌돌 맙니다.

4 김밥을 먹기 좋은 크기로 썬 다음 종지에 오렌지 소스 또는 양조간장과 와사비를 곁들여 함께 냅니다.

1

오렌지 소스는 밥이 따뜻할 때 섞어야 해요.
식을수록 소스 맛이 약해지니 간을 봤을 때
강하다 싶을 정도로 조미하세요.

2   3

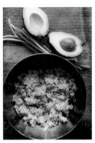

아보카도, 오렌지 소스, 쪽파의 어우러짐이 매력인 요리이니
쪽파는 꼭 생략하지 마세요.

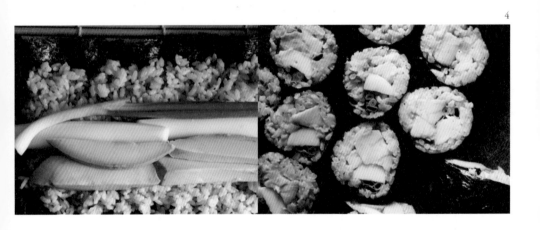

새싹샐러드김밥

새싹 특유의 쌉싸름한 맛이 빛을 발휘하는 음식이에요. 생명력 강한 새싹과 식물성 마요네즈, 짜지 않게 조린 우엉, 그 자체로 간간한 세발나물을 듬뿍 넣어 익숙하면서도 새롭고 자극 없는 김밥이지요. 세발나물은 샐러드용 어린 잎채소로 대체해도 좋아요.

재료(5줄)

흑미밥 3컵(450g)
김 6장
새싹채소 60g
* 세발나물 100g
우엉볶음 100g(p.346 우엉 볶음 만들기 참고)
캐슈너트 마요네즈 5큰술(p.428 캐슈너트 마요네즈 만들기 참고)
레몬즙 1/2큰술
올리브유 1/2큰술
소금 1/2작은술
* 흰 후춧가루 1/4작은술

POINT
• 마요네즈는 새싹채소를 밥에 고정하는 역할을 해요.
• 신선한 레몬을 사용하세요.
• 흰 후춧가루가 없다면 생략해도 돼요.
• 캐슈너트 마요네즈는 다른 종류의 채식 마요네즈로 대체해도 돼요.

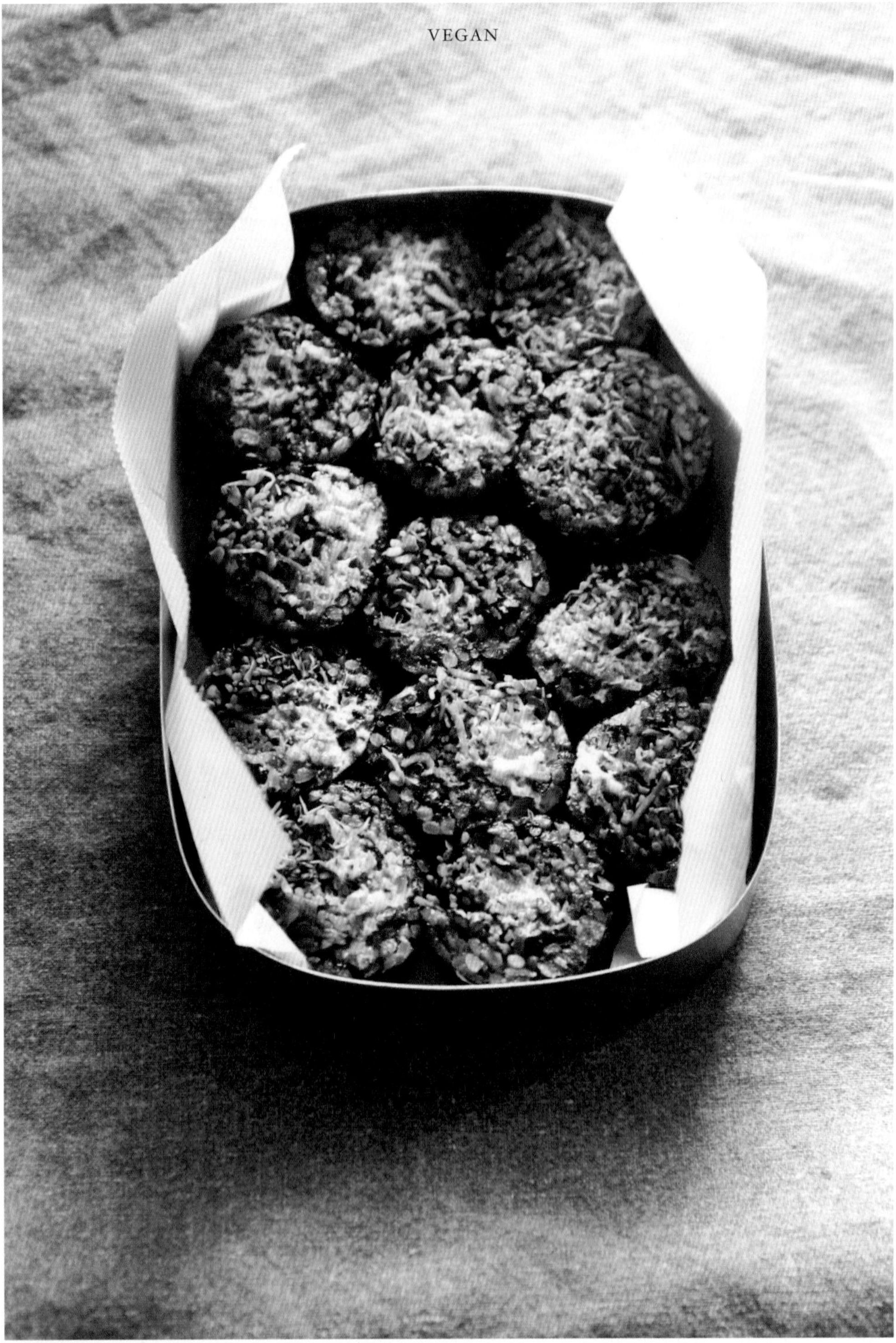

1   2   3

기호에 따라 캐슈너트 마요네즈를 넉넉히 준비해 마지막에 올려도
좋아요. 그러면 마요네즈 맛이 더 진하게 느껴져요.

4

1 새싹채소와 세발나물은 각각 씻어 물기를 제거합니다.
2 따끈한 흑미밥에 레몬즙과 올리브유, 소금을 넣고 주걱으로 섞으며 식힙니다.
3 김의 거친 면에 밥을 3큰술 올려 펴고 캐슈너트 마요네즈 1큰술을 바릅니다.
4 새싹채소, 세발나물, 우엉볶음을 넉넉히 올린 뒤 김밥을 말아 한 입 크기로
  썹니다.

낫토덮밥

이 낫토덮밥은 토마토가 맛있게 익는 여름철에 특히 좋아요. 너무 더워 입맛을 잃었을 때 쪽파 혹은 고수를 듬뿍 얹어 먹거나, 수란을 빼고 마를 곱게 갈아 넣어 담백하게 먹기도 해요. 단순한 재료로 만들어 가볍지만 충분한 포만감을 주는 요리지요. 저는 식사로 샐러드만 먹기 아쉬운 날 이면 낫토덮밥을 만들어요. 여름 토마토의 싱그러움과 여러 재료가 어우러져 내는 맛이 너무 좋아 한동안 이 덮밥만 만들어 먹었답니다.

재료(2인분)

현미밥 1½컵
낫토 2팩
아보카도 1개
완숙 토마토 1개
달걀 2개
쪽파 30g
구운 김 1/2장
간장 1½작은술
참기름 1작은술
통깨 2작은술

POINT
- 담백한 수란이 잘 어울리나 기호에 따라 달걀 프라이를 올려도 좋아요.

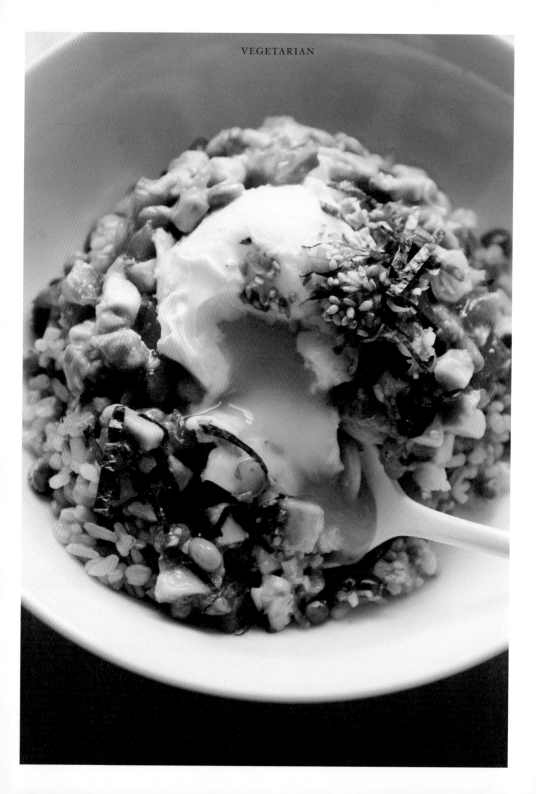

1 아보카도는 반으로 잘라 씨를 제거하고 잘게 썹니다.

2 토마토는 아보카도와 같은 크기로 썹니다.

3 달걀을 수란으로 만듭니다.(p.442 수란 만들기 참고)

4 쪽파는 송송 썰고 김은 가늘게 썹니다.

5 볼에 아보카도와 토마토, 낫토, 간장을 넣고 힘차게 저어 낫토의 끈기로 재료가
  잘 섞이게 합니다.

6 현미밥을 그릇에 나누어 담고 밥 위에 ⑤를 올립니다. 이때 가운데 부분에
  수란을 올릴 새 둥지 모양을 만듭니다.

7 수란을 올리고 각각의 그릇에 참기름 1/2작은술과 통깨 1작은술씩 뿌리고
  김과 쪽파를 올립니다.

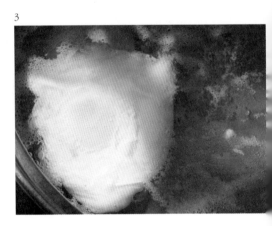

4   5   7

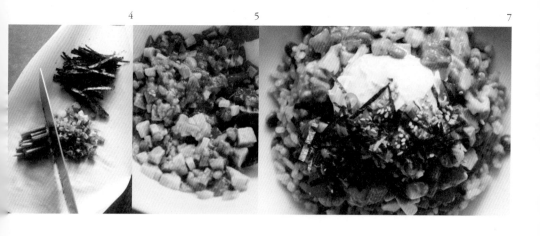

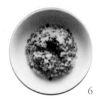

6

현미유부초밥

까끌한 현미 고유의 식감을 부드러운 두부로 보완한 유부초밥입니다. 두부를 천천히 속까지 데쳐 특유의 향을 없앤 뒤 으깨어 물기를 꼭 짜서 밥과 섞으면 거친 밥알끼리 잘 이어주면서 부드러운 식감을 냅니다. 적은 양의 밥으로 포만감을 주기도 하고요.

재료(2인분, 14개)

현미밥 2컵(300g)
조미 유부 14장
두부 200g
쪽파 5쪽
오렌지 소스 2큰술(p.430 오렌지 소스 만들기 참고)
참기름 1작은술
통깨 1작은술
* 흰 후춧가루 1/4작은술

POINT

• 조미 유부를 집에서 만들 때는 유부 주머니 10개를 끓는 물에 한번 데친 뒤 충분히 식으면 손으로
하나씩 속을 벌립니다. 그런 다음 냄비에 물 200ml, 간장 1½큰술, 청주 2큰술,
비정제 설탕 3큰술을 넣고 끓이다가 손질한 유부를 넣고 중불에서 끓인 뒤 약불로 줄여
양념이 자박자박해질 때까지 조립니다.

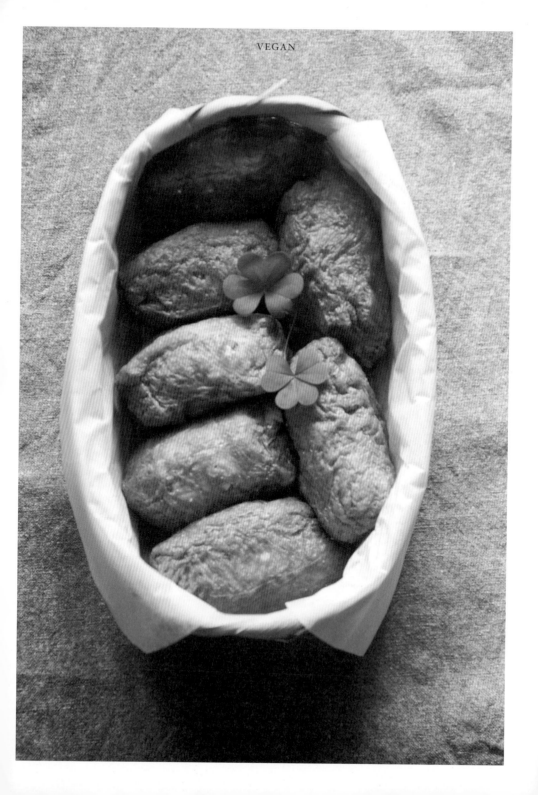

1

2

3

1 따뜻한 현미밥에 오렌지 소스 1큰술을 섞습니다.

2 끓는 물에 소금 1작은술을 넣고 두부를 적당한 크기로 썰어 넣은 뒤 속까지
   충분히 데쳐지도록 중불에 5분 정도 둡니다.

3 두부를 건져 채반에 놓고 충분히 식힌 뒤 깨끗한 면포에 감싸 으깨면서 물기를
   짭니다.

4 쪽파는 잘게 썹니다.

5 ①의 밥에 으깬 두부, 쪽파, 참기름, 통깨, 기호에 따라 흰 후춧가루를 넣고 잘
   섞습니다. 이때 간은 여분의 오렌지 소스로 맞춥니다.

6 조미 유부의 양념을 꼭 짜냅니다.

7 유부에 양념한 밥을 구석구석 밀어 넣어 예쁘게 모양을 잡습니다.

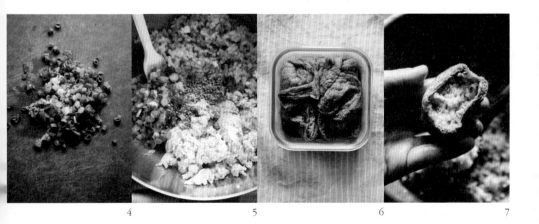

4	5	6	7

아이들 간식용에는 잘게 썬 달걀 지단을 곁들이면 더 좋아요.

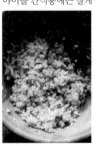

우엉주먹밥

제철에 쉽게 구할 수 있는 잎채소로 만든 주먹밥이에요. 늦여름 고춧잎으로 만들어 먹던 음식인데, 사실 너무 간단해 소개를 망설이다가 언젠가 이웃분들이 간단한 재료로 만들 수 있는 주먹밥 레시피를 물어봤던 게 생각나 선보입니다. 볶거나 조린 우엉만 있으면 어떤 푸른 잎채소라도 상관없어요. 저는 주로 여름에는 고춧잎을, 겨울에는 시금치를 넣어요. 고춧잎을 넣으면 알싸하면서 은은하게 매운맛이 달콤한 우엉과 잘 어울리고, 시금치를 넣으면 편안한 추억의 맛이 떠오르죠. 할머니가 뚝딱 만들어준 것 같은 투박한 시골 주먹밥 느낌도 나고요.

재료(2인분)

밥 2컵(300g)
시금치(또는 고춧잎) 50g
우엉볶음 40g(p.346 우엉 볶음 만들기 참고)
참기름 1작은술
국간장 1/2작은술+@

POINT
- 국간장은 염도에 따라 간의 차이가 있으므로 양을 적절히 조절하되 짭조름하게 간을 맞춰야 해요.
  간이 부족하면 따뜻한 밥에 소금으로 한 번 더 간을 맞추세요.
- 주먹밥은 온도가 중요해요. 냉장 보관하면 맛이 떨어지니 만든 당일에 다 먹는 게 좋아요.

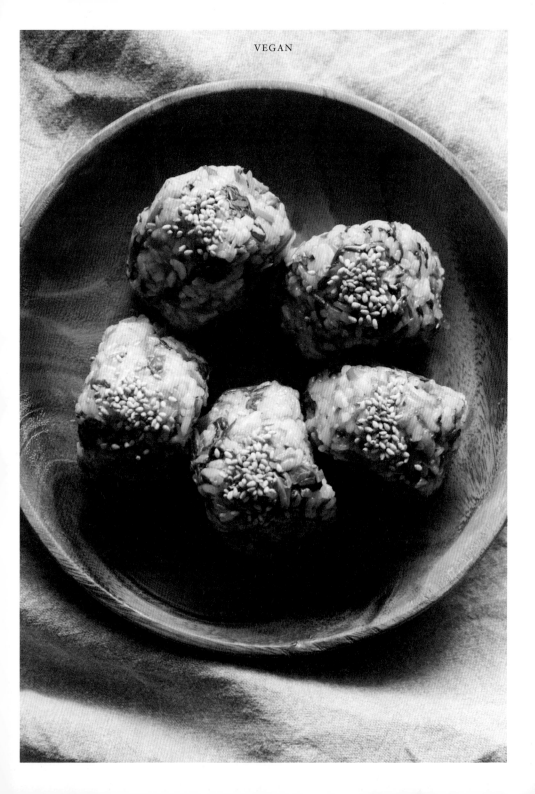

1 시금치는 끓는 물에 소금 1/4작은술을 넣고 숨이 죽을 만큼만 가볍게 데쳐 찬물에 헹군 뒤 물기를 꼭 짭니다. 여린 잎일수록 1분이 넘지 않게 재빨리 데쳐냅니다.

2 데친 시금치를 잘게 썰어 참기름과 국간장을 넣고 조물조물 무칩니다.

3 우엉볶음은 잘게 다집니다.

4 따뜻한 밥과 시금치, 우엉을 잘 섞습니다.

5 손으로 뭉쳐 주먹밥을 완성합니다.

1   2   3

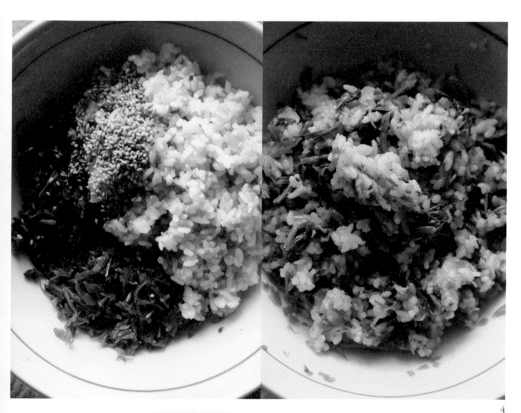

4

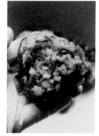

5

토마토강황밥

남해 어느 식당에서 샛노란 울금밥을 처음 먹어보고 한번에 매료되었죠. 한식 상차림에 올린 노란 밥이 너무 신기해 "치자로 물들였나요?" 라고 물었어요. "곱제? 울금을 좀 넣어봤다이가" 하시는 주인아주머니의 말씀에 집에 돌아가자마자 이 밥을 지어봐야겠다고 생각했답니다. 밥 뚜껑을 열고 눈으로는 한껏 색에 감동하고 입으로는 뜨거운 줄 모르고 쉴 새 없이 오물거리는 제 모습을 상상하면서 말이죠. 그래서 울금 대신 강황을 넣고 토마토즙, 마늘, 생강 등이 어우러져 몸을 따뜻하게 해주는 노란 강황밥을 완성했어요. 거친 질감의 밥은 어울릴 것 같지 않아 백미와 현미를 섞어 밥을 지었어요. 반찬으로 김치 하나만 있어도 맛있게 먹을 수 있는 밥이랍니다.

재료(3~4인분)

백미 1컵
현미 1컵
물 400ml
완숙 토마토 2개
마늘 2쪽
생강 약간
강황 가루 1/2큰술
포도씨유 1큰술
＊소금 1/2작은술

POINT

• 따뜻할 때 먹어야 더 맛있어요.
• 강황 가루 대신 울금 가루를 사용해도 좋아요.
• 소금 간을 해야 밥이 맛있지만 기호에 따라 소금을 생략해도 돼요.
• 완성된 밥에 올리브유나 고수, 레몬즙 또는 라임즙을 1/2작은술씩 뿌려 먹으면 더 맛있어요.

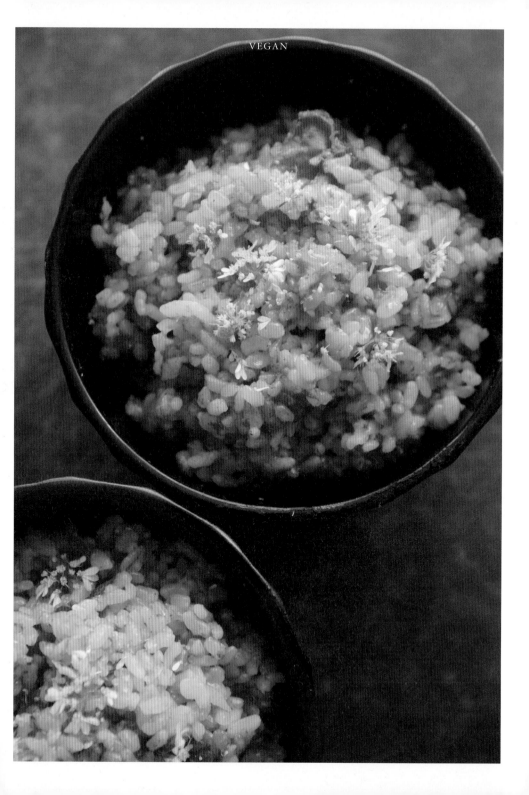

VEGAN

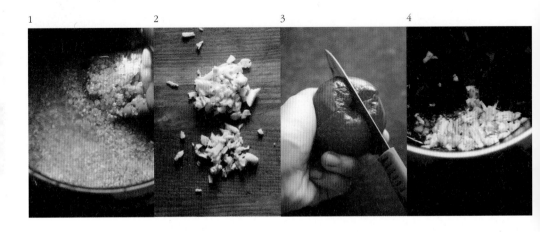

1   2   3   4

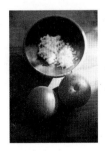

1 쌀은 깨끗이 씻어 분량의 물에 하룻밤(최소 5~6시간) 불린 뒤 채반에 건져 물기를
  뺍니다. 쌀 불린 물은 버리지 마세요.
2 마늘과 생강은 각각 잘게 다집니다.
3 토마토는 꼭지를 제거하고 열십자(+)로 칼집을 냅니다.
4 압력솥에 기름을 두른 뒤 마늘과 생강을 넣어 향을 냅니다.
5 ④에 불린 쌀과 강황 가루, 소금을 넣고 쌀알에 기름이 잘 스며들도록 볶습니다.
6 여기에 쌀 불린 물을 넣고 토마토를 꼭지 부분이 아래로 가도록 얹어 밥을
  짓습니다.
7 밥이 완성되면 토마토와 함께 잘 섞어 그릇에 담습니다.

시래기두부밥

무청 시래기를 이용한 이 요리는 시래기를 듬뿍 넣어 평소보다 밥을 덜 먹게 되지요. 말린 나물로 지은 밥은 주로 양념간장에 비벼 먹는데 저는 미리 재래 된장으로 약하게 밑간해서 양념간장에 비비지 않고 그냥 먹는답니다. 뜨끈할 때 먹으면 된장 맛과 향이 강해 더 맛있고, 식으면 밥 속의 양념이 담백해져 도시락으로 싸기에도 좋아요. 언제 먹어도 질리지 않는 별미지요.

재료(3~4인분)

현미 1½컵
현미찹쌀 1/2컵
삶은 무청 시래기 150~200g
두부 200g
채수 300ml(p.416 채소 국물 만들기 참고)

시래기 양념
된장 2큰술
들기름 1큰술
다진 마늘 1작은술

POINT

- 압력솥을 사용하는 경우 센 불에서 끓이다가 추가 움직이면 중불로 줄이고
5~10분 후 다시 약불로 줄여 10~15분 뜸 들이세요.
- 다시마 국물보다 채수를 사용하는 게 더 좋아요. 채수가 된장과 어우러져 더 깊은 맛을 내지요.
- 된장은 시래기 무칠 때 맛을 봐가며 양을 조절하세요. 약간 짜다 싶을 정도여야 심심하게 돼요.

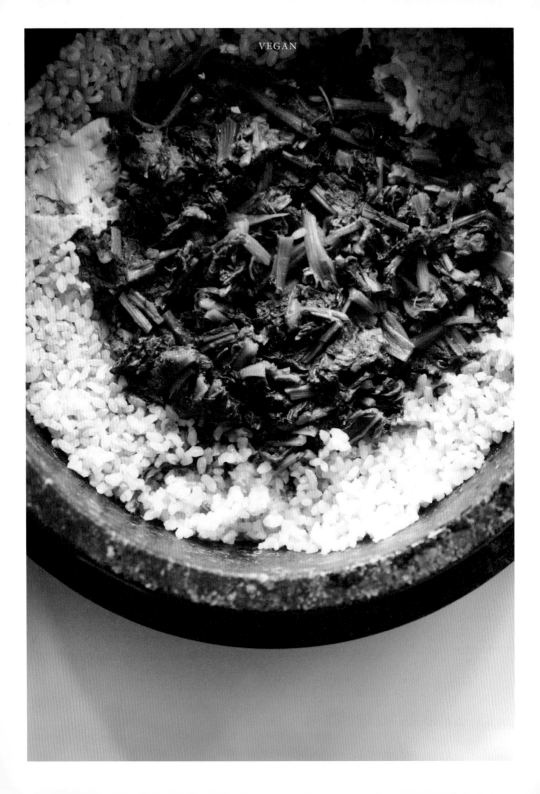

1 현미와 현미찹쌀은 깨끗하게 씻은 뒤 물을 넉넉하게 부어 하룻밤 불립니다.

2 시래기는 손질해 잘 씻어서 물기를 꼭 짠 뒤 2cm 길이로 총총 썹니다.

3 시래기에 양념을 넣고 손으로 치대듯 버무려 최소 30분 이상 재어둡니다.

4 불린 쌀을 밥솥에 담고 양념한 시래기를 펼쳐 올린 뒤 두부를 손으로 큼직하게
  잘라 듬성듬성 올립니다.

5 채수를 부어 밥을 짓습니다.

1   2   3

시래기는 많은 양을 한꺼번에 삶아야 맛있어요. 삶기 전 찬물에 5~6시간 불렸다가
센 불에서 줄기가 물러질 때까지 푹 익힌 뒤 불에서 내려 그대로 식히세요.
하룻밤 두었다가 다음 날 한 번 먹을 양만큼 소분해 시래기 삶은 물과 함께 냉동
보관해두고 필요할 때마다 해동해서 사용합니다.

4   5   6

콩나물무밥

무, 콩나물, 버섯 등 늘 냉장고에 있는 재료로 밥을 지었어요. 고기를 빼고 지은 콩나물밥은 무나 버섯에서 우러나온 맛으로 한결 담백하고 정갈하죠. 양념장을 곁들여도 좋지만 강한 양념 맛으로 채소 고유의 맛을 놓칠 수 있으니 소금 간을 약하게 해 담백하게 즐겨보세요. 그리고 반드시 돌솥이나 냄비에 밥을 지어 아삭한 콩나물 맛을 살리세요. 냄비 바닥이 두툼하면 더 좋지요. 밥물이 끓어오르면 불을 줄이고 뚜껑을 살짝 열어 콩나물을 재빠르게 올린 뒤 뜸을 들입니다. 누룽지는 다음 날 얼큰한 콩나물죽으로 끓여 먹으면 좋아요.

재료(2~3인분)

쌀 2컵
콩나물 100g
무 200g
생표고버섯 50g
다시마 물 270ml(p.414 다시마 국물 만들기 참고)

양념간장
다진 쪽파 3큰술
다진 마늘 1½큰술
간장 2큰술
국간장 1큰술
참기름 1큰술
통깨 1/2큰술

POINT

• 쌀은 묵은 쌀 기준이니 햅쌀일 경우 불리는 시간을 줄여도 됩니다. 현미를 사용해도 되지만 냄비에 밥을 지을 때는 밥이 겉돌 수 있으니 백미로, 또는 현미와 백미를 섞어 짓는 게 좋아요.
• 양념간장 없이 먹어도 좋아요.
• 생표고버섯 대신 마른 표고버섯을 물에 불려 사용해도 돼요.

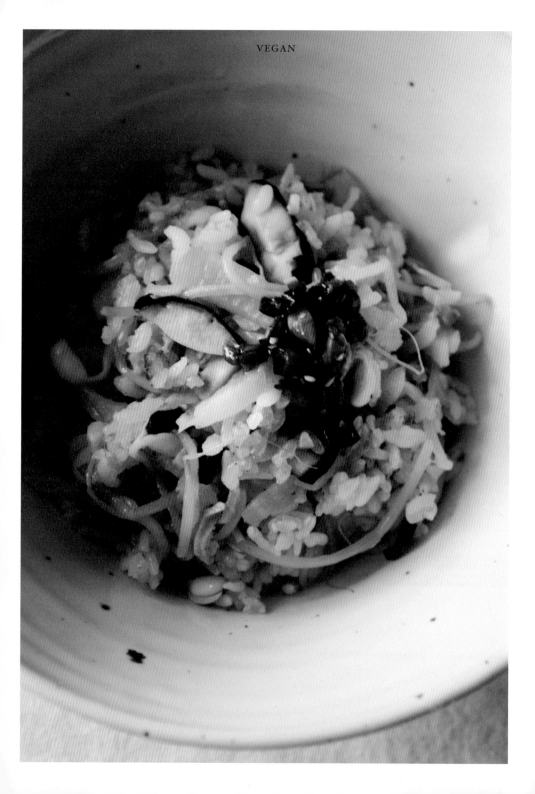

1 쌀은 깨끗하게 씻어 물에 하룻밤 불립니다.

2 콩나물은 다듬고 무와 표고버섯은 0.7cm 두께로 굵게 썹니다.

3 양념간장 재료를 섞습니다.

4 냄비에 불린 쌀과 무, 버섯을 순서대로 넣고 다시마 물을 부어 밥을 짓습니다.

5 끓어오르면 바로 중불로 줄여 3~5분가량 익힌 뒤 뚜껑을 살짝 열어 콩나물을 넣고
   뚜껑을 덮어 약불로 뜸 들입니다.

1

2   3

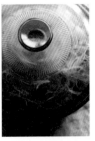

뜸 들이는 시간은 쌀의 양이나 냄비의 깊이에 따라 달라져요.
잡곡이 많이 섞일수록 뜸 들이는 시간이 길어져요.

4　　　　　　　　　　　　　　　5

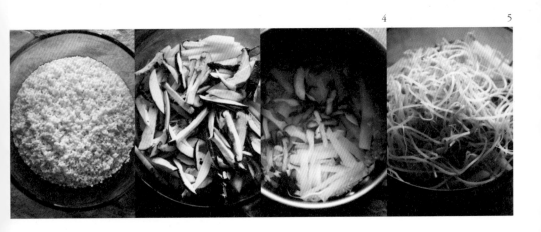

착한 달걀찜

저의 작은어머니는 반찬을 참 건강하고 맛깔나게 만드세요. 저는 그분이 요리하는 모습을 보면서 손맛 좋은 사람은 간단한 재료로도 맛있고 몸에 좋은 음식을 만든다는 것을 배웠어요. 어쩌면 제게 자연식 요리를 가장 처음 가르쳐주신 선생님과도 같은 분이에요. 이 달걀찜에 '착한 달걀찜'이라고 이름 붙인 것도 간장과 국물만으로 충분히 맛을 내기 때문이에요. 식당에서 내는 봉긋 솟아오른 달걀찜보다 훨씬 투박한 시골의 맛이라고 할까요. 처음엔 거뭇한 색깔에 당황할 수 있지만 맛을 보고 나면 금세 몸이 녹아들 것 같은 편안함을 느낄 거예요.

재료(2인분)

달걀 2개
채수 400ml(p.416 채소 국물 만들기 참고)
국간장 1큰술+@
대파 1대

POINT
• 국간장은 집집마다 염도에 차이가 있으니 간을 본 후 적절히 조절하세요.
• 채수의 깊은 맛이 간장과 어우러지는 것이 포인트예요. 생수를 사용하면 맛이 떨어지니 채수가 없으면 다시마 물이라도 사용하세요. 채식주의자가 아니라면 멸치 국물로 대체해도 됩니다.

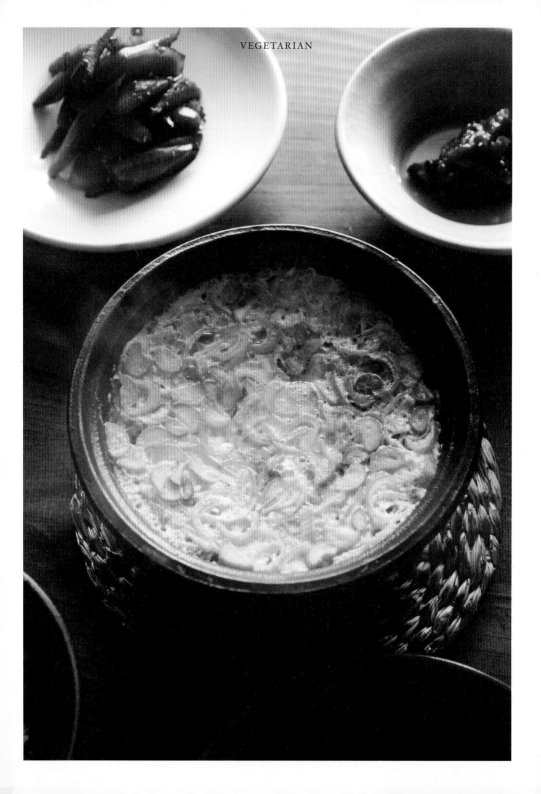

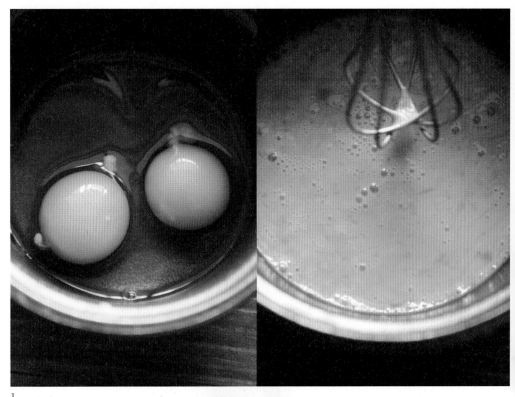

1

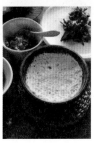

일반 냄비보다 뚝배기에 조리해야 더욱 맛있어요.

1 냄비에 달걀과 채수, 국간장을 넣고 거품기나 젓가락으로 잘 젓습니다.
2 뚜껑을 연 상태로 중불에서 가열해 달걀물이 끓으면 동그랗게 송송 썬 대파를
  넣고 약불로 줄여 완전히 익힙니다.

2

293

미역미소시루

학창 시절 일본인이 운영하는 식당 주방에서 일을 배운 적이 있는데 당시는 제가 지극히 토속적인 입맛이라 이국 음식의 매력을 잘 알지 못했어요. 하지만 그때 처음 먹어본 일본식 된장국인 미소시루는 얼마나 맛있던지 그날 이후 식사 때마다 먹었을 정도죠. 심심하면서 담백한 국물이 먹고 싶을 때 좋은 요리로 누구나 쉽게 만들 수 있어요.

재료(2~3인분)

마른 미역 자른 것 5g
연두부 150g
유부 15g(2장)
버섯 50g
대파 1뿌리
채수 1L(p.416 채소 국물 만들기 참고)
무첨가 미소 된장 1큰술

POINT

• 미소 된장은 가쓰오 조미액이 들어가지 않은 순수한 미소 된장을 사용하세요.
• 연두부 대신 일반 두부를 사용해도 좋아요.
• 미소 된장은 요리 마지막에 넣고 가급적 오래 끓이지 마세요.
• 잘게 자른 미역은 불릴 필요 없이 바로 사용해도 돼요.

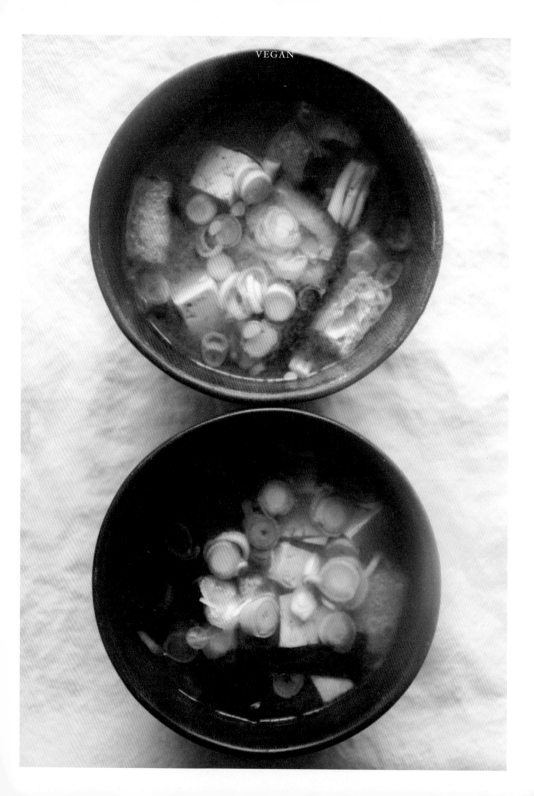

1 미역은 흐르는 물에 한 번 헹구세요.
2 연두부는 1cm 크기로 깍둑썰기합니다.
3 유부는 반으로 잘라 잘게 썰고 버섯은 한 입 크기로, 대파는 송송 썹니다.
4 냄비에 채수와 두부를 넣고 센 불에서 가열해 끓어오르려 할 때 마른 미역을 넣습니다.
5 다시 국물이 끓어오르면 유부, 버섯을 넣고 한소끔 더 끓입니다.
6 국물이 다시 한번 끓어오르려 하면 약불로 줄이고 미소 된장을 고운체에 풀어 넣습니다.
7 송송 썬 파를 넣어 완성합니다.

1

2   3

유부는 조미되지 않은 생유부를 사용하세요. 냉장 혹은 냉동된 제품을 써도 좋아요. 유부를 뜨거운 물에 헹구거나 데쳐서 쓰면 잡내가 없어지고 맛이 더욱 깔끔해집니다. 냉장 제품이라면 사용 후 남은 것은 냉동 보관해두고 필요할 때 꺼내 쓰세요.

파는 쪽파를 써도 좋아요. 가급적 파를
넣는 게 좋지만 없을 때는 마른 미역
잎 부분을 가위로 잘게 부수거나 잘라서
넣으세요.

4 5 6 7

두부탕국

어렸을 때 저는 고기를 넣어 맑게 끓인 경북식 탕국과 해물을 듬뿍 넣은 경남식 탕국, 그리고 고기와 해물을 모두 넣고 궁극의 감칠맛을 낸 진한 탕국을 모두 먹고 자랐어요. 충실한 재료에서 우러나오는 맑고 깊은 국물 맛 때문에 지금은 제사 때가 아니라도 종종 끓여 먹지요. 저는 고기나 해물은 빼고 채소만 넣어 담백하게 만든 두부탕국을 즐겨 먹는데 두부는 반드시 구워서 넣어 국물이 탁해지지 않도록 하고, 두부탕국 맛을 좌우하는 국물을 깔끔하고 맛있게 만들기 위해 정성을 들인답니다. 제사 탕국에는 파를 넣지 않지만 일반 식탁에 올릴 때는 파와 후춧가루를 넣어 맛을 더하지요.

재료(3~4인분)

두부 200g
무 70g
불린 다시마 60g
표고버섯 20g
대파 1대
채수 600ml(p.416 채소 국물 만들기 참고)
포도씨유 1/2큰술
들기름 1작은술
국간장 1큰술
흰 후춧가루 1/4작은술
* 시치미 1/2작은술
소금 적당량

POINT

• 채수는 농도가 다를 수 있으니 부족한 간은 소금으로 맞추세요.
• 표고버섯은 마른 버섯으로 대체 가능해요.
• 시치미는 일곱 가지 천연 향신료를 합친 것으로 소량 넣으면 감칠맛을 더합니다.

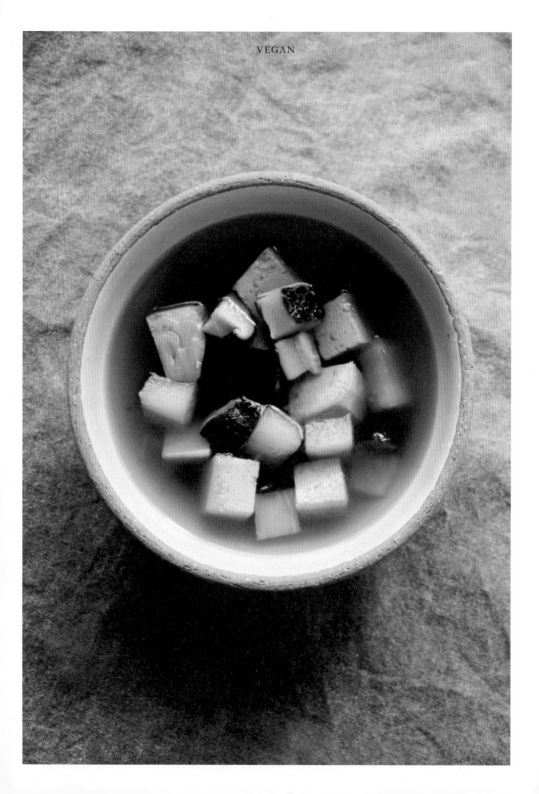

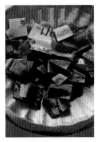

다시마는 채수를 만들고 남은 것을 사용해도 좋고 마른 다시마 10g을 불려
사용해도 돼요.

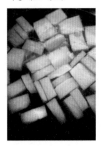

1   2   3   4

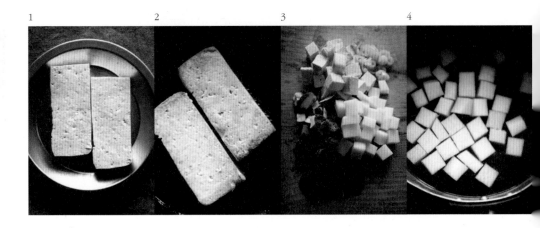

1 두부는 도톰하게 썰어 물기를 뺍니다.

2 달군 팬에 포도씨유와 들기름을 섞어 두르고 두부를 노릇하게 구워 한 김 식히세요.

3 불린 다시마를 1.5cm 크기의 사각형으로 썰고, 구운 두부와 무, 버섯도 같은 크기로 깍둑썰기합니다. 대파는 0.3cm 두께로 송송 썹니다.

4 냄비에 채수와 무를 넣어 끓입니다.

5 국물이 끓어오르면 다시마와 두부, 버섯, 국간장을 넣고 한소끔 끓입니다.

6 무가 투명하게 익으면 파와 후춧가루, 그리고 기호에 따라 시치미를 넣고 소금으로 간을 맞춥니다.

5

6

토마토순두붓국

싱가포르의 한 식당에서 옥수수를 넣은 중국식 수프를 본 적이 있어요. 옥수수가 들어간 수프를 밥과 함께 먹는다는 것이 무척 낯선 한편 그 맛이 어떨까 궁금했어요. 반신반의하며 채수에 옥수수를 넣고 뭉근하게 끓여봤죠. 결과는 상상 이상이었답니다. 옥수수 특유의 감칠맛에 깜짝 놀란 저는, 한 걸음 더 나아가 옥수수를 순두부와 함께 끓여 맑은 수프 같은 부드러운 국을 만들어봤어요. 칼로 옥수수알을 분리해 넣고 끓이면 옥수수 안의 전분이 빠져나와 국물이 탁하고 걸쭉해지지만, 옥수수 심까지 그대로 넣으면 끓일수록 맛이 깊고 달큰해져요. 다만 이때는 채수 국물을 넉넉히 잡고 약불에 푹 끓여야 해요. 이 요리는 주먹밥, 김밥 등에 곁들여 먹으면 좋아요.

재료(2인분)

순두부 200g
노란 옥수수 1개
토마토 1개
채수 700ml(p.416 채소 국물 만들기 참고)
대파 1대
국간장 1큰술
흰 후춧가루 1/4작은술

POINT
- 식사 대용의 맑은 국 형태로 만들려면 순두부 한 팩을 다 넣어도 돼요.
- 되도록 천연 단맛을 내는 노란 옥수수를 사용하세요.

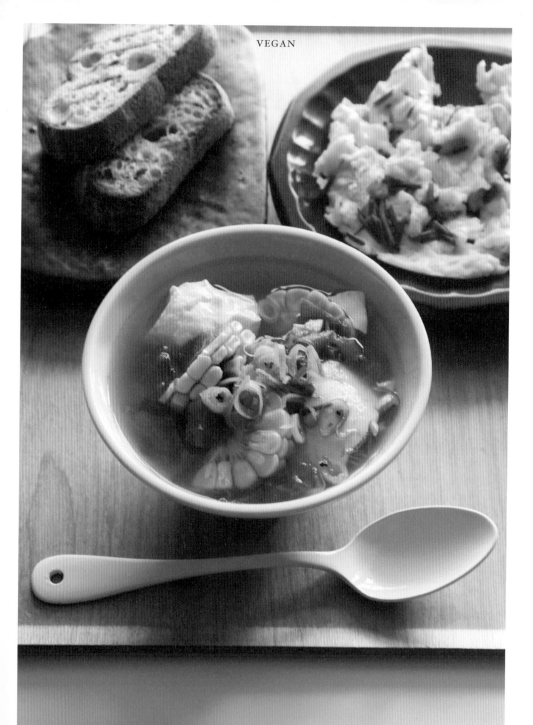

옥수수는 길이로 반 갈라 0.8cm 정도로 굵게 썰고
토마토는 2cm 정도의 큐브 형태로 자릅니다.

냄비에 옥수수와 채수를 넣고
끓입니다.

국물이 끓어오르면 토마토를 넣고
끓이다가 다시 끓어오르면 순두부와
간장을 넣습니다.

마지막에 송송 썬 대파와
후춧가루를 넣고 불을 끕니다.

순두부찌개

되도록 자극적인 음식을 멀리하고 심심하고 담백하게 먹어야 하지만 우리의 미각을 늘 그렇게 제어할 순 없어요. 가끔은 맵고 짜고 센 음식도 필요하지요. 매운 음식을 특별히 좋아하는 건 아니지만 저도 가끔은 칼칼하고 자극적인 맛을 찾게 돼요. 제 의지와 상관없이 몸이 그런 맛을 원하는 날이 있거든요. 그럴 때 무조건 멀리하려고 애쓰기보다는 건강한 방식으로 즐겨보세요. 특별한 기교 없이 누구라도 만들 수 있는 이 순두부찌개는 채수와 김치, 고추기름을 사용해 자극적인 맛에 대한 욕구를 충분히 잠재울 수 있어요.

재료(2인분)

순두부 500g
양파 30g
표고버섯 30g
잘게 썬 김치 1/3컵
주키니호박 40g
채수 300ml(p.416 채소 국물 만들기 참고)
대파 1대
마늘 기름 1½큰술(p.418 마늘 기름 만들기 참고)
고춧가루·김치 국물 1큰술씩
양조간장·국간장 1/2큰술씩
흰 후춧가루·소금 1/4작은술씩
* 달걀 1개

POINT
- 재료가 타지 않게 주의하며 바싹 볶는 게 중요해요.
- 마늘 기름은 건더기와 함께 사용하세요. 마늘 기름이 없을 땐 식물성 기름(포도씨유, 유채유 등)에 마늘 2쪽을 다져 넣고 사용하세요.
- 비건일 경우 달걀은 생략하세요.

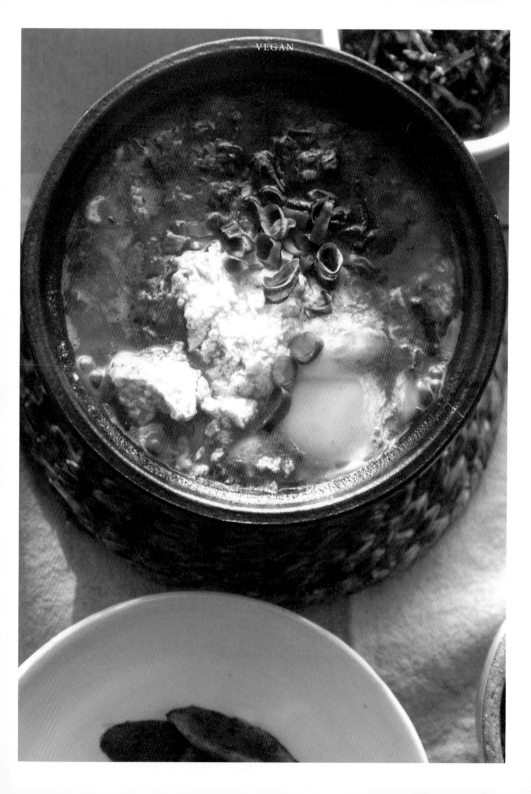

1 채소를 모두 잘게 썹니다.

2 달군 냄비에 마늘 기름과 고춧가루를 넣고 달달 볶아 향을 냅니다.

3 기름이 빨갛게 물들고 향이 올라오면 양파와 버섯을 넣고 다시 달달 볶습니다.

4 여기에 김치를 넣고 계속 볶다가 김치가 양념과 잘 어우러지면 호박을 넣어 볶습니다.

5 채수와 김치 국물, 간장을 넣고 한소끔 끓인 뒤 순두부, 대파, 흰 후춧가루를 넣고
   계속 끓입니다.

6 부족한 간은 소금으로 맞추고 달걀을 깨뜨려 넣어 반숙 상태로 냅니다.

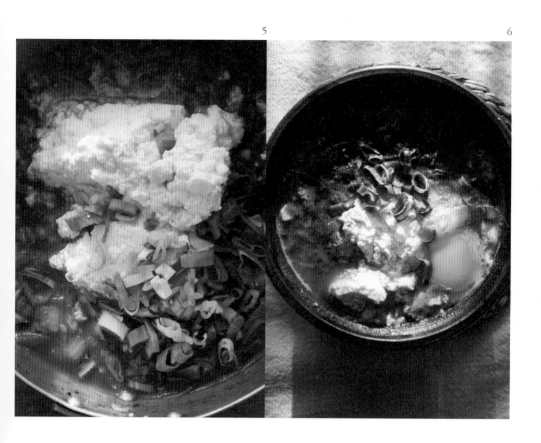

토마토냉곤약

밥을 먹긴 부담스럽지만 제대로 된 음식을 먹고 싶은 날이 있죠. 마침 TV에 맛있는 음식이라도 나오면 자극적인 맛의 옵션까지 추가되어 머릿속은 뭘 먹을까 고민하느라 쉴 새 없이 바빠집니다. 이럴 때 저희 엄마는 과일이나 생채소를 먹으라고 하는데 그런 것으로는 결코 만족되지 않더라고요. 이런 날 먹기 좋은 음식이에요. 곤약 면이나 메밀 면을 구비해두었다가 채수나 다시마 국물로 간단하게 토마토냉국을 만들어 먹을 수 있어요. 고명은 그날 냉장고에 있는 재료를 활용하면 된답니다. 토마토를 굵게 갈아 만든 국물이 스페인식 수프 가스파초 같기도 한데 가벼운 야식으로도 시원하게 즐길 수 있어요.

재료(2인분)

실 곤약 2팩	고명
(또는 메밀국수 2인분)	달걀 1개
완숙 토마토 2개	*고수잎 10g
마늘 2쪽	참기름 1/2작은술
식초(곤약 데침용) 약간	통깨 2작은술

양념
채수 400ml(p.416 채소 국물 만들기 참고)
간장 2큰술
미림 1큰술
비정제 설탕 1작은술
레몬즙 1/2큰술

POINT
- 고수 대신 취향에 따라 잘게 썬 쪽파, 곱게 채 썬 깻잎 같은 향 채소를 사용해도 좋아요.
- 토마토는 블렌더보다 강판에 갈면 입자가 일정치 않아 더 맛있어요.
- 남은 국물은 밀폐 용기에 담아두었다가 필요할 때 면만 준비해 바로 부어 먹으면 돼요.
- 메밀국수와도 잘 어울려요.

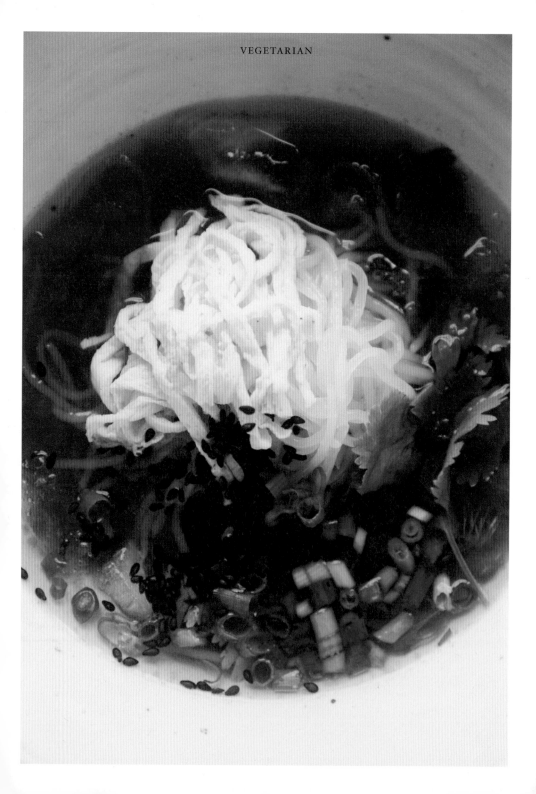

1 토마토는 열십자(+)로 칼집을 내어 끓는 물에 데칩니다.
2 토마토에 칼집 낸 부분의 과육과 껍질이 분리되면 얼음물 또는 찬물에 넣어
  껍질을 벗깁니다.
3 강판에 마늘을 먼저 간 다음 그 위에 토마토 과육을 갑니다.
4 볼에 간장, 미림, 레몬즙, 비정제 설탕을 넣어 설탕이 녹을 때까지 잘 젓습니다.

1   2   3

달걀 지단 대신 삶은 달걀을 곁들여도 좋아요.

5 ④에 채수를 넣어 밑국물을 만듭니다.

6 달걀로 지단을 부쳐 충분히 식으면 곱게 채 썰고, 고수는 잎만 준비합니다.

7 끓는 물에 식초를 조금 넣고 실 곤약을 데친 뒤 찬물에 여러 번 헹궈 냄새를 최대한 없앱니다.

8 준비한 밑국물과 ③의 토마토와 마늘을 섞습니다.

9 물기 뺀 곤약 면을 ⑧의 국물과 함께 그릇에 담고 지단, 고수잎, 참기름, 통깨를 올립니다.

양배추찜밥

양배추 애호가인 엄마가 차려준 여름 밥상에는 김 오른 찜통에 살짝 찐 양배추가 자주 올라왔죠. 이런 날은 밥을 먹고 나서 속이 참 편했어요. 양배추를 채 썰어 낫토와 비벼 먹거나 단시간 절인 양배추 김치도 우리 집 단골 메뉴였어요. 그런 일상적인 음식에서 한 걸음 더 나아가 좀 더 참신한 양배추 요리를 고민하던 중 중동과 터키 음식인 '돌마'에서 영감을 얻어 스튜 같은 찜밥을 만들었어요. 뜨거울 때보다 한 김 식으면 토마토의 감칠맛이 진해져 더욱 맛있어지기에 도시락으로 싸면 만족스러운 점심 식사를 할 수 있지요. 남은 찜밥은 냉장고에 보관했다가 실온에 꺼내 두어 찬 기운이 가신 다음 먹으면 돼요.

재료(2~3인분)

현미찹쌀 1/2컵
렌틸콩 1/2컵
양배추잎(겉 부분) 12장
토마토 1개
양파 1개
마늘 2쪽, 쪽파 5대
이탈리아 파슬리 50g
* 월계수잎 2장
캔 토마토 1½컵
채수 200ml(p.416 채소 국물 만들기 참고)
소금 1/2작은술+@
굵게 간 후춧가루 1/4작은술
올리브유 1큰술+1작은술

POINT

- 쫀득함을 위해 현미찹쌀을 사용했으나 기호에 따라 일반 쌀이나 현미로 대체해도 좋아요.
- 양배추는 미열에도 익으니 가볍게 데치고, 숨이 푹 죽지 않은 상태에서 건져 식히세요.
- 냄비에 양파를 깔면 국물에 감칠맛을 더해지고 롤이 눌어붙는 것을 막을 수 있어요.
- 채수가 없을 땐 채수 스톡 1/2개를 뜨거운 물 1/2컵에 녹여 사용하세요.

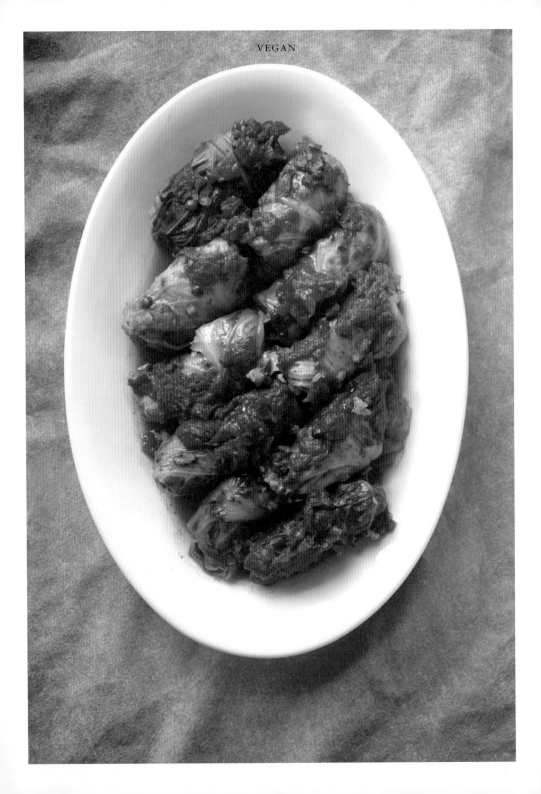

1 현미찹쌀은 5시간 동안 불립니다.

2 렌틸콩은 요리 시작 전에 불립니다.

3 토마토는 잘게 썰고, 양파는 1cm 두께로 두툼하게 자르고, 마늘은 으깨어 곱게 다집니다. 쪽파는 잘게 썰고, 파슬리는 잎만 떼어 굵게 다집니다.

4 중불에 냄비를 달군 후 올리브유 1큰술을 두르고 마늘을 볶아 향을 냅니다.

5 여기에 쪽파와 파슬리, 잘게 썬 토마토를 넣어 볶습니다.

6 재료가 어우러지면 불린 현미찹쌀과 렌틸콩, 소금 1/4작은술과 후춧가루를 넣어
  볶은 후 불을 끄고 식힙니다.

7 양배추는 끓는 물에 소금 1/4작은술 정도 넣고 잎이 휠 정도로 1~2분 익힙니다.

8 익힌 양배추를 도마에 놓고 두꺼운 줄기 부분을 포 뜨듯 잘라 다른 잎 부분과
  두께를 비슷하게 맞춥니다.

9 양배추에 ⑥의 볶은 쌀을 한 큰술씩 올려 맙니다.

10 바닥이 두꺼운 냄비에 양파를 두툼하게 깐 뒤 양배추 롤을 차곡차곡 올립니다.

11 채수를 붓고 롤 위로 캔 토마토를 넣은 후 소금 1/4작은술과 월계수잎,
   올리브유 1작은술을 넣어 끓입니다. 이때 양배추 롤이 뜨지 않고 간이 잘 배도록
   그 위에 접시를 넓은 윗면이 바닥으로 향하게 덮어 올려둡니다.

12 센 불에서 10분간 끓이고 중불에서 15분간 천천히 익힌 뒤 약불에서 15분간 뜸
   들입니다.

올리브 솥밥

우연히 웹사이트에서 올리브를 얹은 일본 솥밥 사진을 봤어요. 일본어를 잘 몰라 무슨 요리인지 알 수 없었지만 다음 날 기억을 더듬어가며 사진 속 밥을 지어보았죠. 생각보다 맛이 너무 심심했던 그날의 밥에 텃밭 허브와 감칠맛 풍부한 채수를 더하니 제가 원하는 스타일의 솥밥이 만들어졌답니다. 덕분에 거의 일주일 동안 우리 집 밥상에 하루도 거르지 않고 올리브솥밥이 올라왔지요. 오랜만에 동생이 휴가 차 집에 온 날 최종 완성한 올리브솥밥을 상에 올렸더니 맛에 무심한 동생의 입맛에도 맞았는지 호평을 해주더라고요. 이후로 이 음식은 제 비밀 병기 메뉴가 되었어요. 올리브유 특유의 향과 허브, 채수 등 풍부한 맛이 배어 반찬 없이도 먹을 수 있는 밥이랍니다. 바닥에 남은 누룽지는 죽처럼 또는 수프처럼 끓여 먹을 수 있어요.

재료(2~3인분)

불린 쌀 2컵
생허브 5g 이상
마늘 3쪽
올리브 5알
월계수잎 1장
채수 300ml
소금 1/2작은술
올리브유 1큰술
* 레몬 1조각

POINT

- 허브는 가급적 로즈메리, 타임, 파슬리가 좋아요.
  원하는 종류 한 가지 또는 여러 가지를 사용하세요.
- 맹물 또는 다시마 육수만 사용하면 육수의 힘이 약해 올리브 향이 살아나지 않아요.
- 올리브는 씨앗이 없는 상태로 사용하세요.

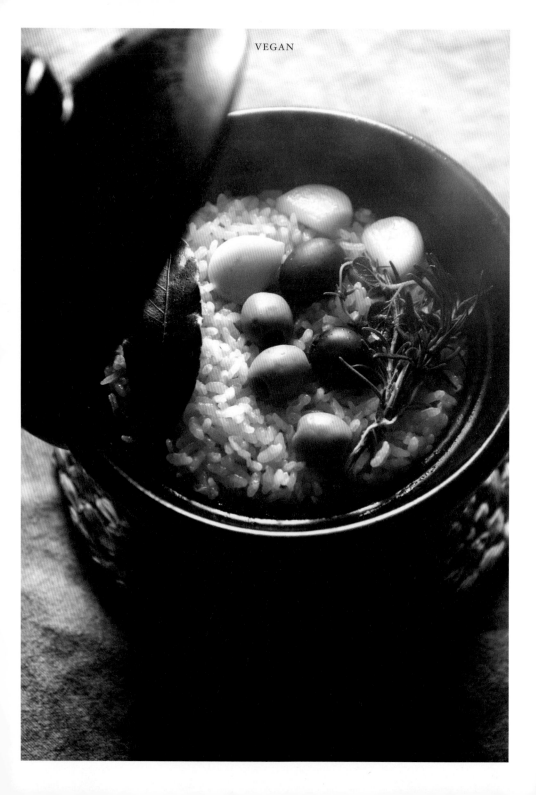

밥을 지을 때 레몬을 넣으면 상큼한 향과 맛이 가미돼요. 하지만 밥에 산미가 남으니 기호에 따라 넣지 않아도 돼요.

1 쌀은 하룻밤(최소 2시간) 불려두세요.
2 생허브는 줄기째 실로 묶어 작은 부케가르니를 만듭니다.
3 마늘은 껍질을 벗기세요.
4 채수에 소금을 섞은 뒤 불린 쌀, 마늘, 올리브, 월계수잎, 부케가르니를 넣고 올리브유를 넣어 가열합니다.
5 직화 솥 기준으로 센 불에 5분, 끓으면 중불에 7분 정도 익힌 뒤 약불에 15~20분간 뜸 들이세요.

1   2   3

채수는 서양식 채수 스톡과 한국식 채수 어느 것을 써도 상관없어요. 채수 스톡은 스톡 큐브 1/2개를 뜨거운 물 1½컵에 녹여 사용하세요.

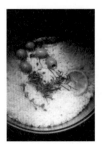

쌀은 백미를 사용해야 향이 더 잘 배어요.

4

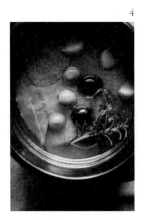

5

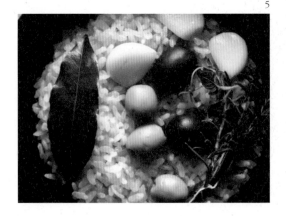

오이샐러드

어릴 적 한여름 오이가 한창일 때 우리 집 밥상엔 늘 오이 반찬이 올라왔어요. 그땐 진한 양념의 붉은 옷을 입은 무침이었는데 지금은 양념을 많이 빼고 최대한 가볍게 무쳐 먹지요. 간장이나 고 춧가루 혹은 고추장보다 오일이나 산뜻한 식초 맛을 강조한 음식으로, 진한 고추장 무침이 나름 의 매력이 있듯 이렇게 가벼운 양념으로 무쳐도 새로운 즐거움을 주지요.

재료(2인분)

오이 1개
부추 20g
적양파 1/4개

드레싱
마늘 2쪽
화이트 발사믹 비니거 1½큰술
고춧가루 1큰술
양조간장 1큰술
올리브유 1큰술

POINT
• 적양파는 일반 양파로 대체 가능해요.
• 드레싱은 넉넉한 편이니 한꺼번에 다 넣지 말고 간을 보면서 조금씩 넣어 섞는 게 좋아요.
• 화이트 발사믹 비니거 대신 일반 식초를 사용할 경우 마늘 2쪽, 올리브유 1큰술, 고춧가루 1큰술,
양조간장 1큰술, 식초 1큰술, 설탕 1작은술, 매실액 1/2큰술로 드레싱을 만드세요.

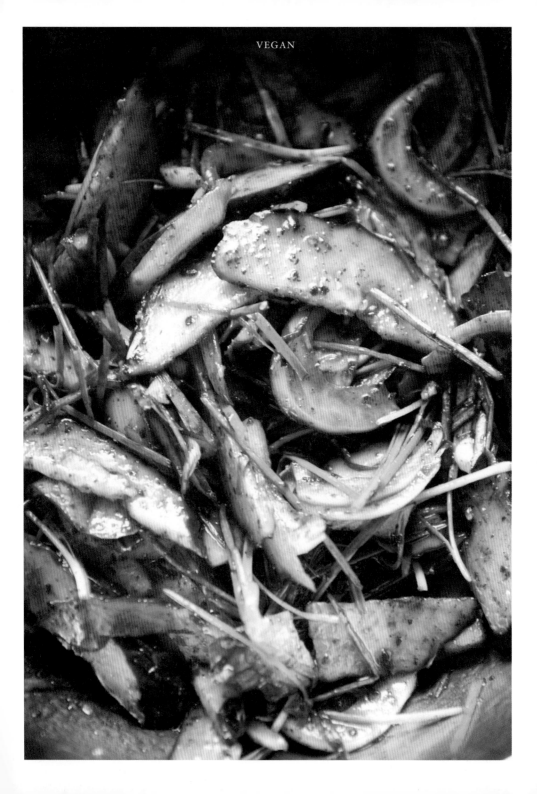

오이씨가 많은 경우 작은 티스푼으로 긁어내세요.

1 오이는 깨끗하게 씻어 꼭지 부분을 잘라내고 어슷썹니다.
2 부추는 3cm 길이로 썹니다.
3 양파는 0.3cm 두께로 너무 가늘지 않게 채 썰고, 마늘은 칼등으로 으깨어
  다집니다.
4 드레싱 재료를 모두 섞습니다
5 볼에 준비한 재료를 모두 넣고 드레싱을 넣어 가볍게 섞습니다.

1   2

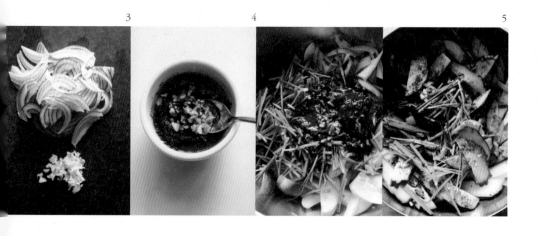

3   4   5

양송이들깻잎볶음

버섯볶음은 만들기가 너무 간단해 가볍게 생각하기 쉽지요. 그래서 반찬 가짓수를 채우는 용도로 이용하기도 하고요. 하지만 버섯이야말로 종류마다 향, 식감, 맛이 모두 다르고 어느 재료와도 잘 어울린답니다. 그중 양송이버섯은 들깻잎의 향과 특히 잘 어울리는데 이 요리는 표면을 노릇하게 굽는 게 포인트예요. 젓가락이나 주걱으로 자주 뒤적거리면 버섯의 수분이 빠져나와 질척거리고 맛이 없어지며 모양도 볼품없어지니 주의하세요. 마지막에 들기름 몇 방울로 들깨 향을 우아하게 끌어내세요.

재료(2인분)

양송이버섯 300g
깻잎 30g
포도씨유 1/2큰술
국간장 1/2작은술
들기름 1작은술

POINT
- 깻잎 대신 깨순을 사용해도 좋아요.
- 양송이버섯은 크기에 따라 적당히 자르세요.
- 간장은 염도에 따라 기호에 맞게 가감하세요.
- 바로 만들어 먹거나 실온 상태일 때 먹어야 맛있어요.

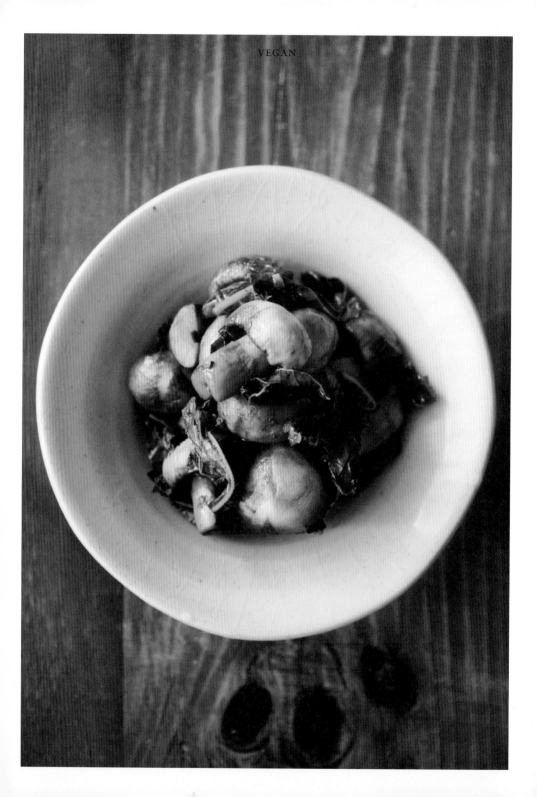

1 양송이버섯은 기둥 끝을 살짝 잘라내고 젖은 면포로 문질러 이물질을 제거하거나
  버섯 상태에 따라 얇은 껍질을 벗겨냅니다.
2 손질한 양송이버섯을 기둥을 그대로 둔 채 반으로 가릅니다.
3 깻잎은 흐르는 물에 씻어 물기를 제거한 후 반으로 잘라 버섯과 같은 크기로 자릅니다.
4 달군 팬에 포도씨유를 두르고 손질한 버섯을 넣어 팬을 크게 한 번 흔들어서 기름을
  코팅시킨 뒤 그대로 중불에서 굽습니다. 자주 뒤적이면 버섯에서 물이 나오니 단면이
  노릇해질 때까지 익힌 뒤 한 번만 섞으세요.
5 ④의 팬에 국간장과 손질한 깻잎을 넣고 볶다가 깻잎이 숨이 죽고 촉촉해지면
  들기름을 둘러 크게 섞은 다음 불에서 내립니다.

1   2   3

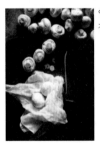

양송이버섯은 칼로 갓 아래에서 위쪽으로 얇은 막을
잡아당기며 껍질을 벗기세요.

4   5

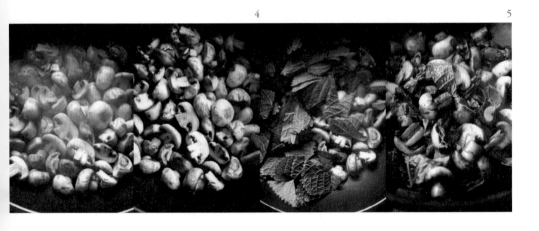

매운 우엉곤약볶음

곤약이 칼로리가 낮아 다이어트식으로 좋다는 건 잘 알지만 냄새와 식감 때문에 호불호가 갈리는 것도 사실이지요. 곤약 냄새와 식감이 거북한 사람들을 위해 기름에 바짝 볶아서 만든 음식입니다. 뿌리채소와 함께 아삭하고 매콤하게 볶으니 밥반찬으로 이만한 게 없다 싶어요.

재료(2인분)

우엉 150g
곤약 150g
마늘 기름 1큰술
＊굵은 고춧가루 1작은술
통깨 1/2큰술

양념장
간장 1½큰술
올리고당 1큰술
비정제 설탕 1작은술
＊크러시드 페퍼 1작은술
물 1큰술

POINT
• 크러시드 페퍼나 고춧가루는 기호에 따라 생략해도 좋아요.
• 단맛을 원치 않으면 설탕의 양을 줄이세요.
• 마늘 기름은 건더기 없이 맑은 액체만 사용해야 깔끔해요. 마늘 기름이 없을 땐 동량의 식물성
기름으로 대체하고 마늘 1쪽을 다져 넣으세요.

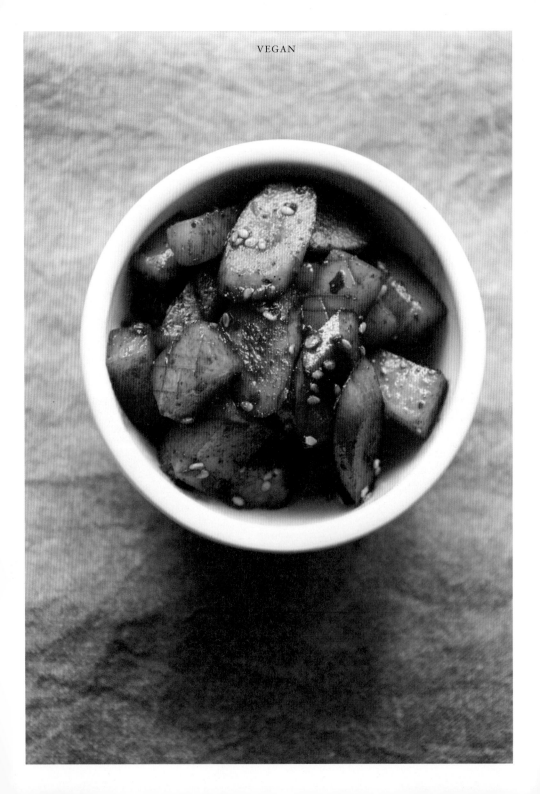

1 우엉은 깨끗하게 씻어 어슷썹니다. 껍질째 사용해도 좋고 벗겨내도 좋아요.

2 곤약은 0.7cm 두께로 썰어 격자무늬로 칼집을 넣고 다시 깍둑썰기합니다.

3 끓는 물에 식초를 약간 넣고 곤약을 넣어 끓으면 건져냅니다.

4 곤약 건져낸 물이 다시 끓을 때 우엉을 넣고 3분 정도 익혀 채반에 건집니다.

1   2   3

5　달군 팬에 마늘 기름을 두르고 곤약을 표면에 기포가 생긴 듯 노릇한 무늬가 생길 때까지 2분 정도 센 불에 충분히 볶습니다.

6　중불로 줄인 뒤 우엉을 넣고 다시 볶습니다.

7　양념장 재료를 잘 섞습니다.

8　⑥에 양념장을 넣고 조리듯 볶다가 양념장이 자박하게 졸아들 때까지 볶습니다.

9　고춧가루와 통깨를 넣고 한 번 더 볶습니다.

교토식 고추볶음

매운 고추를 가까이하지 않는 저에게 고추란 그저 요리의 부재료였어요. 풋고추나 오이고추를 날된장에 찍어 먹는 것이 비타민 풍부한 생고추를 가장 저답게 즐기는 방법이었고요. 하지만 교토 여행에서 맛본 고추 요리는 일상식의 새로운 발견이었죠. 소금과 간장으로만 조미한 듯 별다른 특별함은 없지만 은은한 불 맛이 배어 있고 아삭함이 살아 있었어요. 그때 이후로 텃밭에 고추가 가득 열릴 때면 우리 집엔 별것 없어 보이는 이 고추볶음이 반찬으로 자주 등장해요. 중요한 것은 신선한 풋고추를 센 불에서 불 맛 나게 볶고 동시에 아삭한 식감을 유지하는 것이에요. 기억을 더듬어 만든 것이 소박하지만 멋진 반찬으로 탄생했을 때 그 뿌듯함은 말로 표현할 수 없을 정도랍니다.

재료(2인분)

풋고추 150g
마늘 기름 1큰술
올리고당 1큰술
간장 1큰술
* 소금 1/4작은술
통깨 1/2큰술

POINT

• 풋고추는 생으로도 먹는 채소이니 불에 올려 5분 이내에 마무리하세요.
• 소금은 기호에 따라 안 넣어도 돼요. 하지만 식었을 때 싱거워지니 적당히 간을 맞추는 게 좋아요.
• 매운맛을 좋아하면 홍고추나 청양고추를 섞어 넣어도 좋아요.

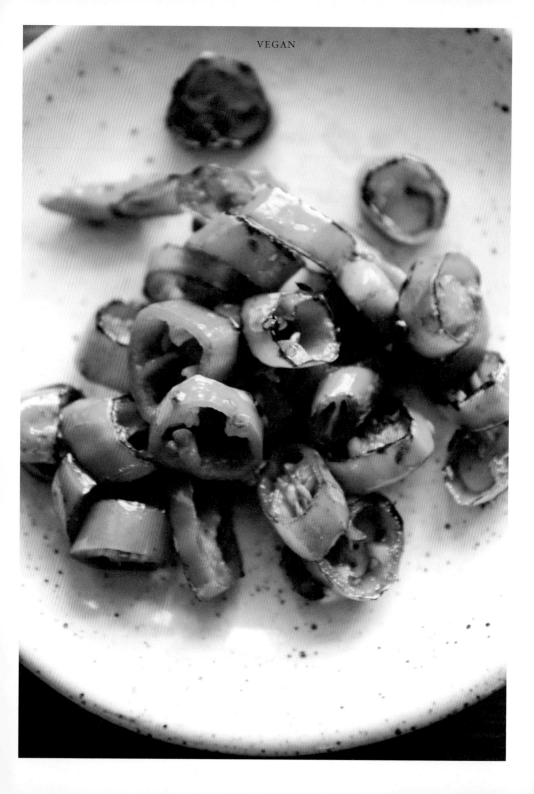

1

풋고추는 흐르는 물에 씻어 물기를 뺀 후
1~1.5cm 크기로 썹니다.

2

센 불로 달군 팬에 마늘 기름을 두르고 고추를
재빨리 볶습니다.

이 요리의 포인트는 센 불이에요. 고온에서 빨리 볶아야
고추가 물러지거나 질겨지지 않아요.

고추가 기름으로 코팅되면 팬을 불에서 내려
올리고당을 넣고 재빨리 섞은 뒤 간장, 소금을
넣고 다시 센 불에 올립니다.

고추가 타지 않도록 빠르게 볶은 뒤 불을 끄고
통깨를 뿌려 섞습니다.

메추리알초절임

메추리알을 더 간단하고 맛있게 즐길 수 있는 여름 반찬을 소개할게요. 끓이거나 조리지 않고 새콤한 양념에 살짝 절여 만드는 간단한 초절임이랍니다. 미리 만들어 냉장고에 넣어두면 무더위에 지친 입맛까지 되돌릴 수 있을 정도로 상큼함을 주는 음식이죠. 애피타이저나 가벼운 사이드 메뉴로 곁들여보세요.

재료(2인분)

삶아서 깐 메추리알 270g
레몬 1/2개+@
쪽파 20g
마늘 1쪽

양념
간장 50ml
비정제 설탕 2큰술
감식초 2큰술
물 200ml

POINT
- 감식초는 일반 양조식초로 대체 가능해요.
- 메추리알은 뜨거운 물에 담가놓아야 양념이 잘 배어들어요.
- 냉장고에 두어 시원하게 해서 먹으면 더 맛있어요.

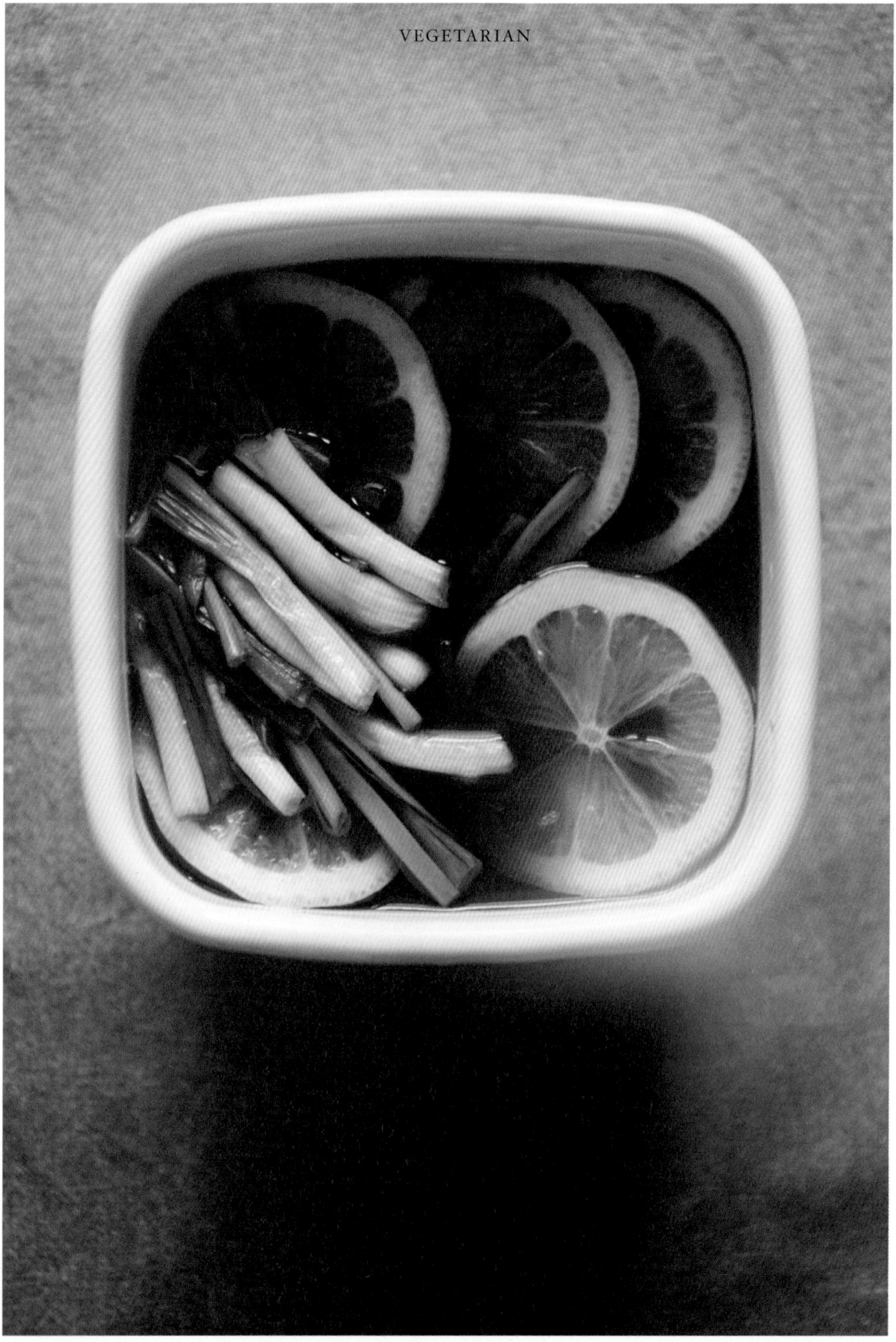

1 2 3 4

가급적 일주일 내로 드세요. 3일 이상 보관할 경우 레몬과 마늘을
제거하고 절임 물을 한 번 끓였다가 식혀서 다시 부으세요.

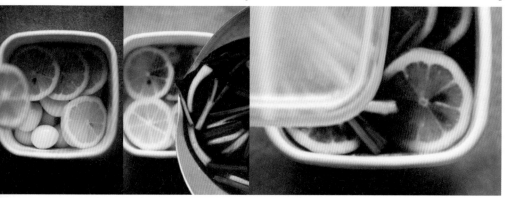

1 메추리알은 흐르는 물에 한 번 헹군 뒤 뜨거운 물에 10분간 담가 따뜻하게 만듭니다.
2 레몬은 0.3cm 두께로 썰어 씨앗 부분을 포크나 칼로 제거합니다.
3 쪽파는 2cm 길이로 썹니다.
4 냄비에 양념 재료를 넣고 중불에 올려 설탕이 녹도록 젓습니다. 끓어오르려고 하면
    쪽파를 넣고 불을 끈 뒤 미지근한 정도로 식힙니다.
5 따뜻해진 메추리알을 건져 용기에 담고 그 위에 반으로 자른 마늘과 레몬 슬라이스를
    차례로 올린 뒤 ④의 양념을 붓습니다.
6 충분히 식으면 뚜껑을 닫거나 랩을 씌워 냉장고에 보관합니다.

메추리알채소조림

매일 도시락을 준비하다 보면 요리 잘하는 사람도 늘 반찬 고민에 빠집니다. 그날 만든 반찬을 다음 날 도시락에 싸는 경우가 많은데, 갑자기 용기 한쪽이 비거나 반찬 하나가 더 필요할 때 고민이 깊어지죠. 그럴 때 메추리알조림이 구세주 같은 음식이에요. 만들기도 간단하고 재료비도 적게 들어 도시락 반찬으로 이만한 게 없지요. 여느 조림과 다른 점은 오래 두고 먹는 음식이 아니라 짜지 않다는 것, 또 메추리알 못지않게 채소도 듬뿍 넣어 조린다는 것이죠. 채소의 아삭한 식감과 알록달록한 색감까지 모두 즐겨보세요.

재료(2인분)

삶은 메추리알 270g
꽈리고추 50g
파프리카 100g
다시마 5g
간장 4큰술
비정제 설탕 1½큰술
물 200ml

POINT
• 오래 보관해두고 먹는 짠맛 강한 조림이 아니므로 가급적 3일 이내에 드세요.
• 채소가 아삭아삭한 상태에서 마무리해야 돼요. 채소의 숨이 죽어 양념에 조려지기 전에
완성하세요.

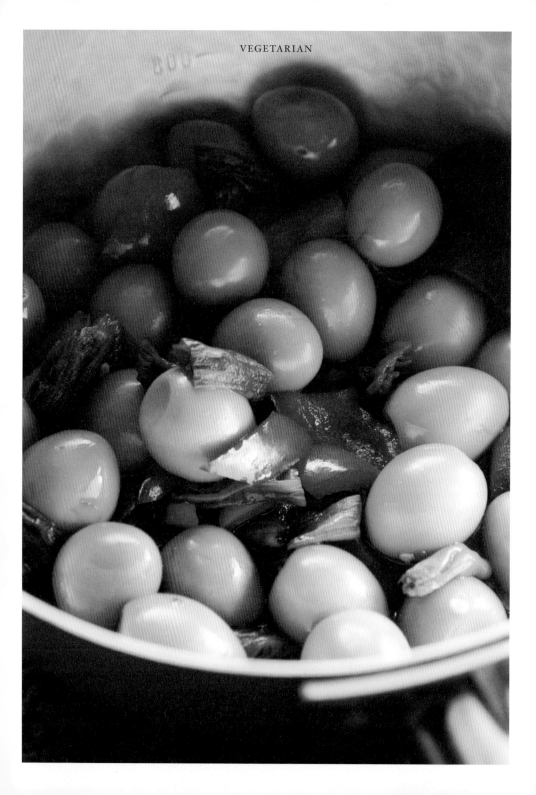

1 다시마는 물에 담가 불립니다.

2 메추리알은 채반에 올려 흐르는 물에 헹굽니다.

3 꽈리고추는 2cm 길이로 자르고, 파프리카는 1.5cm 정사각형 모양으로 자릅니다.

4 냄비에 ①의 다시마와 다시마 물, 간장, 설탕, 메추리알을 넣고 끓어오르면
   중불에서 자작하게 조립니다.

1   2   3   4

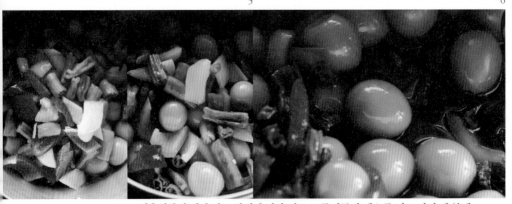

5 메추리알에 색이 배고 양념이 절반 정도로 줄어들면 채소를 넣고 다시 센 불에
   볶듯이 저으며 끓입니다.
6 양념장이 자박해지면 불을 끕니다.

우엉볶음

아삭하면서 양념이 고르게 밴 우엉볶음을 소개할게요. 일본식 우엉 긴피라를 응용한 요리로,
우엉을 아주 가늘게 채 써는 게 중요해요. 긴피라용 채칼을 사용하면 적당한 두께로 잘 썰 수 있
지만 구하기가 쉽지 않으니 슬라이스 채칼을 이용해보세요. 완성한 우엉볶음은 양념이 자박하
게 남아 있어야 촉촉하고 맛있어요.

재료(2인분)

우엉 1대
청주 1큰술
비정제 설탕 1큰술
올리고당 1큰술
양조간장 1½큰술
포도씨유 1/2큰술

POINT
- 올리고당 대신 설탕을 사용해도 돼요.
- 우엉을 가늘게 써는 것이 중요해요.

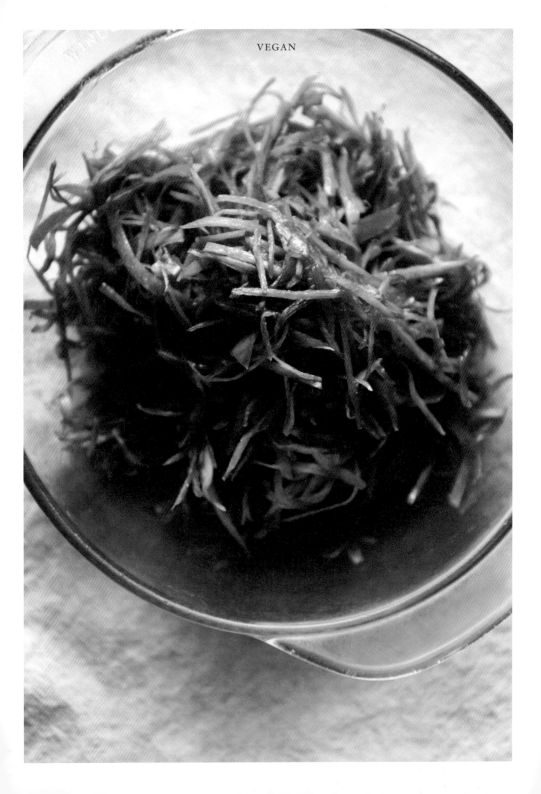

1   2   3

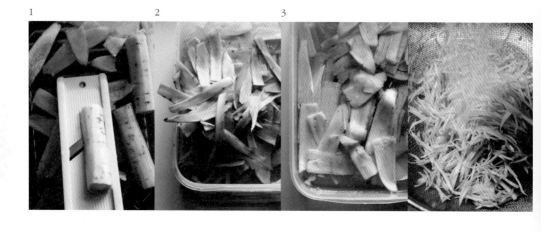

1 우엉은 칼등이나 필러로 껍질을 벗겨 7cm 길이로 자른 뒤 슬라이서를 이용해 얇게 썹니다.

2 우엉을 손질하는 동안 갈변하지 않게 식초 섞은 물에 담가둡니다.

3 썰어놓은 우엉을 가지런히 쌓아 채 썬 뒤 채반에 올려 흐르는 물에 헹구고 물기를 뺍니다.

4 달군 팬에 기름을 두르고 우엉을 볶습니다.

5 우엉이 살짝 숨 죽으면 청주와 설탕, 올리고당을 넣고 볶다가 우엉에 윤기가 나고 설탕이 녹으면 간장을 넣어 재빠르게 볶아내듯 조립니다.

쪽파토마토된장무침

봄철 햇쪽파는 달큰한 맛이 일품이라 따로 조리하지 않고 휙휙 감아서 쌈장이나 된장에 찍어 먹어도 좋아요. 이런 쪽파를 더 맛있고 색다르게 먹을 수 있는 방법을 소개할게요. 살짝 데친 쪽파는 매운맛이 가시고 아작한 나물 같은 식감만 남는데 여기에 토마토를 곁들이면 환상적이죠. 중요한 것은 양념과 잘 어우러지도록 토마토 껍질을 벗겨내는 것이에요. 보통 실온 상태로 먹지만 냉장고에 넣어두었다가 먹어도 맛있는데 술안주로 내놓아도 근사하답니다. 저는 시원하게 먹을 때마다 사케나 막걸리가 생각나요.

재료(2인분)

토마토(작은 것) 3개
쪽파 100g

양념
미소 된장 2큰술
감식초 1큰술
레몬즙 1/2큰술
비정제 설탕 1큰술
* 올리브유 1/2큰술

POINT

- 설탕 대신 향이 없는 아가베 시럽으로 대체해도 좋아요. 당류는 기호에 맞게 가감하세요.
- 오래 두면 물기가 생기니 가급적 만들어서 바로 먹는 것이 좋아요.
- 쪽파는 진액을 빼내면 맛이 더 깔끔해져요. 부드러운 실파라면 살짝 데쳐서 그냥 사용해도 돼요.
- 미소 된장은 가쓰오부시액이 첨가되지 않은 것을 사용하세요.

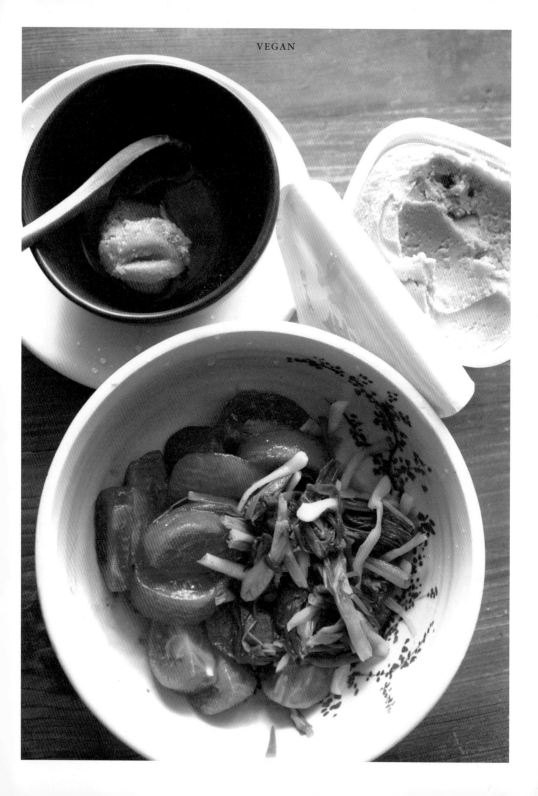

냉장고에 시원하게 두었다가 내면 더 맛있어요. 이 경우 올리브유는 상에 내기
직전에 뿌리세요.

1 토마토는 아랫부분에 열십자(+)로 칼집을 넣습니다.
2 쪽파는 다듬어서 흐르는 물에 씻어 물기를 빼요.
3 끓는 물에 소금을 넣고 토마토를 넣어 칼집 넣은 부분의 껍질이 분리되면 꺼냅니다.
4 토마토 껍질을 벗기고 한 입 크기로 자릅니다.

5 끓는 물에 쪽파를 흰 부분부터 넣어 부드럽게 휠 정도로 데쳐서 찬물에 헹궈
물기를 꼭 짭니다.

6 칼등으로 쪽파의 끈끈한 점액을 훑어낸 뒤 3~4cm 길이로 잘라 다시 한번
물기를 짜냅니다.

7 볼에 올리브유를 제외한 양념 재료를 넣고 설탕이 녹을 때까지 젓다가
마지막에 올리브유를 섞습니다.

8 토마토와 쪽파를 잘 섞은 양념에 무칩니다.

5   6   7   8

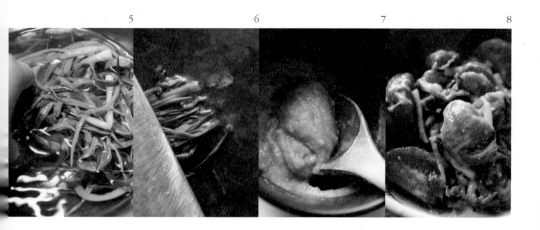

말린 느타리버섯과 깻잎 볶음

버섯 중 비교적 가격이 저렴한 느타리버섯은 말리면 별미가 되죠. 말리는 순간 볶음이나 찌개 재료로 큰 존재감을 드러내는데, 말린 느타리버섯을 뜨거운 물에 살짝 불려 조리하면 식감이 쫄깃쫄깃하고 독특해져요. 생버섯을 볶을 때와는 전혀 다른 맛이 나지요. 여기에 여러 가지 양념을 그때그때 다르게 사용하면 매번 새로운 반찬이 만들어져요. 조금 수고로워도 버섯을 건조기에 말리거나 채반에 널어 일주일 정도 바짝 말려서 밀폐 용기에 넣어두고 필요할 때 꺼내 쓰면 좋아요.

재료(2인분)

말린 느타리버섯 30g
깻잎 5~7장
마늘 기름 1큰술(p.418 마늘 기름 만들기 참고)
올리고당(또는 조청) 1작은술
국간장 1/2큰술
* 소금 1/4작은술
통깨 1작은술

POINT

- 마늘 기름이 없을 땐 동량의 식물성 기름에 마늘 1쪽을 잘게 다져 넣으세요.
- 국간장은 집집마다 염도가 다르니 적절히 가감하세요.
- 만들어서 바로 드세요.
- 느타리버섯 불린 물은 버리지 말고 채수에 섞어 끓이세요. 버섯을 불리기 전에 꼭 헹궈야 하고요.

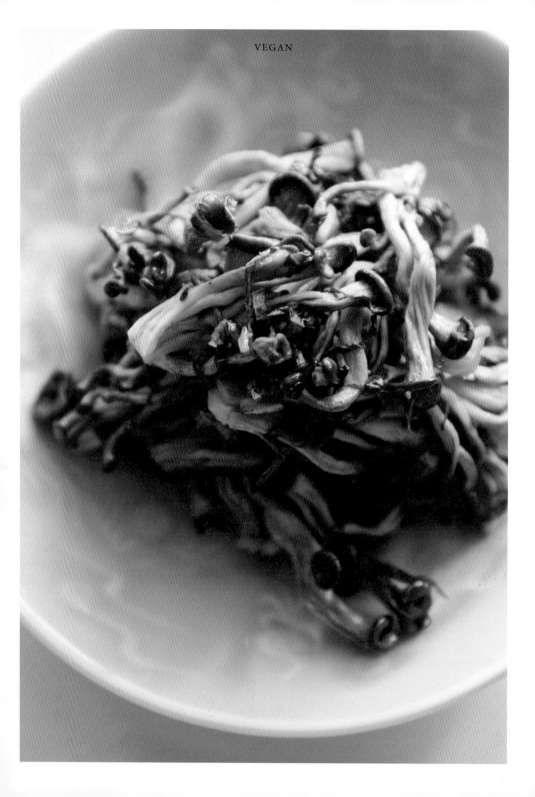

느타리버섯은 바람이 잘 통하는 곳에 펼쳐두고 일주일 정도
말리거나, 식품 건조기로 60도에서 5시간 정도 건조합니다.
시판 느타리버섯 1팩(200g)을 바짝 말리면 15g 정도의 말린
버섯이 만들어져요.

1   2   3

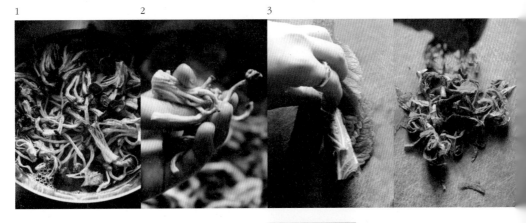

1 버섯은 흐르는 물에 헹군 뒤 뜨거운 물에 불립니다.
2 만져봐서 부드럽게 휘면 채반에 올려 한 김 식힌 뒤 물기를 꼭 짭니다.
3 깻잎은 반으로 잘라 돌돌 돌려 말아서 채 썹니다.
4 달군 팬에 마늘 기름을 두르고 버섯을 넣어 노릇해질 정도로 달달 볶습니다.
5 팬을 불에서 내려 올리고당을 넣고 가볍게 버무린 뒤 간장을 넣어 젓습니다.
6 팬을 다시 불에 올리고 채 썬 깻잎, 통깨를 넣어 바짝 볶습니다.

4   5   6

말린 느타리버섯 고추장 볶음

베트남 여행 중 어느 사찰 음식점에 들른 적이 있어요. 평소 먹어보지 않은 음식은 뭐든 맛을 봐야 직성이 풀리기에 혼자 온 것을 후회하며 여러 음식을 주문했죠. 우리의 사찰 음식과는 사뭇다른 요리법과 식재료에 인상 깊은 음식이 한두 가지가 아니었는데 그중 하나가 잭프루트라는 과일의 과육을 튀겨 매콤한 소스에 버무린 것이었어요. 얼마나 입에 착착 감기던지 사찰 음식이 이렇게 맛있어도 되나 싶을 정도였어요. 순식간에 밥 한 공기를 뚝딱 비웠죠. 굳이 한국 음식에서 그와 비슷한 맛을 찾는다면 고추장에 볶은 진미채 같은 느낌이었는데, 집에 돌아오자마자 말린 버섯으로 잭프루트볶음을 연상하며 음식을 만들어봤어요. 다른 어떤 재료보다 말린 느타리버섯이 가장 잘 어울렸답니다.

재료(2인분)

말린 느타리버섯 30g
쪽파 10g
마늘 기름(건더기 포함) 1큰술(p.418 마늘 기름 만들기 참고)

양념
고추장 1/2큰술
고춧가루 1작은술
조청 1작은술
간장 1작은술
물 1큰술
통깨 1/2큰술

POINT
• 만들어서 바로 먹어야 맛있는 반찬이에요. 넉넉하게 만들어 냉장 보관해두고 먹으려면
양념을 약불에서 바짝 볶거나 물 대신 청주를 사용하세요.
• 양념이 타기 쉬우니 양념을 넣으면 반드시 약불로 줄이거나,
팬을 잠시 불에서 내리고 양념을 섞으세요.

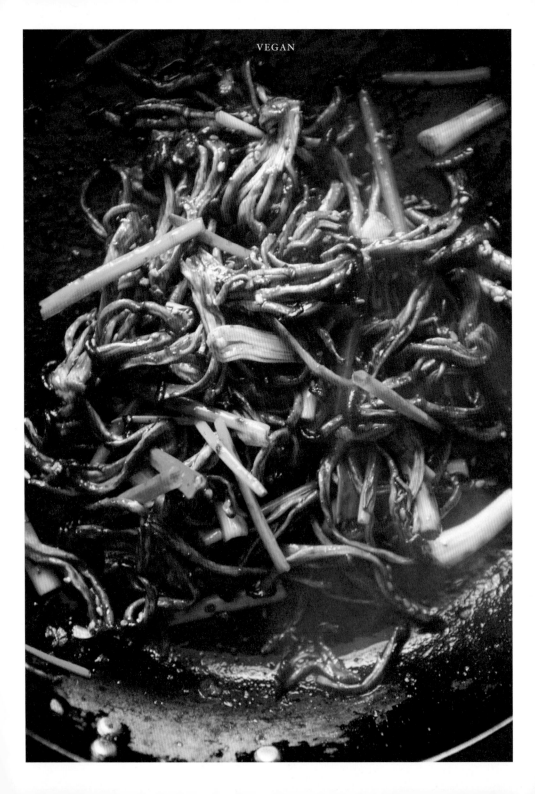

1 버섯은 미지근한 물에 불려 만져봐서 부드럽게 휘면 물기를 꼭 짭니다.

2 고추장, 고춧가루, 조청, 간장, 물을 섞어둡니다.

3 쪽파는 깨끗하게 씻어 2cm 길이로 자릅니다.

4 달군 팬에 마늘 기름을 두르고 손질한 버섯을 노릇해질 정도로 달달 볶습니다.

5 약불로 줄이고 준비한 양념과 쪽파를 넣고 타지 않게 볶습니다.

6 마지막으로 통깨를 뿌립니다.

1   2   3

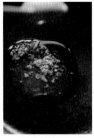

마늘 기름이 없으면 식물성 기름에 마늘 1쪽을 잘게 다져 넣고 볶으세요.

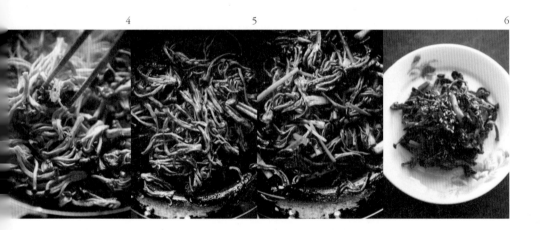

양배추토마토볶음

한동안 중국식 가정 요리에 푹 빠져 살았어요. 강한 불에 기름으로 재빨리 조리해 채소의 식감을 살리고 그윽한 불 맛은 그대로인 조리법이 참으로 매력적이었다고 할까요. 중식 양념과 재료, 요리법의 매력을 깨닫게 되면서 그간 중국요리에 대해 오해와 선입견을 가졌던 건 아닌가 반성하며 시간 날 때마다 한식 재료와 접목해 요리하곤 했답니다. 그 결과물의 하나인 이 요리는 모든 재료를 손에 가까이 닿게 두고 아주 센 불에서 조리해야 해요. 이 요리를 할 때만큼은 중식 요리사처럼 프라이팬을 멋지게 움직여보세요. 바로 볶아 따뜻할 때 먹어야 가장 맛있어요.

재료(2~3인분)

양배추 250g
토마토 2개
쪽파 15g
마늘 기름(건더기 포함) 1½큰술(p.418 마늘 기름 만들기 참고)
＊크러시드 페퍼 1작은술
통깨 1/2큰술
참기름 1작은술

소스
간장 1큰술
발사믹 비니거 1큰술
청주 1큰술
비정제 설탕 1/2큰술

POINT

• 마늘 기름이 없으면 동량의 포도씨유에 마늘 2쪽을 으깨어 잘게 다져 넣은 것으로 대체하세요.
• 기름 두른 팬에 채소를 넣고 센 불에서 흔들어 볶다 보면 재료에 불이 붙기도 합니다. 이때는
위험할 수 있으니 중불로 줄이고 팬을 움직이지 말고 가만히 두세요.
• 매콤한 맛을 내는 크러시드 페퍼는 기호에 따라 생략해도 됩니다.

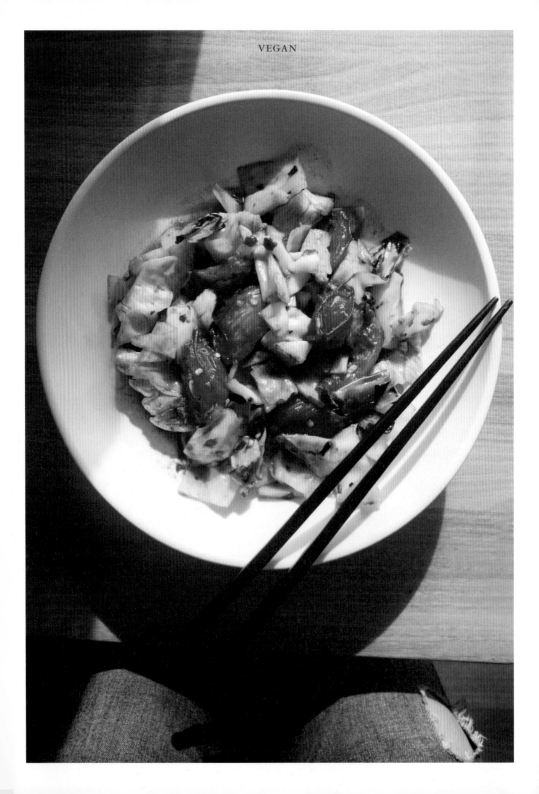

1 소스 재료를 잘 섞어 설탕이 녹을 때까지 저어두세요.
2 양배추는 흐르는 물에 씻어 물기를 빼고 한 입 크기로 자른 뒤 되도록 잎이 겹치지
   않게 손으로 분리해두세요.
3 토마토는 웨지 모양으로 썹니다.
4 쪽파는 3cm 길이로 자릅니다.

1   2   3   4

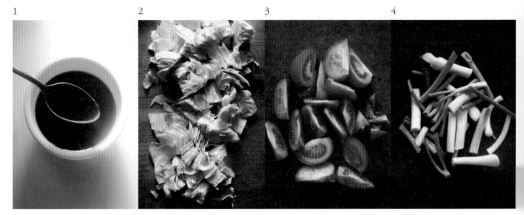

청주 대신 미림을 써도 좋아요. 이때는 단맛이 강해질 수 있으니 설탕량을 조절하세요.

조리 시 처음부터 끝까지 센 불을 유지해 대략 5~7분 안에
완성하는 요리입니다. 중간에 불을 낮추면 양배추의 수분이
빠져나가고 토마토가 너무 익어 흐물거리므로 빠른 시간에
조리해야 해요.

5 팬을 연기가 나기 전까지 센 불로 달군 뒤 마늘 기름을 건더기와 함께 두르고
토마토를 넣어 가볍게 흔들어 볶다가 쪽파를 넣습니다.

6 계속 센 불을 유지한 상태에서 양배추를 넣어 재빨리 볶습니다.

7 양배추가 기름에 가볍게 코팅되면 소스와 기호에 따라 크러시드 페퍼를 넣고
재빨리 볶습니다.

8 토마토의 껍질이 분리되려고 하면 불을 끄고 통깨와 참기름을 넣어 잘 섞습니다.

무말랭이조림

생무보다 맛이 깊고 달콤한 무말랭이는 우리 집 주방에서 활용도가 무궁무진하답니다. 보통은 김치로 담는 무말랭이를 저는 볶듯이 조리거나 절이기도 하고 샐러드에도 넣으며 채수에도 사용하지요. 특히 무말랭이조림은 밥반찬으로 상에 올리기도 하지만 김밥이나 주먹밥 재료로도 좋아요. 물기 없이 잘 조려놓으면 꽤 오래 보관할 수 있어 다양한 음식의 부재료로 활용하기 좋답니다.

재료(2~4인분)

무말랭이 100g
당근 100g
식물성 기름 1큰술
올리고당 2큰술
간장 2큰술
채수 2큰술(p.416 채소 국물 만들기 참고)

POINT
• 무말랭이는 사진보다 가늘어도 좋아요.
• 채수 대신 물을 넣어도 좋아요.
• 이 무말랭이조림을 김밥 속 재료로 활용해도 좋아요.

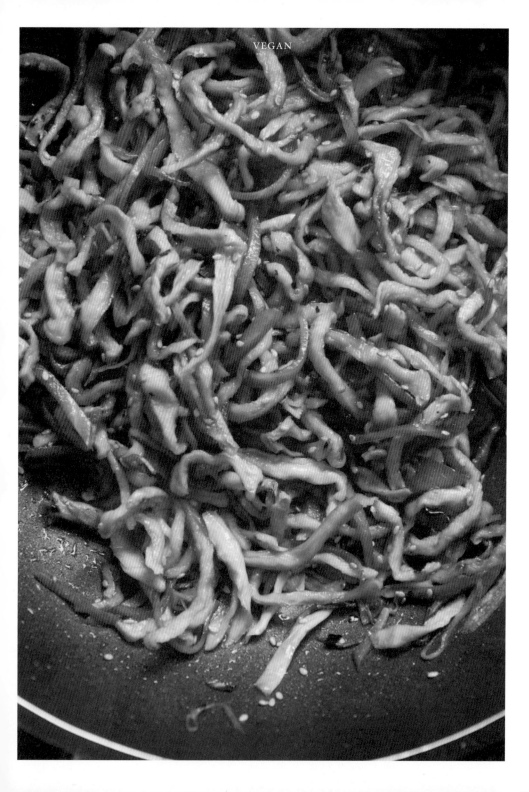

1

2

당근은 무말랭이 두께에 맞춰 채 썰어요.
무말랭이는 이물질을 제거하고 따뜻한 물에 불립니다.
손으로 만져보아 말랑하게
부드러우면 헹궈서 물기를 빼세요.

달군 팬에 기름을 두르고 무말랭이를 먼저
볶습니다.

②에 당근을 넣고 노릇해질 정도로 볶다가
올리고당을 넣습니다.

재료 전체가 당분으로 코팅되면 간장과 채수를 넣고
양념이 졸아들 때까지 볶습니다.

달콤한 알밤조림

어릴 적 먹던 갈비찜을 떠올리며 만든 알밤조림입니다. 생각해보니 모든 식구들이 갈비를 먹기 바빴지만 저는 간이 푹 밴 당근이나 무, 밤 같은 채소를 골라 먹기 바빴지요. 아마 그때부터 저의 채소 사랑이 시작되었나 봅니다. 제철 알밤으로 만든 이 조림은 그때 먹었던 맛 못지않답니다. 윤기 나게 조려 짭조름하면서 달콤한 알밤조림을 갓 지은 밥과 함께 먹으면 이것이 진정한 밥도둑이란 생각을 하게 되지요.

1 알밤은 깨끗이 헹군 뒤 설탕과 함께 물에 넣고 센 불에서 끓입니다.
2 물이 절반 정도 졸아들고 밤이 살짝 익었을 때 중불로 낮추고 간장을 넣습니다.
3 밤에 간이 배어들고 국물이 졸아들면 대파 흰 부분을 세로로 반 잘라 밤 크기만 하게 자른 뒤 버무리듯 섞고 가볍게 끓인 뒤 국물이 자작하게 남아있는 상태에서 불을 끕니다.

재료(1~2인분)

깐 알밤 300g
대파 흰 부분 1대분
간장 1큰술
비정제 설탕 2큰술
물 500ml

POINT
• 윤기를 내고 싶을 땐 ② 과정에서 식물성 기름 1/2큰술을 넣습니다. 올리고당을 추가해도 좋아요.
• 대파는 향과 감칠맛을 내는 재료이니 꼭 넣어야 하며 오래 끓일 필요는 없어요.

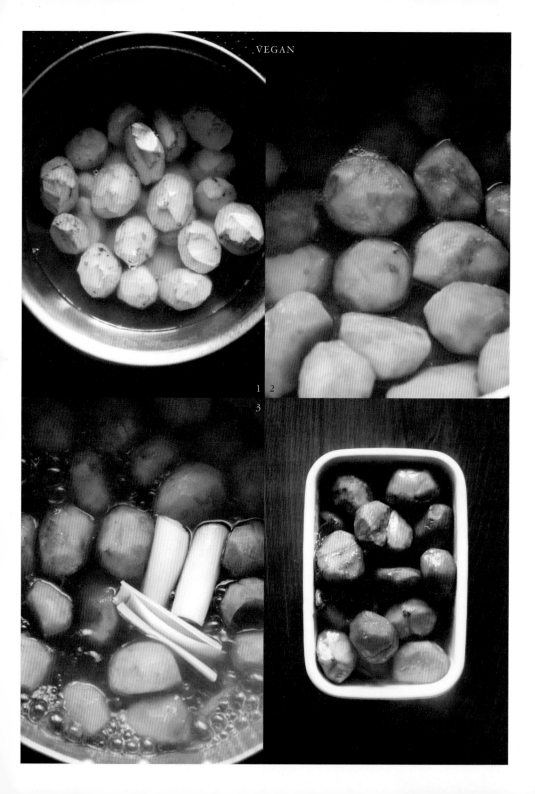

1 2
3

검은콩 채소 패티

채식주의자라 해도 가끔 패스트푸드의 유혹은 견디기 힘들지요. 어떤 사람은 동물성 식품은 금기할 수 있어도 패스트푸드만큼은 참기 힘들다고도 하죠. 그래서인지 콩이나 두부 등으로 만든 이미테이션 패스트푸드가 많은 채식주의자들에게 사랑받는답니다. 그중 우리 입맛을 사로잡는 것이 버거 패티예요. 만드는 방법이 복잡하진 않지만 들어가는 재료가 많으니 여유 있는 날 만들어두면 좋아요. 한꺼번에 반죽을 많이 만들어 냉장 보관하거나, 패티를 한 번 구워서 냉동해두면 급하게 뭔가를 내야 하거나 마땅한 반찬이 없을 때 3분 요리처럼 이용할 수 있어 아주 유용하답니다. 바삭하게 구워 무화과 소스를 곁들이면 반찬이 되기도 하고, 버거로 만들거나 미트볼처럼 작게 빚어 파스타에 넣어 먹기도 하며, 카레를 곁들여 햄버그스테이크처럼 먹기도 해요.

재료(2인분, 3~4개)

삶은 검은콩 1컵
양파 1/2개
감자(작은 것) 1개
차이브(또는 쪽파) 10g
캐슈너트 1/4컵
마늘 3쪽
달걀 1개
오트밀 가루 1/4컵
소금·흰 후춧가루 1/4작은술씩
큐민 가루 1/2작은술
코리앤더 가루 1/4작은술
포도씨유 1큰술+@

POINT
• 오트밀 가루는 오트밀을 분쇄기에 곱게 갈아 사용하세요.
• 반죽은 손에 오일을 바르고 찰기가 있는 정도로 치대면 깔끔하게 만들어져요.
• 패티는 기호에 따라 기름을 최소량만 두른 팬에 구워도 맛있어요.
이 경우는 팬 뚜껑을 닫아 속까지 천천히 익혀주는 것이 좋아요.

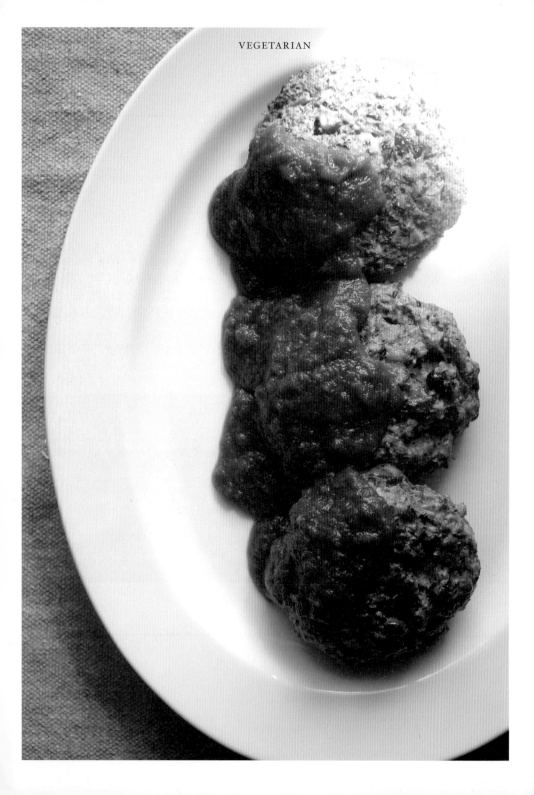

1 푸드 프로세서나 분쇄기에 검은콩을 2/3 분량을 넣고 분쇄합니다. 짧게 버튼을 눌러 끊어가며 작동시켜 페이스트 형태가 아닌 잘게 다진 크기로 만듭니다. 칼로 다져도 됩니다.
2 양파와 감자는 잘게 다지듯 썹니다.
3 중불로 달군 팬에 기름을 두르고 양파를 볶아 향을 낸 다음 감자를 넣고 크게 섞습니다.
4 큐민 가루와 고수 가루를 넣고 볶아 감자가 절반쯤 익으면 불에서 내립니다.

1   2   3   4

5 　 6 　 7

8 　 9 　 10

5 차이브는 잘게 다집니다.

6 캐슈너트는 굵게 다집니다.

7 마늘은 칼등으로 으깬 후 다져서 준비합니다.

8 볼에 모든 재료를 넣고 잘 치댑니다.

9 반죽에 윤기가 돌면 양손에 기름을 바르고 둥근 모양으로 치댑니다.

10 200℃로 예열한 오븐에 20분간 표면이 노릇하게 굽거나 기름 두른 팬에
　노릇하게 구우세요.

예뻐요

——

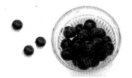

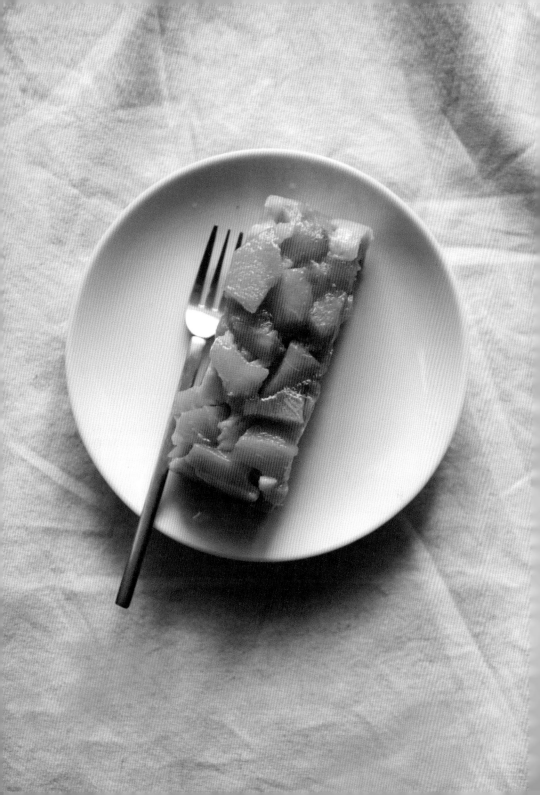

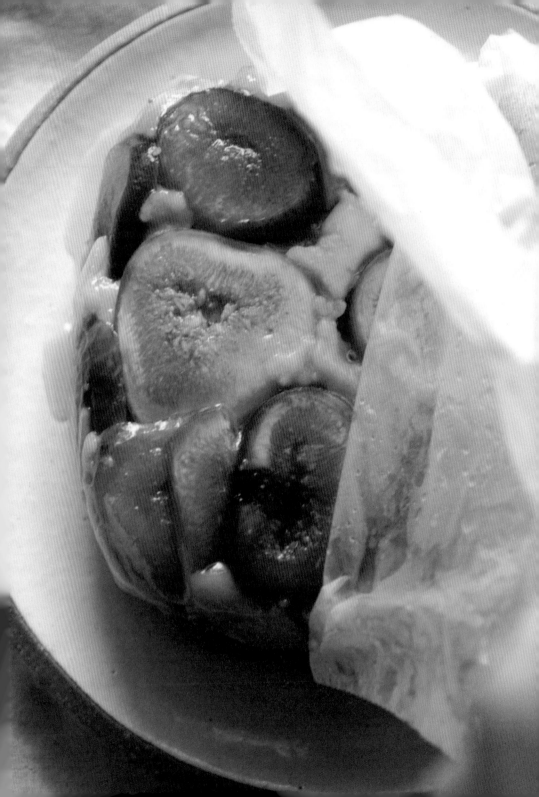

금기하지 않고 맘 편히 먹는 디저트

다량의 당분과 지방이 들어간 디저트는 다이어트 중에는 절대로 먹으면 안 되는 경계 대상
　　　1호라고 해도 과언이 아닙니다. 하지만 저는 디저트를 잘 활용하는 것이야말로 건강한
　　　다이어트 비법이라고 생각합니다. 디저트를 즐기면서도 아름다운 몸을 만들 수 있다면
　　　그것은 더 이상 눈물을 머금고 멀리해야 하는 음식이 아니라 삶을 더욱 풍요롭게
　　　만들어주는 즐거운 음식이죠.
따라서 단 음식 자체의 문제가 아니라 아무런 가이드라인 없이 섭취하다가 점점 더 강한
　　　단맛을 찾게 되는 것이 문제입니다. 하지만 실망하지 마세요. 미각 역시 길들여지는
　　　습관이기에 충분히 바꿀 수 있답니다. 그러자면 제철 과일을 이용했는지, 설탕 함량은
　　　적당한지, 화학 첨가물이 들어갔는지 등을 구별해 선택하는, 즉 건강한 디저트를
　　　구분하는 안목을 먼저 길러야 합니다.
그렇기에 만약 건강한 식습관이 견고하게 자리 잡아 스스로 단 음식을 조절할 수 있다면
　　　칼로리는 높지만 제대로 된 디저트를 즐기는 편이 낫다고 생각합니다. 예를 들어 설탕과
　　　유제품의 양을 줄인 건강식 머핀이 도저히 입에 맞지 않아 괴로울 지경이라면 먹는
　　　양과 횟수를 줄이고 제대로 만든 정통 머핀을 한 번쯤 자신에게 포상하는 마음으로
　　　먹는 것은 어떨까요. 반면 이제 막 식습관을 바꾸기로 마음먹었거나, 스낵이나 디저트에
　　　대한 욕구를 멈출 수 없는 사람이라면 길들여진 단맛을 재설정하는 것부터 시작하길
　　　권합니다. 한입 베어 문 순간 혀에 착 감기는 익숙한 음식이 아닌, 머릿속에 각인되어 있지

않은 다른 형태의 음식으로 단맛에 대한 의존도를 셋업하는 거죠.

우선 직접 디저트를 만들어 먹는 것을 추천합니다. 대부분의 사람들이 처음 초콜릿이나 케이크를 만들 때 들어가는 재료의 양에 먼저 놀라는데요, 케이크 하나 만드는 데 들어가는 설탕과 밀가루, 오일의 양을 눈으로 직접 보면 입에 익숙한 케이크에 생각보다 많은 양의 당분과 지방이 함유되어 있다는 것을 알게 되죠. 더불어 식품 표시 사항에 표기된 어렵고 낯선 재료가 그것을 만드는 데 꼭 필요한 것이 아니라는 것도 알게 되고요. 이런 과정을 거쳐 건강한 단맛에 익숙해지면 인위적인 단맛과 각종 첨가물로 가득한 시판 디저트가 불편해지면서 자연스럽게 건강한 디저트의 필요성을 인지하게 되지요. 놀랍게도 일부러 그것을 끊으려 애쓰지 않아도 자연스럽게 스스로 멀리하게 되는데 이는 미각을 재정립하는 중요한 과정이랍니다.

지금부터 제안하는 건강한 디저트는 이런 제 경험을 바탕으로 몇 가지 원칙을 가지고 만든 것이에요. 쉽고 간단한 조리법을 기본으로 최소한의 단맛을 유지하는 선에서 설탕과 지방의 양을 줄이고, 흰 밀가루와 흰 설탕을 쓰지 않으며, 가급적 동물성 재료를 배제했어요. 꼭 필요한 경우라면 신선한 달걀, 소량의 질 좋은 버터, 우유 정도를 사용했고요. 곡물이나 과일, 채소 등을 활용한 과자나 초콜릿은 디저트뿐 아니라 식사 대용으로도 좋답니다. 이처럼 건강한 디저트와 함께라면 채식이든 다이어트든 한결 즐겁고 풍성해지지 않을까요.

핑크 치아시드푸딩

물을 만나면 부피가 늘어나는 치아시드의 특성을 이용해 핑크빛 푸딩을 만들었어요. 이런 특별한 치아시드의 능력은 젤라틴을 쓰지 않고 식물성 재료로만 만드는 디저트에 자주 사용하지요. 다른 과일보다 씨앗이 톡톡 씹히는 베리류 과일에 잘 어우러지니 이따금 요리에 쓰고 남은 딸기나 산딸기, 블루베리 등이 있을 때 이렇게 과일 푸딩으로 즐겨보세요.

1 산딸기를 흐르는 물에 씻어 물기를 뺍니다.
2 블렌더에 산딸기, 코코넛 밀크, 치아시드, 메이플 시럽을 넣고 가볍게 돌립니다.
3 유리병에 ②를 넣고 뚜껑을 꼭 닫은 후 치아시드가 골고루 섞이도록 병을 흔들어 냉장고에 넣어둡니다.
4 약 3시간 후 질감이 단단해지면 작은 병에 나누어 담습니다.

재료(2인분)

산딸기 1½컵
코코넛 밀크 200ml
치아시드 1/4컵
메이플 시럽 1½큰술+@

POINT
• 코코넛 밀크가 없을 땐 저지방 우유로 대체하세요.
• 기호에 따라 메이플 시럽 외에 꿀이나 아가베 시럽 등 다른 당류를 추가해도 좋아요.
• 산딸기 대신 동량의 딸기나 오디, 블루베리를 사용하면 보랏빛 푸딩이 만들어져요.

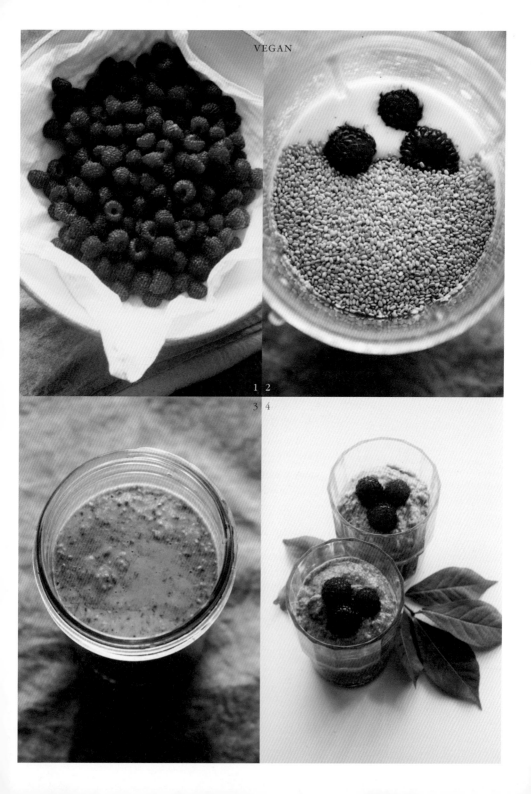

1 2
3 4

구운 자몽

자몽이 다이어트에 좋다고 하지만 특유의 시고 쓴 맛 때문에 맛있게 먹기가 쉽지 않죠. 이런 자몽을 구워 쓴맛은 줄이고 달콤한 맛은 끌어올려 근사한 디저트로 만들었어요. 가벼운 아침 식사에 곁들여 따뜻하게 먹기 좋지요. 굽는 동안 자몽의 찬 성질이 중화돼 몸에 부담도 주지 않는답니다. 무엇보다 만드는 과정이 간단하고 보기에도 좋아 손님 초대 요리나 포틀럭 파티 등에 활용하기 좋아요.

1 자몽은 깨끗하게 씻어 꼭지 부분을 잘라내고 절반으로 자릅니다.
2 중간의 하얀 심 부분을 도려낸 뒤 가장자리에 먹기 쉽게 칼집을 넣으세요.
3 오븐 팬에 포일을 깔고 자몽의 절단 면이 위로 오게 놓은 뒤 설탕과 계핏가루를 섞어 1/2작은술씩 뿌립니다.
4 200℃로 예열한 오븐에 20분 동안 구워 따뜻할 때 먹습니다.

재료(4인분)

자몽 4개
비정제 설탕 1큰술+@
계핏가루 2작은술

POINT
• 견과류를 토핑으로 올려 먹으면 더욱 좋아요.
• 구우면서 자몽의 쓰고 신 맛이 줄어드니 기호에 따라 설탕을 빼도 돼요.
또 설탕 대신 꿀을 사용해도 좋아요.
• 따뜻할 때 혹은 실온 상태로 먹어야 맛있어요.

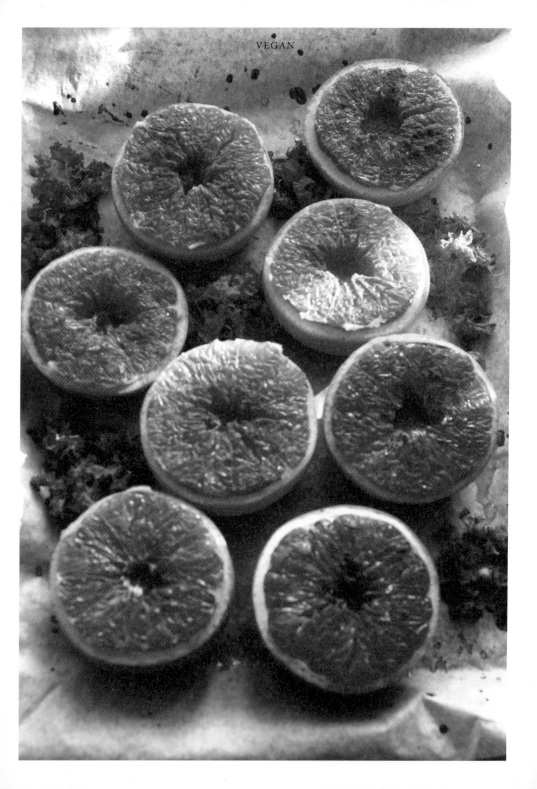

오렌지허브절임

요리라고 하기에 너무나 간단한 이 음식은 과일을 그냥 깎아 먹는 것에서 벗어나 향긋하게 절였다 먹는 맛에 눈뜨게 해주었어요. 약간의 허브로 오렌지 맛이 이렇게 색달라진다는 것에 감탄했던 기억이 납니다. 아마 저처럼 '오렌지 맛이 다 똑같지'라고 생각하는 분은 분명히 이 요리의 색다른 매력에 빠져들 거예요. 물론 과일이 맛있을수록 요리가 더 맛있어지는 건 당연하지만 기특하게도 이 메뉴는 맛없는 오렌지를 구제해주는 방법이기도 해요. 저는 이렇게 만든 절임을 샐러드에 곁들이기도 하는데 자몽과 오렌지를 섞어 만드는 것도 좋은 응용법이랍니다.

1 오렌지와 자몽은 껍질을 벗깁니다. 칼로 표면을 따라 과육과 껍질을 분리하세요.
2 과육을 0.5cm 두께로 도톰하게 자릅니다.
3 접시에 오렌지와 자몽, 타임잎을 켜켜이 쌓듯 올린 후 올리브유와 레몬즙을 뿌리고 냉장고에 30분 정도 두었다가 차가운 상태로 냅니다.

재료(3~4인분)

오렌지 3개
자몽 2개
타임잎 15g
올리브유 2큰술
레몬즙 1/2큰술

POINT
- 오렌지만 사용해도 좋아요.
- 실온 상태보다 차갑게 해서 먹는 것이 더 맛있어요.
- 가볍게 절여야 허브 향과 잘 어우러져요. 하루 이상 절이면 과육이 물러져 맛이 떨어진답니다.

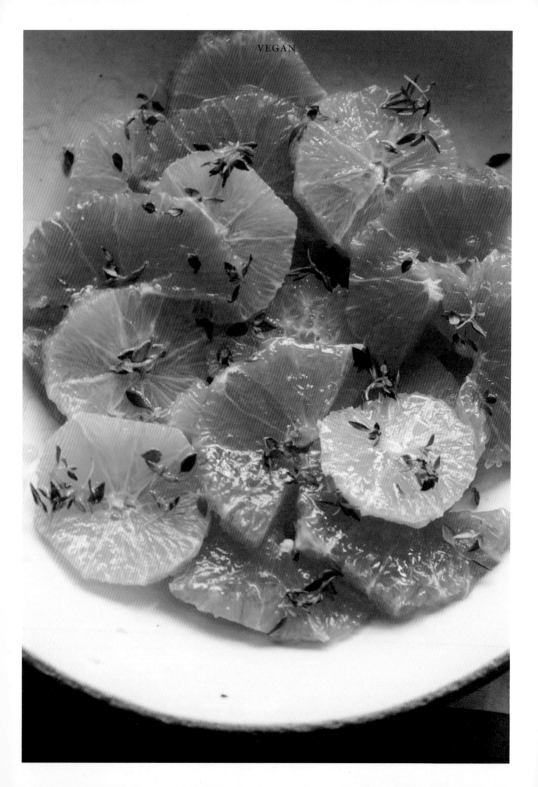

VEGAN

천연 과일 젤리

혼히 젤리라고 하면 동물성 식재료인 젤라틴을 사용해 만드는 것을 떠올리지만 식물성 재료인 한천을 사용해 맛있는 젤리를 만들 수 있어요. 아니, 오히려 입에 넣으면 사르르 무너지면서 한 입 가득 느껴지는 과일 즙 때문인지 한천이 과일 젤리와 더 잘 어울린다는 생각도 했지요. 저희 엄마는 이 천연 젤리를 정말 좋아해서 더운 날 시원하게 먹는 이 젤리가 에어컨보다 낫다고 하실 정도예요. 건강하고 근사한 천연 여름 디저트를 즐겨보세요.

재료(16.5 x 11 x 6cm 크기의 직사각형 용기 분량)

망고(과육) 1/2개
키위 1개
다래 1개
한천 가루 5g
물 400ml

POINT
- 과일은 잘게 다지듯 자르거나 계량스푼을 활용해 볼 형태로 만들어도 좋아요.
- 사용 용기는 가급적 법랑·유리·스테인리스 용기를 추천하며 용액을 식혀 사용하기에 플라스틱 용기도 괜찮아요. 만약 분리가 어렵다면 뜨거운 물에 잠깐 담가두었다가 빼세요.
- 파인애플이나 민트잎을 곁들여도 잘 어울려요.

1 과일은 껍질을 벗겨 한 입 크기로 자릅니다.
2 냄비에 물을 끓여 한천 가루를 넣고 불을 끈 뒤 미지근하게 식힙니다.
3 틀에 잘라놓은 과일을 층층이 쌓습니다. ②의 한천 물을 붓고 뚜껑을 닫거나 랩을 씌웁니다.
4 냉장고에 하룻밤(최소 5시간) 두어 탄력 있게 굳으면 먹기 좋게 한 입 크기로 잘라 냅니다.

산딸기와인젤리

식후 디저트로 좋은 산딸기와인젤리를 소개할게요. 냉장고 안에 이런 상큼한 디저트가 있는 날은 밥을 평소보다 소식하고 즐거운 마음으로 디저트를 기다리게 되죠. 산딸기와인젤리는 요리 영화에서 본 새빨간 딸기젤리에서 아이디어를 얻었는데 저는 더욱더 붉은 산딸기 느낌으로 만들고 싶어서 오미자를 활용했어요. 약간의 알코올 향과 맛이 배어 있는 달콤 쌉싸름한 맛으로 좀 더 달콤하게 만들고 싶다면 당류를 더 첨가하거나 와인 대신 과일 주스를 사용해도 좋아요.

1 오미자는 이물질을 제거한 뒤 깨끗하게 씻어 물기를 빼고 설탕 1큰술을 섞어 최소 3시간 재어둡니다. 여기에 물을 붓고 냉장고에 하룻밤 두어 오미자 과육을 건져내고 빨간 오미자 물만 준비합니다.
2 냄비에 오미자 물 1/2컵과 설탕 1큰술, 한천 가루를 넣고 중불에 올린 뒤 설탕이 녹아 입자가 보이지 않으면 불을 끕니다.
3 와인에 ②의 오미자액을 조금씩 나누어 넣으면서 섞습니다.
4 젤리 틀에 산딸기를 넣고 ③을 부은 뒤 냉장고에 넣어 굳힙니다.

재료(지름 5cm, 높이 7cm 틀 2~3개 분량)

산딸기 10개
건조 오미자 1/4컵
비정제 설탕 2큰술
한천 가루 1작은술
스파클링 와인 300ml
물 200ml

POINT

• ③ 과정에서 오미자 물을 한꺼번에 부으면 과일이 위로 떠오르니 오미자 물을 일부만 넣고 살짝 식어 한천이 굳기 시작하면 과일의 위치를 잡은 뒤 나머지 오미자 물을 붓고 냉장고에 넣으세요.
• 한천은 식으면서 바로 굳으므로 조금씩 나누어 섞는 것이 포인트입니다.

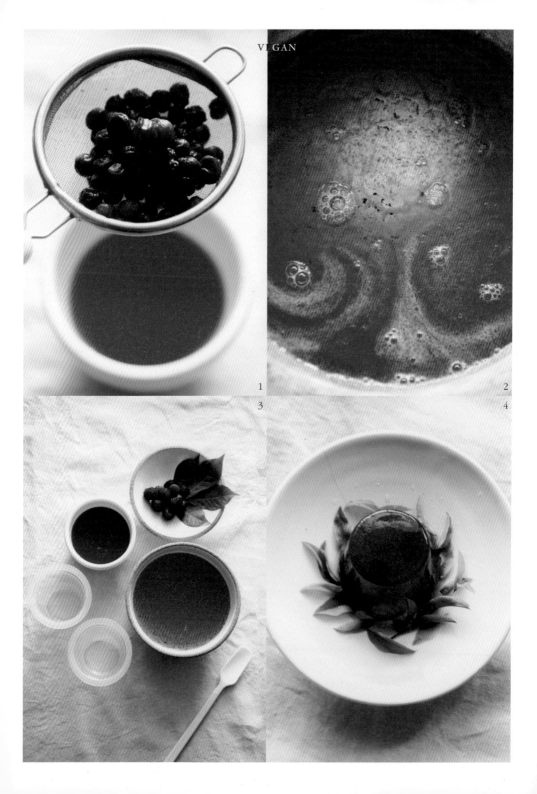

1

2

3

4

망고코코넛아이스바

생과일을 요리로 즐기면 입이 허전하거나 간식 생각이 날 때 칼로리 부담을 덜 수 있어요. 집에서 만든 아이스바는 첨가물에서 자유롭고, 당분 조절이 가능하며, 신선한 과일을 마음껏 넣을 수 있지요. 시판 아이스크림에 익숙한 사람이라면 처음 만들 때 당분을 레시피의 1.5배로 넣고 맛을 본 후 더 첨가해도 좋아요. 아마 그렇게 넣어도 이전에 먹던 것에 비해 덜 달게 느껴져 시판 제품에 엄청난 양의 당분이 들어 있다는 것을 깨닫게 될 거예요. 어느 정도 익숙해지면 조금씩 당분의 양을 줄여보세요.

재료(5~6개 분량)

망고 2개
코코넛 밀크 100ml
저지방 요거트 1/4컵
아가베 시럽 1/2큰술+@
레몬즙 1작은술

POINT
- 아가베 시럽 대신 꿀을 사용해도 좋아요. 칼로리를 고려해 당도를 최대한 낮췄으니
  퓌레를 맛본 후 기호에 맞게 당분을 추가하세요.
- 요거트는 당분이 첨가되지 않은 플레인 요거트를 사용했어요. 일반 요거트로도 대체 가능해요.

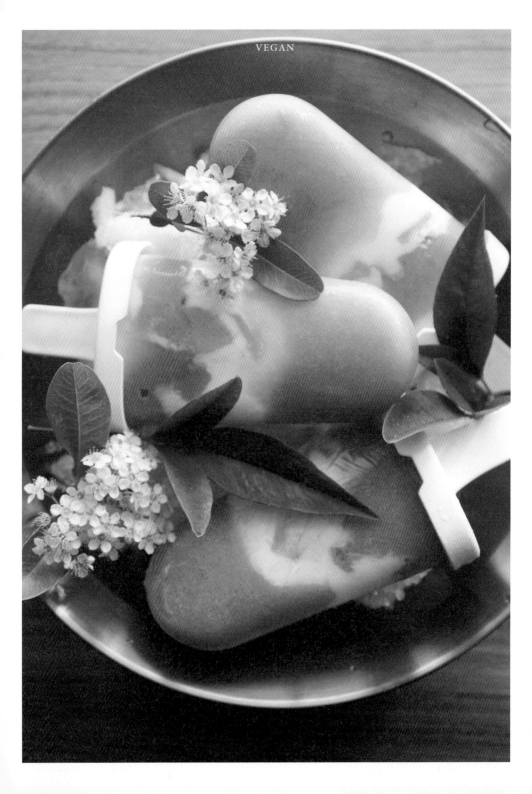

1   2

1 망고 과육은 1cm 크기로 깍둑썰기합니다.
2 나머지 재료와 망고 과육 1개 분량을 함께 믹서에 넣고 갈아 퓌레로 만듭니다.
3 아이스바 틀에 ②를 붓고 나머지 망고 과육 1개 분량을 넣어 섞습니다.
4 냉동실에서 하룻밤(최소 6시간) 얼립니다.

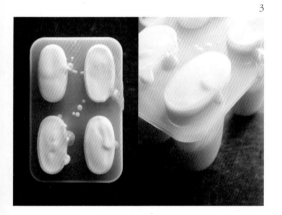

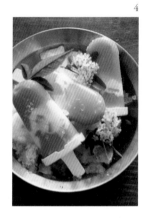

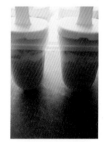

플레인 요구르트를 따로 두고 퓌레와 층층이 얼리면 이런 모양의 아이스바가 만들어져요.

베리베리아이스바

날씨가 더워지면 자꾸만 차가운 음식을 찾기 시작합니다. 그럴 때마다 찬 음료를 벌컥벌컥 마시기보다 입속에 과일 아이스바를 한 조각 베어 물어 제철 과일의 맛과 향을 음미해보는 건 어떨까요. 단순히 과일을 얼려 먹는 것 이상 여름 부엌에서의 소박한 사치를 즐겨보는 것이죠. 비롯 시판 아이스바의 강렬한 색감은 아니지만 천연 아이스바가 주는 은은한 색감을 눈으로 만끽해보세요.

재료(5~8개)

베리류 과일(딸기·오디·산딸기) 2컵
저지방 요거트 1컵
아가베 시럽 1큰술+@
레몬즙 1작은술
바질시드 1큰술

POINT
• 아가베 시럽 대신 꿀을 사용해도 좋아요. 칼로리를 고려해
당도를 최대한 낮췄으니 퓌레를 맛본 후 기호에 맞게 당분을 추가하세요.
• 아이스바 틀이 아닌 큼직한 통에 넣어 1시간마다 저으면 요구르트 셔벗처럼
부드럽고 크리미한 식감이 형성됩니다.

1 믹서에 베리, 요구르트, 아가베 시럽, 레몬즙을 넣고 스무디 형태로 갑니다.
2 바질시드를 넣어 잘 섞은 뒤 아이스바 틀에 붓습니다.
3 냉동실에서 하룻밤(최소 6시간) 얼립니다.

아보카도초콜릿무스

디저트 중에서 제가 가장 추천하는, 그리고 손쉽게 만들 수 있는 메뉴예요. 시판 초콜릿 디저트에 익숙한 분도 맛있게 먹을 수 있을 거예요. 잘 익은 아보카도와 100% 코코아 가루를 사용해 첨가물 없이 만든 음식으로 당분 함량이 적어요. 저는 이 무스를 조그만 푸딩 용기에 덜어 두고 디저트나 식사 대용으로 먹기도 하고, 허기져 과식하는 일을 막기 위해 식사 중간에 먹기도 해요. 특히 스트레스받거나 피곤한 날 이 초콜릿무스 하나로 금세 평온해지는 경험을 한 적도 있어요.

1 아보카도는 반으로 갈라 씨를 제거하고 큼직하게 썹니다.
2 믹서에 모든 재료를 넣고 부드럽게 갑니다.
3 디저트 그릇이나 컵에 ②를 담고 랩을 씌워 냉장고에 5시간 두었다가 꺼내어 보리지꽃으로 장식합니다.

재료(2~4인분)

아보카도 1개
카카오(코코아) 가루 2큰술
메이플 시럽 2큰술
소금 1/4큰술
무첨가 두유 1/4컵
보리지꽃(장식용)

POINT
• 아보카도는 반드시 충분히 익은 것을 사용하세요.
• 당분은 메이플 시럽 외에도 꿀, 아가베 시럽 같은 액체류를 추천합니다.
양은 기호에 맞게 조절하세요.
• 블렌더에 갈아 걸쭉한 스무디 형태가 된 것을 냉장고에 두면 떠먹기 좋은 무스 형태로 굳어요.

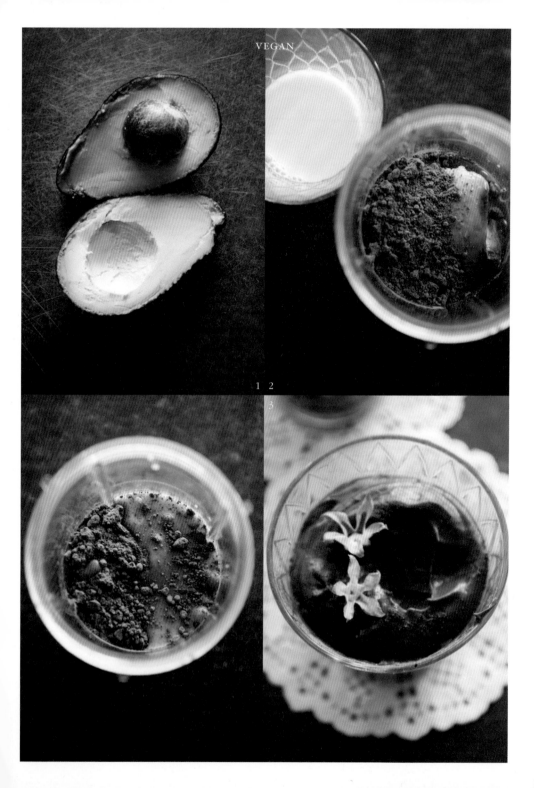

1 2
3

두부푸딩

한천을 쓰지 않고도 맛있는 푸딩이 탄생했어요. 일본식 사찰 요리에서 힌트를 얻어 만든 요리로, 특유의 콩 냄새를 제거하기 위해 여러 방법을 고민하던 중 어느 중식 대가의 연두부 손질법을 보고 힌트를 얻었지요. 캐슈너트 크림이 자칫 단조로울 수 있는 두부푸딩 맛을 풍성하게 만들어주고요. 딸기 시럽과 함께 내면 두부를 별로 안 좋아하는 사람도 즐길 수 있답니다. 가벼운 음식 선물이나 초대 음식으로도 좋은 디저트로 시럽 없이도 충분히 맛있어서 식사하기 싫은 날 밥 대신 먹는 음식으로도 추천해요.

재료(지름 5cm, 높이 7cm 유리컵 2개 분량)

연두부 1팩(300g)
캐슈너트 크림 1/2컵(p.426 크림 만드는 법 참고)
레몬즙 1큰술
메이플 시럽 1큰술
딸기 시럽 2큰술+@(p.446 제철 과일 시럽 만들기 참고)

POINT
- 용기를 더 작은 것으로 바꾸면 4인용 디저트로 만들 수 있어요.
- 딸기 시럽을 끼얹는 대신 생과일을 토핑으로 얹어도 좋아요.
- 일반 두부를 사용해도 되지만 크리미한 식감을 내기에는 부드러운 연두부가 좋아요.

1   2   3

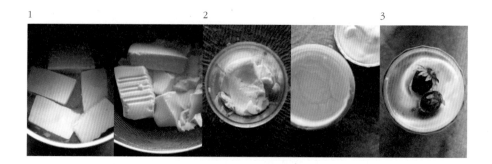

1 끓는 물에 소금 1/2작은술을 넣고 연두부를 썰어 넣은 뒤 중약불에서 5~7분 정도 뭉근하게 끓여
  두부 속까지 뜨겁게 데웁니다. 연두부를 고운 채반에 건져 1시간 이상 물기를 뺍니다.
2 연두부를 블렌더로 곱게 간 뒤 캐슈너트 크림, 레몬즙, 메이플 시럽을 넣어 다시 갑니다.
3 작은 용기에 담은 뒤 랩을 씌워 냉장고에 반나절 두었다가 딸기 시럽을 끼얹어 냅니다.

당근비트사과머핀

저에게 머핀은 군것질용 단 과자이자 식사 대용 빵이에요. 사실 제가 직접 머핀을 구워보기 전까지는 머핀은 모두 기름지고 머리 아플 정도로 단맛 강한 정크 푸드라고 생각했어요. 하지만 토종밀로 만든 자연 발효 빵을 연구하는 선생님의 레시피를 따라 직접 머핀과 케이크를 구워보면서 이런 단맛을 내는 빵도 건강 식품이 될 수 있다는 걸 알았죠. 식사 시간을 놓쳐 허기진 상태를 참는 것은 좋을 게 없다고 생각해요. 그럴 때 이 머핀이 아주 요긴하지요.

재료(6~7개)

채썬 당근 1컵
채썬 비트 1컵
채썬 사과 1/2컵

마른 재료
통밀가루 1컵
현미 가루 1/2컵
베이킹파우더 1작은술
소금 1/4작은술
너트메그 1/4작은술
계핏가루 1/2작은술
베이킹 소다 1/2작은술

젖은 재료
달걀 2개
포도씨유 50ml
비정제 설탕 1/4컵

토핑
오트밀 1/4컵
구운 호두 1/4컵
헴프시드 1/8컵

POINT

- 채소와 과일은 반드시 채칼을 사용해 채 썰어야 머핀의 식감에 방해되지 않아요.
- 현미 가루 대신 동량의 통밀가루를 사용해도 됩니다. 박력분 또는 다목적용으로 사용하세요.
- 촉촉한 식감의 달지 않은 식사용 머핀으로 기호에 따라 설탕의 양을 더해 달게 구워도 좋아요.

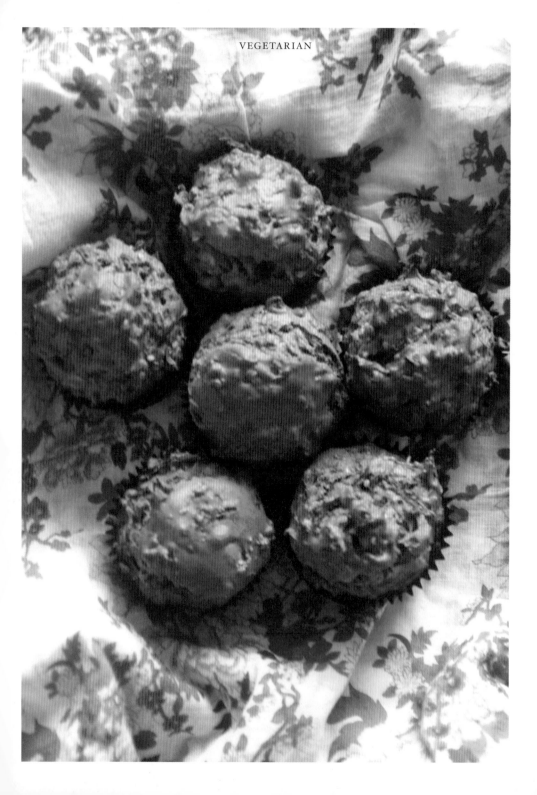

1

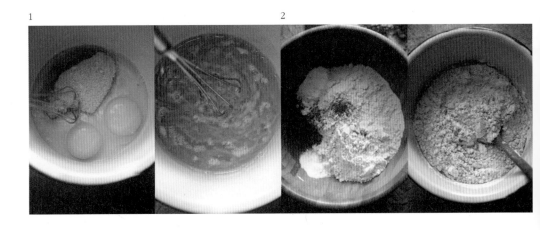

2

3   4   5

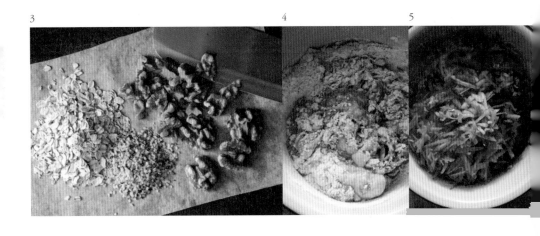

1 볼에 젖은 재료를 넣어 한데 섞습니다.

2 볼에 마른 재료를 넣어 한데 섞습니다.

3 토핑 재료는 모두 잘게 다집니다.

4 마른 재료와 젖은 재료를 가볍게 섞습니다.

5 토핑 재료와 간 당근·비트·사과를 넣고 흰 가루가 살짝 보여도 괜찮으니 반죽을
  자르듯이 대강 섞습니다.

6 머핀 틀에 유산지를 깔고 반죽을 담아 200℃로 예열한 오븐에 20분 정도
  굽습니다.

7 꼬챙이로 찔러보아 반죽이 묻어 나오지 않으면 오븐에서 꺼냅니다.

6   7

DIY 초콜릿바

초콜릿이 고칼로리 음식으로 알려진 데에는 카카오보다 더 많이 들어간 설탕, 크림과 수많은 첨가물이 원인이죠. 그리고 그 때문에 초콜릿이 몸에 해로운 음식이나 정크 푸드로 여겨져 멀리하는 식품이 된 것은 아닐까 생각합니다. 하지만 저는 질 좋은 다크 초콜릿과 튀밥, 씨앗, 견과류, 말린 과일을 골고루 넣어 건강에 좋은 초콜릿바를 만들어요. 이렇게 만든 초콜릿바는 제가 일상에서 누리는 작은 즐거움이며, 특히 외출하는 날 하나씩 챙겨가지고 나가 시장기를 달래는 데 요긴하게 사용한답니다. 단 음식이 먹고 싶은 날 무조건 참기보다 건강하게 먹는 좋은 대안이지요.

재료(28 x 18.5 x 6cm 1판)

다크 초콜릿 350g
코코넛 오일 2큰술
아마란스 튀밥 1½컵+@(p.54 참고)
* 구운 견과류(헤이즐넛, 피스타치오, 아몬드 등) 적당량
* 씨앗(헴프시드, 치아시드 등) 적당량
* 말린 과일(감말랭이, 대추 칩, 말린 체리, 골든베리, 구기자,
  말린 코코넛 등) 적당량
* 유자 제스트(또는 레몬 제스트) 1개분
* 그 외(비폴렌)화분, 카카오 닙스 등 적당량

POINT
- 초콜릿에 사용하기에는 코코넛 오일이 잘 어울리지만 카카오 버터나 버터(소금 없는),
  호두 기름 또는 취향에 따라 땅콩버터 등을 사용해도 좋아요.
- 토핑의 종류와 양은 취향에 따라 사용하세요. 토핑 없이 초콜릿과 튀밥만 섞어도 충분해요.
- 냉장고에 보관할 땐 실온에서 충분히 식혀 밀봉 후 보관하세요.

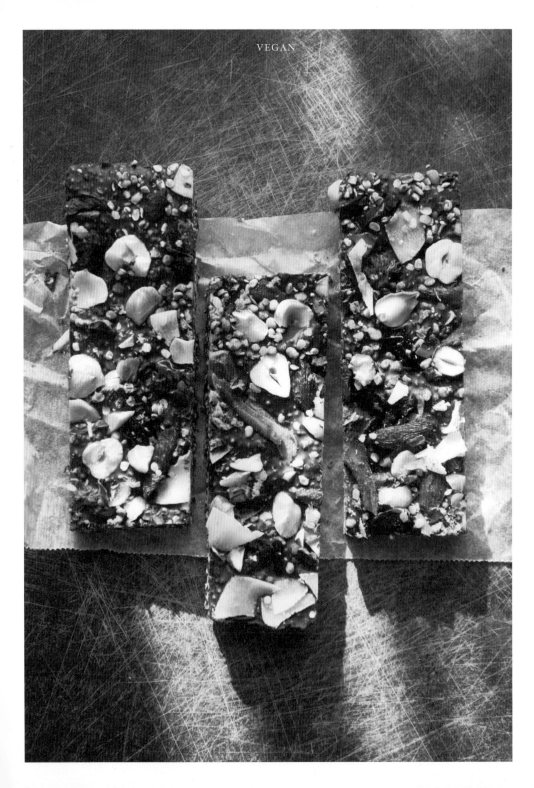

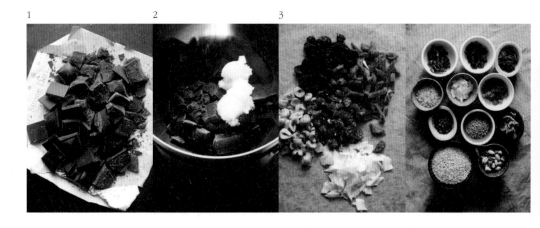

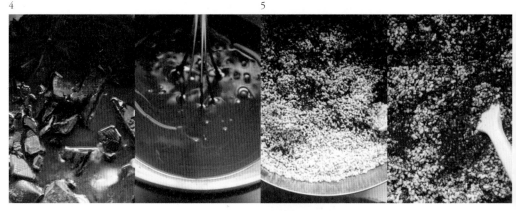

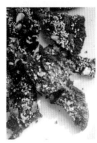

1 초콜릿을 잘게 썹니다.
2 잘게 썬 초콜릿을 코코넛 오일과 함께 볼에 넣고 뜨거운 물에 담가 중탕합니다.
3 아마란스 튀밥을 제외한 나머지 재료를 모두 잘게 다집니다.
4 초콜릿이 코코넛 오일에 녹아들면 뭉치는 것이 없도록 잘 섞습니다.
5 아마란스 튀밥을 넣고 잘 섞습니다.
6 평평한 판에 종이 포일을 깔고 아마란스 믹스를 넓게 폅니다.
7 준비한 토핑을 골고루 뿌린 뒤 초콜릿과 잘 결합되도록 칼등으로 살짝 누릅니다.
8 다시 종이 포일을 덮고 서늘한 곳에서 하룻밤 굳혀 적당한 크기로 자릅니다.

6　　　　　　　　　　7　　　　　　　　　　8

분량을 절반으로 줄여 얇은 바크 초콜릿 형태로 만들어도 좋아요.

편리해요

—

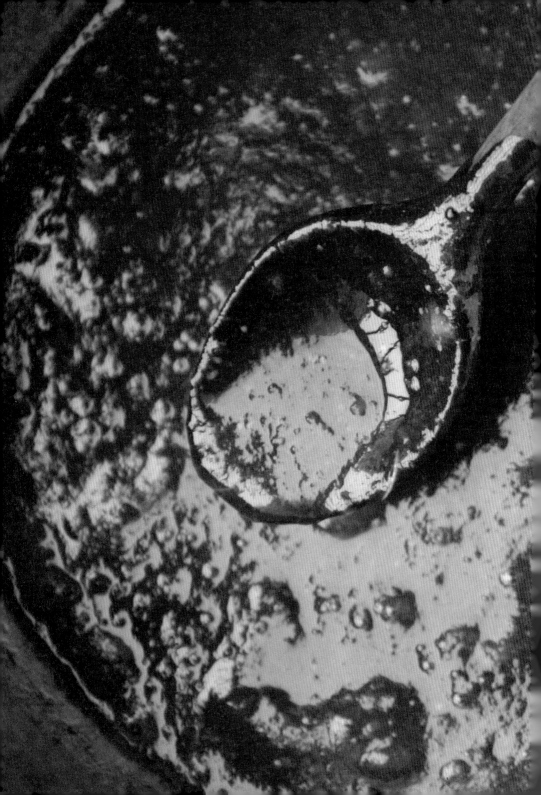

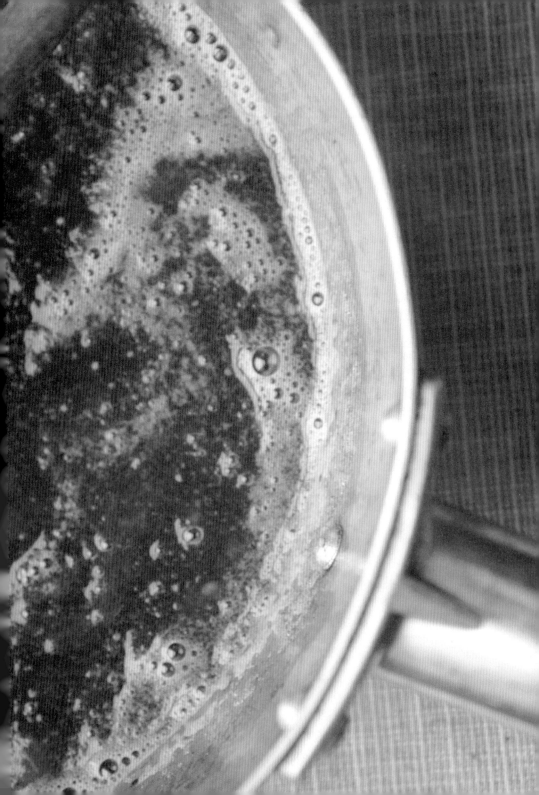

다시마 국물

채식 부엌의 냉장고에는 특제 채수와 다시마 국물, 이 두 가지 밑국물을 늘 준비해두고 있습니다. 요리에 따라 두 가지 국물의 쓰임을 달리하지요. 특히 다시마 국물은 만들기도 쉬워 미리 준비해두면 음식 맛 내기가 한결 편하답니다. 만드는 방법은 두 가지예요. 미지근한 물에 데우듯 우리는 방법과 찬물에 우리는 방법이죠. 미지근한 물에 우릴 경우 다시마의 향과 감칠맛이 빠르고 진하게 우러나오는 반면, 잘못하면 다시마에서 나온 끈끈한 성분 때문에 국물이 탁해지고 여름엔 쉽게 변질될 수 있어요. 반면에 찬물에 우리면 국물이 깔끔해요. 단, 전날 미리 준비해 냉장고에 넣어두어야 하지요. 각자 상황에 맞게 선택해서 만들면 돼요.

A 뜨거운 물에 우리기 : 물 1L에 다시마를 넣고 중불에서
   끓이다가 국물이 끓어오르려고 할 때 물 1L를
   더 붓습니다. 약불로 줄여 20~30분 뭉근하게 데우듯
   가열한 뒤 손질한 다시마를 건져내고 식힙니다.
B 찬물에 우리기 : 유리병에 물과 다시마를 넣고 냉장고에
   하룻밤 두었다가 다음 날 다시마를 건져냅니다.

재료

마른 다시마 20g
물 2L

POINT
• 다시마는 마른행주로 이물질을 털어내듯 닦아내고 가위집을 내고 사용합니다.
• 완성한 다시마 국물은 냉장고에서 일주일 정도 보관 가능합니다.

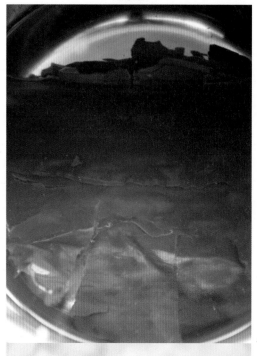

A

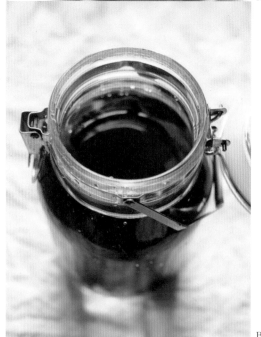

B

궁극의 채소 국물

모든 채식 요리의 기본이 되는 채수는 제가 오랜 시간 재료의 종류와 맛을 달리하며 연구해 만든 궁극의 국물입니다. 많은 사람들이 채수가 멸치 국물이나 육수에 뒤진다고 생각하지만 잘 만든 채수는 결코 맛에서 뒤지지 않는답니다. 지금 소개하는 레시피는 1권에 소개한 기본 국물에서 더 발전한 것으로, 국물에 토마토를 넣는다는 것이 꽤 생소하겠지만 말린 토마토는 산미가 사라지고 마르면서 단맛이 응집돼 국물에 감칠맛을 더해주지요. 외국에 갈 때도 채수 재료를 구비해 갈 정도로 제게는 애정이 남다른 레시피입니다. 재료를 충실히 준비해 깊은 국물 맛을 끌어내보세요. 채수에 대한 새로운 시각이 생길 거예요. 완성한 채수는 맑고 진한 색이 돌아요.

재료

마른 다시마 10g
말린 토마토 15g
말린 버섯 10g
무말랭이 10g
양파(작은 것) 1/2개
대파 흰 부분 1대분
물 2L

POINT
- 충분히 식힌 후 사용해야 감칠맛이 잘 살아나요.
- 말린 토마토는 그대로 넣으세요. 시판 제품도 좋고 집에서 직접 만들어 사용해도 좋아요.
- 완성된 채수는 체에 걸러 맑은 국물만 냉장 보관해두고 가급적 일주일 내에 사용하세요.
  장기 보관하려면 소분해 냉동 보관하세요.

1   2

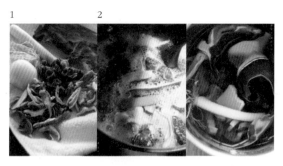

1 냄비에 물과 모든 재료를 넣고 센 불에서 끓입니다.
2 국물이 끓어오르면 가장 약불로 줄여 30분 동안 뭉근하게 끓입니다.

만능 마늘 기름

센 불에 볶는 볶음 요리에 사용하는 마늘을 조금 편하게 보관하기 위해 만든 기름이에요. 마늘 기름은 거의 모든 볶음 요리에 사용할 수 있는데, 조리 중 불 조절을 잘못해 마늘이 타는 것을 막을 수도 하고, 마늘을 바로 넣었을 때보다 깊고 진한 맛이 나지요. 게다가 요리가 서툴거나 시간이 부족한 사람들에게 편리한 방법이기도 하고요. 방법에 따라 일주일에서 3개월까지 냉장 보관이 가능해요.

재료

포도씨유 1½컵+@
마늘 30g
생강 20g
대파 흰 부분 1대분
＊크러시드 칠리 페퍼 1작은술

POINT
• 재료를 다질 때 푸드 프로세서를 활용하면 편리해요.
• 생마늘을 기름에 넣고 실온에 보관하면 보툴리누스 식중독의 위험이 있으니 반드시 마늘은 건져내야 해요.
• 마늘에 기름을 부어 만드는 방법은 오래 보관할 수 없으니 가급적 적은 양을 만들어 쓰세요.

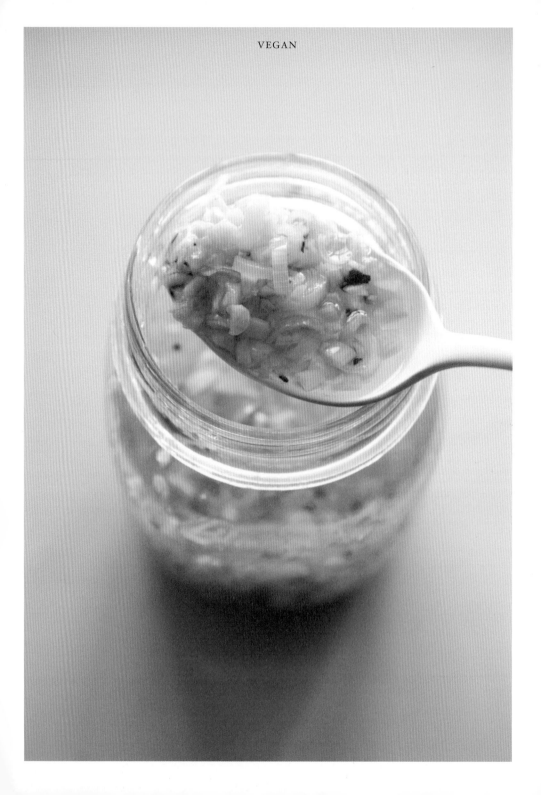

1 마늘, 생강, 대파는 깨끗하게 씻어 마른행주로 물기를 제거합니다.
2 마늘과 생강은 잘게 다지고, 대파는 길이로 가른 뒤 잘게 썹니다.

A 일주일 이내에 사용할 경우:
3 잘 마른 유리병에 다진 재료를 넣고 기름을 부어 약 일주일간 냉장 보관합니다.
4 사용하고 남은 기름은 아이스 큐브 용기에 소분해 얼려두었다가 필요할 때
  꺼내 씁니다.

B 2~3개월 냉장 보관할 경우:
3 다진 재료와 기름을 냄비에 넣고 중불에서 끓입니다.
4 기포가 생기면서 끓어오르려고 하면 약불로 줄여 5~7분간 약하게 끓입니다.
5 충분히 식힌 뒤 유리병에 담아 냉장 보관해두고 필요할 때 꺼내 씁니다.

1   2   A-3   A-4

요리에 따라 맑은 기름만 사용하거나
건더기와 함께 사용하기도 해요.

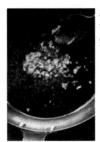

크러시드 칠리 페퍼는 기름에 매콤한 맛을
더해줘요. 마른 홍고추로 대체할 수
있으며 기호에 따라 생략해도 돼요.

B-3　　　　　　　　　　　　　　　　　　　　　　B-4　　　　　　　　　B-5

올리브절임

건강한 미식을 알아가는 첫 단계가 재료의 순수한 맛과 친해지는 것이라면 그다음은 같은 재료로 다른 맛을 느끼는 것입니다. 이럴 때 유용한 재료가 올리브예요. 품종, 색깔, 절임 방법에 따라 각기 다른 맛과 향을 내거든요. 과육이 덜 익은 그린 올리브와 충분히 익은 블랙 올리브 두 종류를 자유롭게 사용해 허브와 향신료를 넣고 절여보세요. 오래 두고 맛있게 먹을 수 있어요.

재료

올리브 1컵
로즈메리잎 2줄기
타임잎 5줄기
월계수잎 1장
고수씨 1작은술
레몬 껍질 1/2개분
올리브유 1/2컵+@
마늘 3쪽
* 크러시드 페퍼 1작은술

• 올리브유는 올리브절임을 만드는 양에 따라 분량을 가감하세요.
• 올리브를 다 먹은 뒤 남은 오일은 드레싱 만들 때 사용하세요.
• 냉장 보관한 올리브절임은 비등점이 높은 오일의 특성 때문에 단단하게 굳습니다. 조리 전 미리 덜어내 실온에 두거나 열기가 있는 가스레인지 주변에 두어 녹여서 사용하세요.

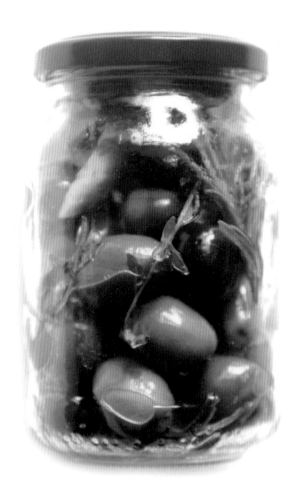

1 올리브는 생수에 가볍게 헹군 뒤 마른 면포에 올려 30분 정도 둡니다.
2 허브는 흐르는 물에 헹궈 물기를 완전히 빼고 마늘은 편으로 썹니다. 고수씨,
  레몬 껍질은 물기 없이 준비합니다.

A 가볍게 절일 경우 :
A-3 올리브유에 ①과 ②를 넣고 잘 섞은 후 살균 처리한 병에 담습니다.

B 오래 절일 경우 :
B-3 냄비에 올리브유와 ②를 넣고 약불에 데워 향이 배도록 한 후 마늘이
    부드러워지면 올리브를 넣어 섞은 뒤 냄비를 불에서 내립니다.
B-4 한 김 식으면 마늘과 레몬 껍질을 빼내고 살균한 유리병에 붓습니다.

1   2   A-3

A
가볍게 절일 경우 (일주일 냉장 보관 가능)

B
오래 절일 경우(2-3개월 냉장 보관 가능)

A-3 　　　　　　 B-3 　　　　　　 B-4

생마늘을 오일에 넣고 보관하면 보툴리누스 식중독 위험이
있으니 마늘은 반드시 건져내야 해요.

캐슈너트 크림

두부 마요네즈 다음으로 무궁무진하게 응용 가능한 고소하고 부드러운 소스입니다. 평소 견과류를 잘 챙겨 먹지 못한다면 캐슈너트 크림으로 식물성 지방을 보충하는 것도 좋은 방법이에요. 기본 소스로 요리에 따라 케이퍼, 다진 양파, 머스터드, 칠리 소스 등을 추가할 수도 있어요. 생채소를 찍어 먹는 간단한 딥 소스로도 좋고, 기본 소스에 메이플 시럽, 아가베 시럽 등 원하는 당분을 더해 만든 캐슈너트 프로스팅을 파운드 케이크나 머핀에 올리면 멋진 디저트가 되지요. 냉장고에서 일주일에서 열흘 정도 보관 가능해요.

재료

구운 캐슈너트 1컵
메이플 시럽 1/2큰술
신선한 레몬즙 1/2큰술
화이트 발사믹 비니거 2작은술
소금 1/4작은술
물 100ml+@

POINT

• 구운 캐슈너트를 사용하면 치즈처럼 맛이 풍성해지므로
생캐슈너트를 오븐에 구워 사용하거나 소금 없이 구운 것을 구입해 사용하세요.
• 블렌더에 갈면 농도가 묽을 수 있으나 냉장고에 보관하면 딥 형태로 굳어요.
• 물 대신 무첨가 두유를 사용하면 훨씬 부드러운 맛이 나요.

1 캐슈너트가 잠길 만큼 물을 부어 4시간 이상 불립니다.
2 믹서에 불린 캐슈너트와 나머지 재료를 넣고 부드러운 소스 형태가 될 때까지
곱게 갑니다.

캐슈너트 마요네즈

캐슈너트 크림이 고소한 너트 향과 진한 맛을 살린 소스라면, 캐슈너트 마요네즈는 달걀과 기름이 주재료인 기본 마요네즈를 대신할 수 있는 식물성 마요네즈입니다. 1권에서 두부를 사용해 마요네즈를 만들었다면 이번에 소개하는 캐슈너트 마요네즈는 생캐슈너트의 은은하고 담백한 맛에 마늘과 후춧가루, 상큼한 레몬 향을 더해 마요네즈를 넣는 여러 요리에 응용할 수 있어요. 냉장고에서 일주일에서 10일 정도 보관 가능해요.

재료

생캐슈너트 1컵
포도씨유 50ml
레몬즙 2큰술
아가베 시럽 1큰술
디종 머스터드 1작은술
마늘 1쪽
소금 1/4작은술+@
흰 후춧가루 1/4작은술
물 100ml+@(불리기용)

POINT

• 아가베 시럽 대신 꿀을 사용해도 좋아요.
• 레몬즙은 신선한 레몬을 짜서 넣어야 마요네즈가 더 맛있게 만들어져요.
• 마요네즈용 캐슈너트는 가급적 구운 것이 아닌 생캐슈너트를 사용하세요. 구운 캐슈너트는 맛과
향이 진하고 무거워 마요네즈의 산뜻한 맛에 적합하지 않아요.

1 캐슈너트는 잠길 만큼 물을 부어 4시간 이상 불립니다.
2 믹서에 포도씨유를 제외한 나머지 재료와 불린 캐슈너트를 넣고 갑니다.
3 퓌레처럼 곱게 간 캐슈너트 마요네즈에 포도씨유를 조금씩 나누어 넣어가며
  아주 곱게 갈아 완성합니다.

오렌지 소스

오렌지와 레몬즙을 베이스로 간장 양념을 더해 만든 이 소스는 봄꽃김밥이나 심플한 채소김밥 등 채소를 중심으로 맛을 내는 요리의 기본 밑간 양념으로 사용할 수 있습니다. 초밥이나 김밥을 만들 때 밥에 양념을 하는 이유가 밥맛을 살리는 데 있기보다 스시나 속 재료를 위함이듯, 이 소스 역시 채소를 더 부각시키는 역할을 해요. 이 책에서는 주로 김밥 양념으로 사용했지만 샐러드드레싱으로도 사용할 수 있어요. 남은 오렌지 소스에 소량의 올리브유를 더하면 간단한 드레싱이 완성되고, 여기에 또 신선한 생강을 갈거나 잘게 다져 넣으면 또 다른 드레싱이 됩니다. 냉장고에서 2주일 정도 보관 가능해요.

재료(120ml)

생오렌지즙 10큰술
생레몬즙 4큰술
화이트 발사믹 비니거 2큰술
비정제 설탕 2작은술
양조간장 2작은술

POINT

- 과일즙은 시판 주스가 아닌 생과일을 사용하세요.
- 화이트 발사믹 비니거는 감식초, 현미식초, 포도식초 등으로 대체 가능해요.

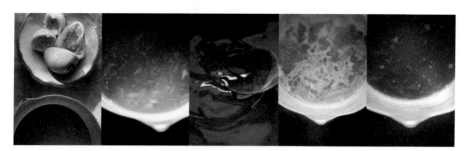

1 냄비에 재료를 모두 담고 끓이다가 설탕이 녹으면 약불로 줄인 뒤
  양이 절반 정도로 줄고 소스의 질감을 띠면 불을 끕니다.
2 충분히 식혀서 사용하거나 냉장 보관합니다.

무화과 소스

맛있는 무화과의 유일한 단점은 보관 기간이 짧다는 것이에요. 더욱이 시판 무화과는 수확 후 유통 기간까지 거치다 보면 구입 후 하루만 지나도 물러지곤 하지요. 어느 날 물러지기 시작하는 무화과를 보며 이 묵직한 과육이 진한 소스의 질감을 대체할 수 있을 것 같다는 생각이 든 후 여러 번의 시행착오 끝에 맛있는 소스를 만들어냈죠. 오래 조리지 않아도 되기에 조리 시간도 짧을뿐더러 양념을 최소화한 건강 소스라 저는 매년 무화과 시즌이면 빼놓지 않고 만든답니다. 이 소스는 버거 패티에 사용하거나 돈가스 소스를 대체해도 좋습니다. 냉장고에서 일주일에서 10일 정도 보관 가능해요.

재료(약 200ml)

익은 무화과 4개
발사믹 비니거 2큰술
양조간장 1½큰술
비정제 설탕 2작은술
다진 마늘 1작은술
다진 생강 1/2작은술
물 1/3컵

POINT
- 무화과는 충분히 익은 것을 사용하세요.
- 바로 먹을 게 아니라면 살짝 묽게 만드는 것이 좋아요. 식힌 후 냉장 보관하면 걸쭉해져요.
- 무화과는 품종에 따라 수분 함량이 달라요. ② 과정에서 물의 양을 조절하세요.
- 무화과 대신 사과나 배를 양파와 함께 갈아서 응용해도 좋아요.

1 무화과를 곱게 갑니다.

2 냄비에 무화과 퓌레, 물, 발사믹 비니거, 간장, 설탕, 마늘, 생강을 넣고
  중불에서 설탕이 녹도록 저으면서 끓이세요.

3 한소끔 끓어오르면 약불로 줄여 되직하게 조립니다.

홈메이드 저지방 생치즈

식습관을 채식으로 바꾸면서 가장 힘들었던 것이 치즈였어요. 건강한 미식에 눈을 뜨게 된 계기가 치즈였을 정도로 치즈를 무척 좋아했거든요. 그러다 언젠가부터 치즈와 유제품에 대해 조금씩 타협을 했어요. 주말이나 특별한 날에 평소 먹고 싶었던 치즈를 선택해 어울리는 채소나 과일을 섞어 요리로 만들어 먹었지요. 그런 날을 위해 만들어두는 홈메이드 저지방 치즈입니다.

재료

무지방(또는 저지방) 우유 1L
저지방 요구르트 100ml
레몬즙 1큰술
＊ 소금 1/2작은술

POINT
- 이 치즈는 코티지치즈 만드는 방법을 변형한 것으로 지방을 빼지 않은 일반 우유와 요구르트를 사용하면 약 1.5배 더 많은 양이 만들어지며, 맛이 진하고 고소해요.
- 레몬즙은 레몬을 직접 짜서 사용해야 더욱 맛이 좋은데 양조식초로 대체해도 괜찮아요.
- 치즈를 만들고 남은 부산물인 유청은 두부와플 같은 요리에 두유 대신 사용하세요.

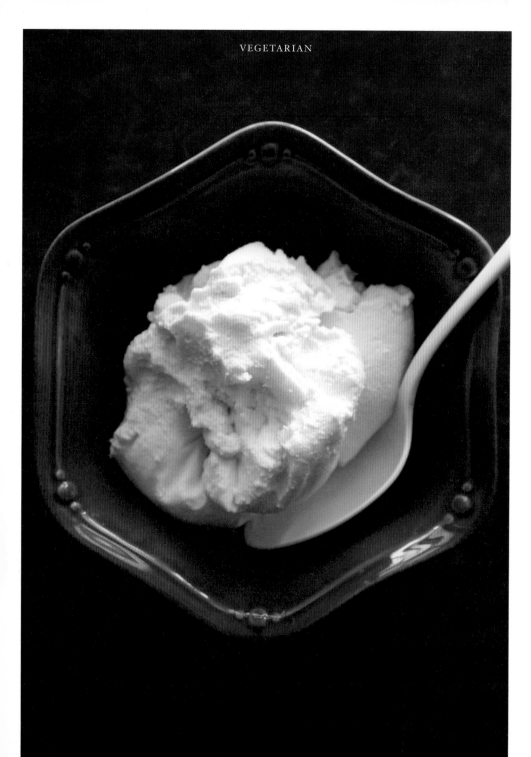

1 냄비에 우유와 요구르트를 넣고 소금을 넣어 중불에서 데우듯 끓입니다.
2 우유가 끓어오르기 전 표면에 기포가 올라오면 즉시 불을 끄고 레몬즙을 넣습니다.
3 크게 두어 번 젓고 가만히 두어 몽글몽글 순두부처럼 유청이 분리되면
   채반에 깨끗한 면포를 깔고 부어 유청을 분리합니다.
4 분리한 유청은 식혀서 냉장 보관하고 ③의 덩어리는 꽁꽁 묶어 하룻밤
   매달아두거나 채반에 올려두어 남은 유청을 충분히 뺀 뒤 냉장 보관합니다.

1   2

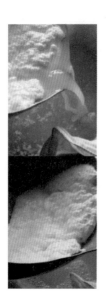

3   4

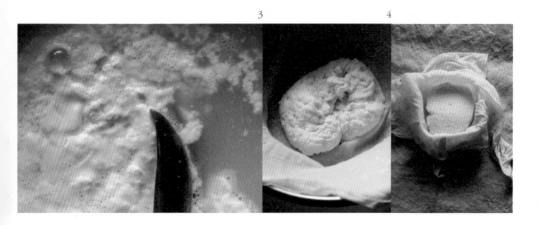

달걀 맛있게 삶기

달걀 삶는 방법은 쉽고도 어렵지요. 과정은 단순하지만 달걀을 딱 원하는 정도로 삶기는 쉽지 않아요. 제가 사용하는 방법은 끓고 난 후 뜨거운 물에 달걀을 익히는 것이에요. 주방에서 여러 개의 팬과 냄비를 동시에 사용하며 요리하는 저는 달걀을 삶을 때 만큼 타이머를 맞춰 두고 알 람이 울릴 때까지 신경을 잠시 꺼두는 편이에요. 같은 달걀이라도 완숙과 반숙의 용도가 다르니 실패하지 않게 조리하려고 하는 편입니다.

재료

달걀 4개
소금 약간
얼음물 적당량

POINT

• 냉장고에서 바로 꺼낸 달걀이라면 가열 시간을 1분 정도 더 늘리세요.
• ② 과정에서 달걀 껍질이 부딪혀 깨지기 쉽습니다. 물을 끓일 때 소금이나 식초를 넣어주는 것은 껍질이 깨지지 않게 만들어줍니다.

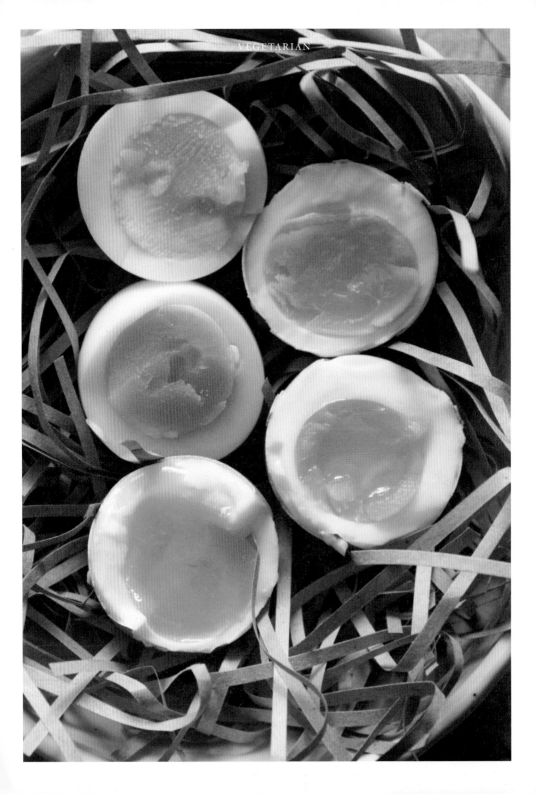

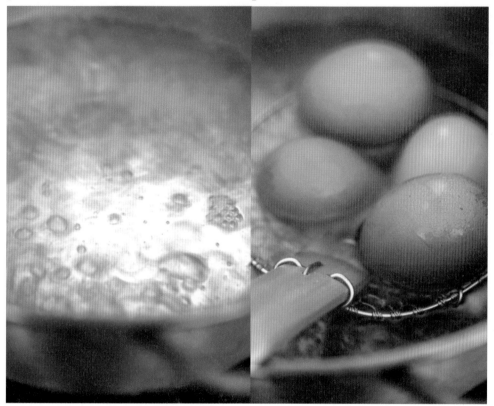

1 냄비에 달걀이 잠길 만큼 물을 넣고 끓입니다.
2 끓는 물에 달걀을 넣습니다. 이때 채망을 이용하면 달걀이 깨지지 않게 넣을 수 있어요.
3 노른자가 흐르는 정도는 6분, 크림처럼 꾸덕한 반숙 상태는 8분, 단단하면서 중간 부분이 부드러운 상태는 10분, 쫀득하게 익으려면 12분, 완숙은 14분으로 원하는 상태가 되면 꺼내어 즉시 얼음물 또는 차가운 냉수에 넣어 재빠르게 식힙니다.
4 식힌 달걀은 흐르는 물에 두고 껍질을 깝니다.

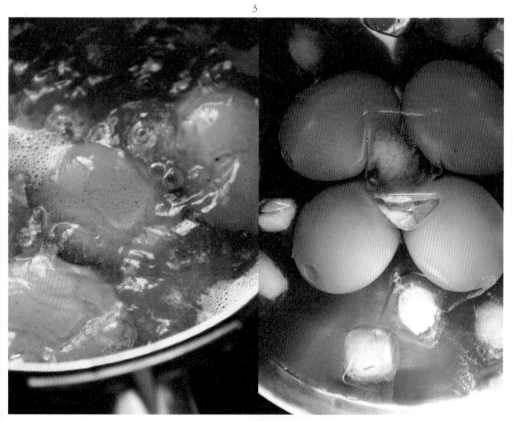

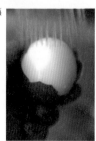

쉽게 만드는 수란

수란만큼 달걀을 부드럽고 담백하게 먹는 방법도 없는 것 같아요. 어쩐지 만들기 어려울 것처럼 보이지만 몇 번 만들다 보면 금세 익숙해진답니다. 달걀을 프라이로 곁들일 때와 수란으로 곁들일 때 어우러지는 맛이 아주 다르니 쉽게 만드는 방법을 알아두면 유용할 거예요.

재료

달걀 2개
식초 1작은술

POINT
- 달걀이 신선할수록 결과물이 좋아요. 달걀은 최소 30분 전에 냉장고에서 꺼내 실온에 두세요.
- 수란은 깊은 냄비보다 프라이팬처럼 넓고 높이가 낮은 냄비를 사용해야 더 잘 만들어져요.
  물은 달걀노른자까지 끓는 물에 잠길 수 있게 최소 4~5cm 깊이가 되도록 채우세요.

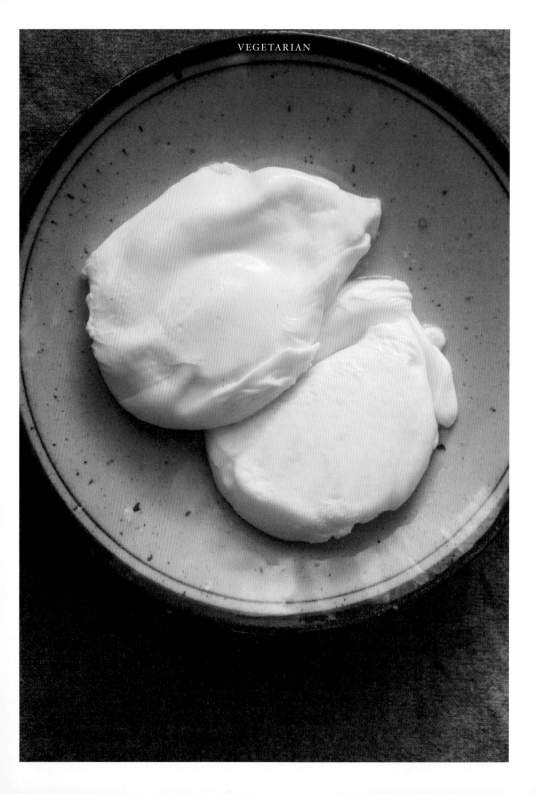

1 냄비에 적당량의 물을 부어 센불에서 팔팔 끓이고, 물이 끓는 동안 달걀을 미리
  깨뜨려 작은 종지에 담아둡니다.
2 물이 끓어오르면 분량의 식초를 넣고 약불로 줄입니다.
3 숟가락으로 물에 회오리가 생기도록 한 방향으로 저은 뒤, 준비한 달걀을 중심에
  살짝 붓습니다. 달걀흰자가 퍼지면 얼른 스푼으로 노른자 주위로 모으세요.
  가장 약불에 두고 기호에 맞게 시간을 조절하는데 달걀 한 개라면 2~3분 정도가
  적당해요.
4 익힌 수란을 구멍이 뚫린 국자나 채반으로 건집니다.

1   3

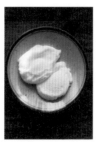 달걀을 한꺼번에 많이 넣으면 물의 온도가 떨어져
익히는 시간을 늘려야 해요.

4

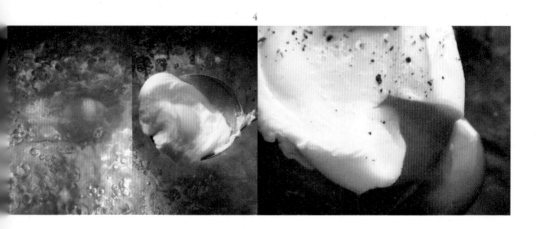

445

로 슈거 잼

저장 식품인 잼은 보통 재료와 설탕을 1:1 비율로 만드는데, 제철 과일을 주로 먹는 저는 잼을 많이 먹지 않을뿐더러 잼에 들어가는 설탕의 양이 신경 쓰여 몇 해 전부터 로 슈거 잼을 만들어 먹어요. 장기 보관할 순 없지만 제철 과일을 다양한 방식으로 즐길 수 있는 방법이지요. 여기에 치아시드나 바질시드 같은 씨앗을 넣기도 하는데, 이런 씨앗이 씹히는 맛을 더해주고 잼 농도를 더 걸쭉하게 잡아주는 역할을 하지요. 냉장고에서 1~2개월 보관 가능해요. 딸기는 충분히 잘 익은 것을 사용하세요. 냉동 딸기도 가능하며 블루베리, 오디, 복숭아, 살구 등 달콤한 과일은 모두 사용할 수 있어요.

재료

딸기 600g
비정제 설탕 50~60g
* 치아시드(또는 바질시드) 1/4컵
* 레몬즙 1큰술

POINT

• 레몬즙은 잼 색깔을 선명하게 하고 산뜻한 맛을 가미해주는데 생략해도 무방해요.
• 당분의 양이 적어 걸쭉해지기까지 시간이 걸리니 여유 있게 약불에서 천천히 조리세요.
• 치아시드나 바질시드는 생략해도 좋아요.
• 오래 가열해야 하니 바닥이 두꺼운 냄비를 사용하세요.

1 냄비에 딸기를 넣고 뚜껑을 닫은 채 중약불에서 가열합니다.
2 끓으면 설탕을 넣고 잘 젓습니다.
3 눌어붙지 않도록 중간중간 저어가며 약불에서 은근하게 조립니다.
4 원하는 잼 농도가 됐을 때 씨앗과 레몬즙을 넣고 잘 섞습니다.

제철 과일 시럽

과일이 많이 나는 계절, 과일이 저렴할 때 만들어볼 만한 양념 같은 건강 시럽입니다. 설탕량을 최소로 하고 과일 자체의 당분과 수분을 이용해 만들기 때문에 과일의 향과 특유의 새콤한 맛이 살아 있지요. 이렇게 만든 시럽은 메이플 시럽이나 아가베 시럽, 꿀 대신 사용할 수 있고 팬케이크, 푸딩, 요구르트 등에 토핑으로 올리면 별미 요리가 되지요.

재료

베리류 과일 250g
비정제 설탕 1큰술
생오렌지 과즙 3큰술

POINT

- 당을 최소화했기 때문에 장기 보관은 어려우며 필히 냉장 보관해야 하고
  가급적 빠른 시일 내에 먹는 게 좋아요.
- 과일 종류에 따라 수분 함량이 다르니 과즙의 양을 적절히 조절하세요.
- 딸기는 작은 크기의 잼용 딸기를 사용해야 모양도 예쁘고 맛도 좋아요.

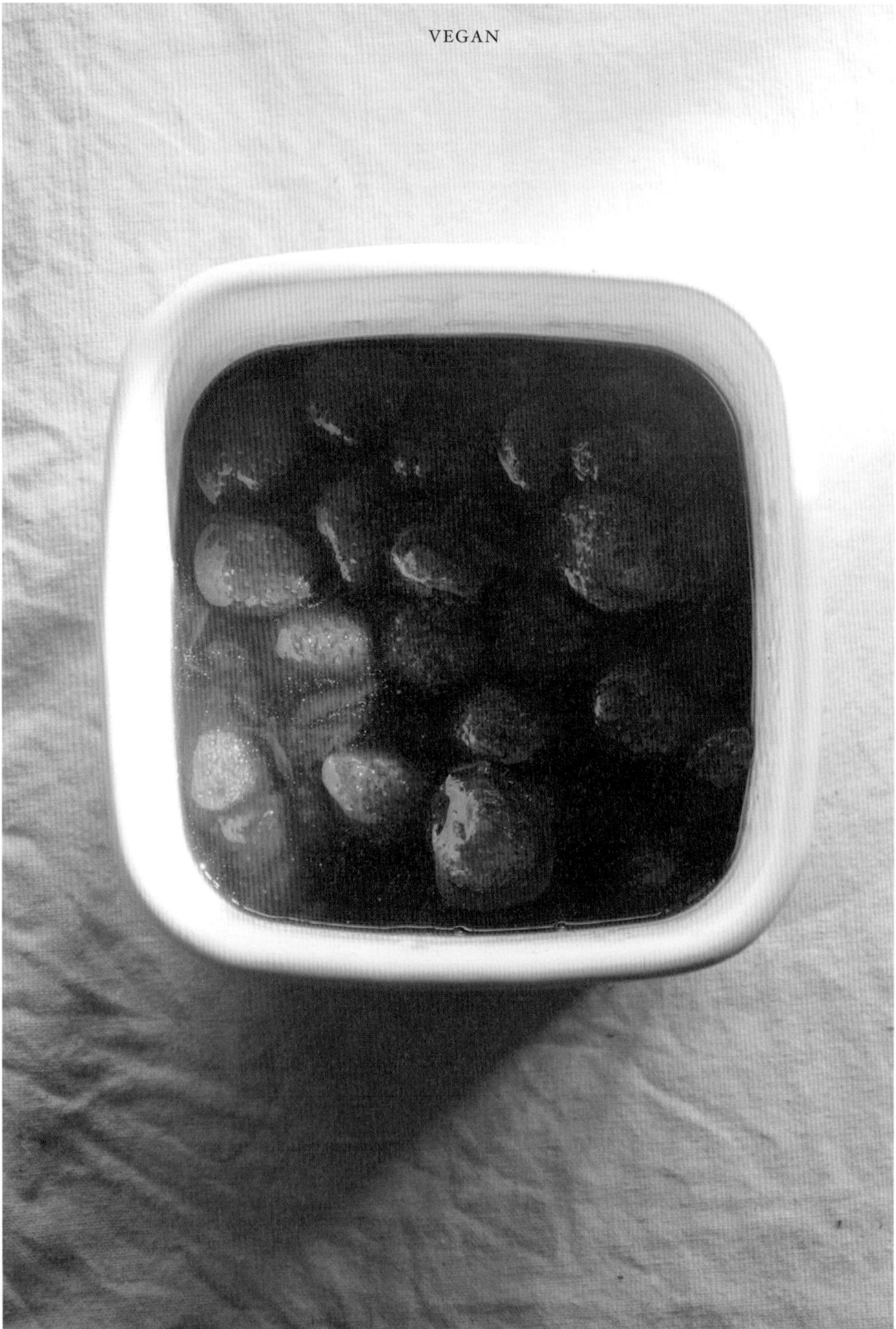

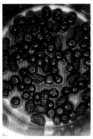

블루베리나 오디로 만들 경우 딸기보다 수분이 적으니 오렌지 과즙 대신 물 3큰술, 레몬즙
1큰술을 넣으세요.

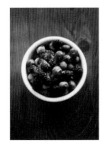

1　　　　2

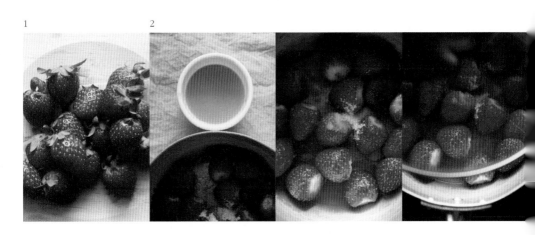

1 딸기는 꼭지를 떼고, 블루베리와 오디는 이물질 없이 깨끗하게 씻어 물기를 뺍니다.
2 설탕과 과즙을 넣고 뚜껑을 닫은 채 중불에서 가열합니다.
3 끓어오르고 과일의 수분이 충분히 추출되면 가장 약불로 줄여 10~15분
   가열합니다.
4 과일 모양이 그대로 남아 있되 꿀보다 묽은 형태가 되면 바로 불을 끄고 식혀 냉장
   보관합니다.

3   4

샐러드용 렌틸콩 익히기

렌틸콩은 콩알이 작아 요리 시간이 짧으면서 파스타처럼 익히는 정도를 조절해 요리에 따라 달리 활용하는 재미가 있지요. 이 책에선 주로 샐러드에 렌틸콩을 많이 사용했어요. 샐러드용인 렌틸콩은 푹 퍼지지 않고 꼬들꼬들하게 삶아야 맛있어요. 너무 익히면 샐러드가 지저분해지고 드레싱 맛도 떨어뜨리지요. 익힌 콩은 냉장고에서 일주일 정도 보관 가능하니 미리 만들어두고 필요할 때마다 조금씩 꺼내 사용하면 편리해요.

1 렌틸콩은 이물질을 제거하고 채반에 올려 흐르는 물에 씻습니다.
2 렌틸콩에 물을 붓고 소금을 넣은 뒤 뚜껑을 연 상태에서 센 불로 끓입니다.
3 끓어오르면 중불로 낮춰 10분간 익힙니다. 물이 거의 다 졸아들면 뚜껑을 닫고 약불에서 5~7분 익힙니다. 기호나 용도에 맞게 시간을 추가해도 됩니다.

재료

마른 렌틸콩 1컵
* 소금 1/4작은술
물 400ml

POINT

- 콩 모양이 유지되고 씹는 맛이 살아 있는 상태로 더 익히고 싶다면 ③ 과정에서 물을 조금 추가하고 뚜껑을 닫아 약불에서 뜸 들이듯 익힙니다.
- 렌틸콩의 종류와 마른 정도에 따라 물의 양이 달라질 수 있어요.
- 익힐 때 소금으로 살짝 기본 간을 하면 샐러드로 사용할 때 더 맛있어요.

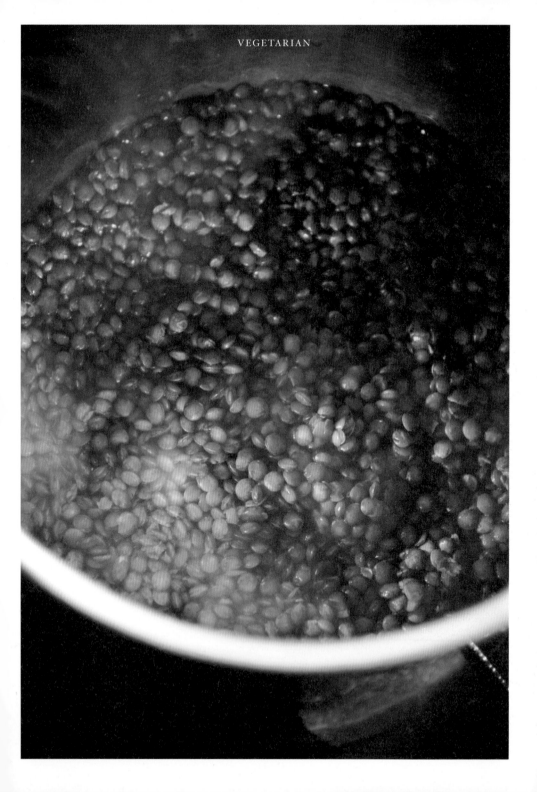

생강의 찬장

—

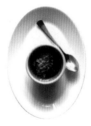

PANTRY

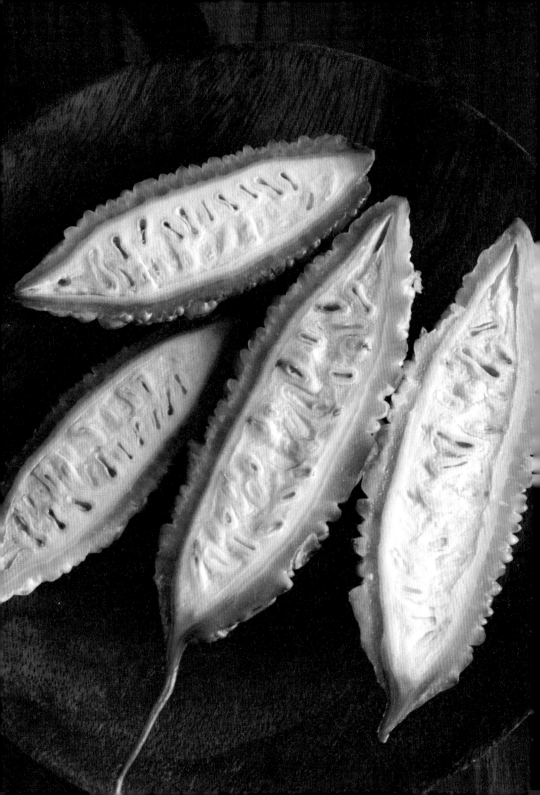

사용 폭을 넓히면 더욱 다채로워지는 재료와 양념 이야기

제 찬장에는 늘 다양한 재료가 가득합니다. 저는 재료를 고를 때 성분을 꼼꼼히 확인하고, 잘 모르는 재료도 관련 자료를 찾아가며 과감히 응용하는 편입니다. 채식이지만 다채로운 맛과 영양을 섭취하고 여러 가지 재료에서 영감을 얻기 위해서입니다. 이 책에서는 우리가 늘 사용하는 양념과 평소 잘 사용하지 않는 재료까지 두루 사용합니다. 자주 먹던 익숙한 재료에서 범위를 넓혀 하나둘 요리에 응용하다 보면 재료를 고르는 안목이 높아지고 더욱 맛있게 요리할 수 있는 노하우가 쌓일 거예요.

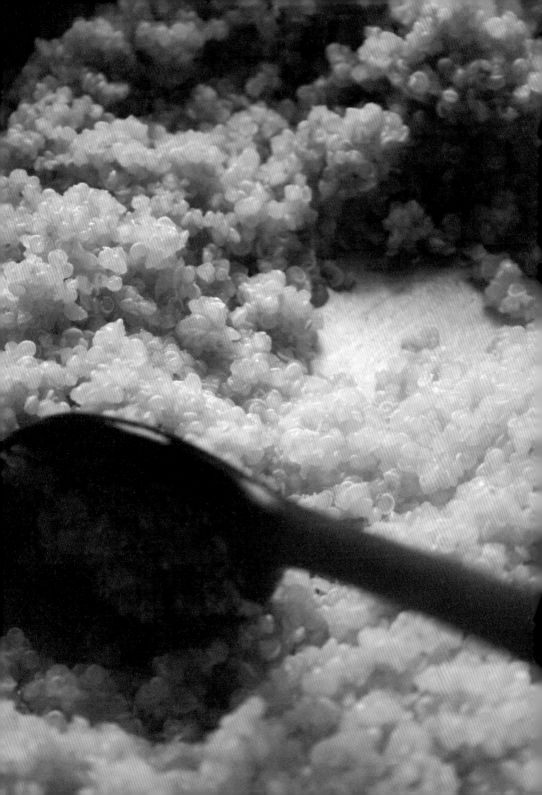

통곡물류

곡물은 양질의 탄수화물을 함유한 식품입니다. 이런 곡물을 열량이 높다는 이유로 무조건 멀리하면 폭식과 요요 현상을 겪는 지름길이 되죠. 탄수화물은 무조건 금지하기보다 질 좋고 다양한 곡물을 활용하되 섭취량을 줄이는 편이 좋습니다. 다이어트에 좋다고 현미밥만 고집하기보다는 다른 통곡물이나 잡곡 등을 이용해 다양한 방법으로 요리해보세요. 저는 수수, 보리, 차조 등 우리 잡곡부터 퀴노아, 귀리, 렌틸콩 등 외국의 곡물까지 종류는 늘리되 섭취량은 줄이려고 노력합니다.

PAGE GO → 466

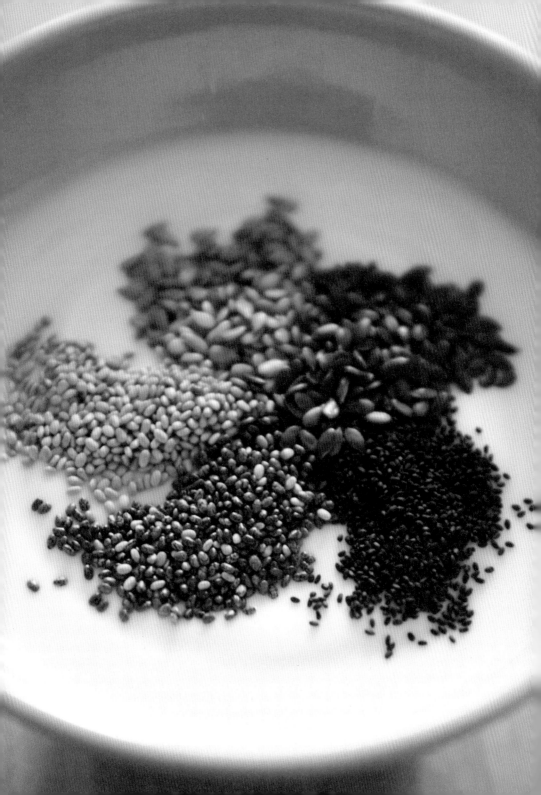

씨앗(시드)&견과류

요즘 체중 조절에 효과적이라고 알려진 씨앗과 견과류의 인기가 높습니다. 사실 이런 씨앗은 오래전부터 먹어왔고 요리에 이용하던 식재료인데 주재료보다는 토핑 같은 부재료에 적합하지요. 저는 스무디나 셰이크뿐 아니라 잼, 에너지바, 샐러드, 오트밀 등에 애용합니다. 씨앗과 견과류는 지방이 산화되지 않도록 반드시 냉동 보관하고, 특히 견과류는 필요할 때마다 소량씩 구워 먹는 것이 좋습니다.

PAGE GO → 468

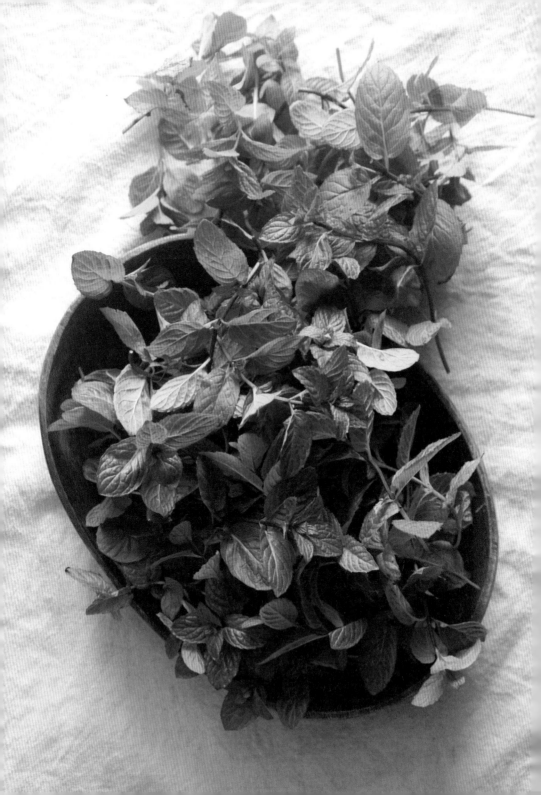

허브와 채소류

감자구이를 만들던 날, 난생처음 허브를 사용해 요리책에 나와 있는 순서를 짚어가며 요리한 적이 있습니다. 바삭바삭한 감자 껍질에서 로즈메리 향이 넘치지도 부족하지도 않게 배어나 아주 맛있었지요. 그때 '나도 맛있는 요리를 할 수 있구나' 느꼈습니다. 많은 분들이 그런 성취감을 느껴보길 바랍니다. 분명한 점은 다양한 허브를 활용해 채식 요리를 한결 풍부하고 맛있게 만들 수 있다는 것입니다.

허브는 바짝 마르지 않을 정도로 물을 주고 볕만 잘 쬐어주면 쉽게 자라는, 향이 있는 잡초이자 약초입니다. 요즘은 대형 마트에서도 생허브를 10g 단위로 판매하지만 같은 가격이면 화분 구입을 추천합니다. 모종을 넉넉한 화분에 옮겨 심고 볕이 잘 드는 곳에 두면 경제적으로 사용할 수 있기 때문이지요. 키친 허브로 튼튼하게 키우고 싶다면 바람과 볕을 직접 받을 수 있는 실외 화단이나 옥상에 두세요. 줄기째 구입한 허브는 줄기 끝을 약간 자르고 물에 담갔다가 물기를 털어내고 젖은 키친타월 위에 올린 다음 마른 키친타월로 덮거나 비닐백에 넣어 냉장 보관하면 싱싱하게 유지됩니다.

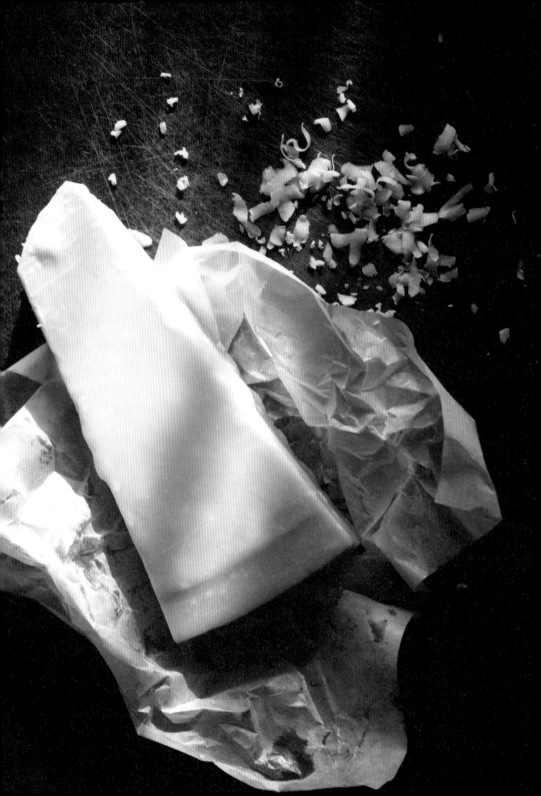

치즈류

저는 우유 대신 두유를 마시고 가끔씩 유제품을 가공한 치즈를 즐기는 편입니다. 책에 소개하는 치즈는 비교적 지방 함량이 낮은 것으로 재료 자체의 맛보다 요리 방법과 함께 사용하는 재료에 따라 맛이 달라지는 비교적 순한 치즈들입니다. 한꺼번에 많은 양을 먹지 않고 어울리는 음식에 조금씩 더한다면 식단이 더욱 풍성해질 거예요.

PAGE GO → 477

오트밀 ————

납작 귀리라고도 하며 '롤드 오츠(Rolled Oats)'라는 이름으로 판매합니다. 유럽의 대표적인 아침 식사 재료로 식이 섬유가 풍부해 장 건강에 도움이 된다고 알려져 있지요. 우리나라에서는 보통 겉껍질만 벗긴 귀리쌀로 밥으로 지어 먹습니다. 오트밀은 통곡물의 껍질을 벗겨 압착 가공한 것으로 익히는 시간이 짧고 특유의 쫀득한 식감이 있어요. 가공 상태에 따라 종류가 다른데, 삶은 귀리를 건조해 얇게 압착한 '인스턴트 오츠'는 끓일 필요 없이 뜨거운 물만 부으면 먹을 수 있어요. 다양한 토핑 재료와 맛을 첨가한 제품도 있고요. '퀵 쿠킹 오츠'는 조리 시간을 줄이기 위해 압착한 귀리를 더 잘게 쪼갠 제품이에요. 저는 가공을 최소화한 '자연 방식(natural rolled oats)' 또는 '옛날 방식의 오트밀(old fashioned rolled oats)'이라고 표기된 제품을 주로 사용해요. 귀리 특유의 쫀득한 식감은 롤드 오츠, 퀵 쿠킹 오츠, 인스턴트 오츠 순으로 강하게 느껴지며 온·오프라인 수입 식품점과 백화점, 대형 마트에서 구입할 수 있습니다.

아마란스 ————

아마란스는 남아메리카에서 나는 곡물로 기장이나 차조보다 입자가 작고 물이나 유제품과 함께 끓이면 찹쌀죽처럼 끈기가 생깁니다. 보통 가루를 내어 빵이나 쿠키를 만들거나 당분을 첨가해 강정처럼 먹기도 합니다. 불리지 않고 쌀과 함께 밥을 짓거나 누룽지와 섞어 죽처럼 끓여도 좋아요. 최근 퀴노아와 함께 슈퍼푸드로 각광받으면서 해외의 유기농 매장은 물론 국내 대형 마트와 온라인 쇼핑몰에서 쉽게 구입할 수 있게 되었습니다.

퀴노아 ————

고대 남아메리카가 원산지로 다른 곡물에 비해 단백질 함량이 높아 채식인들에게 많은 사랑을 받고 있습니다. 익히면 식감이 꼬들꼬들하고 포슬포슬해 샐러드에 곁들이거나 식감을 살려 볶음밥처럼 요리해도 좋아요. 쌀과 섞어 밥을 지어도 좋고, 퀴노아만 따로 익혀 도시락에 곁들이면 채소만 먹을 때보다 포만감이 크게 느껴져요. 퀴노아 대신 찰기가 덜한 100% 현미나 통보리를 응용해도 좋습니다.

렌틸콩

볼록한 렌즈 모양을 닮아 렌즈콩이라고도 합니다. 저는 주로 껍질이 있는 브라운 렌틸콩이나 퓌 렌틸콩을 사용합니다. 다른 콩과 달리 미리 불리지 않아도 20~30분이면 익힐 수 있어 편리해요. 물기 없이 바짝 익혀 냉장 보관해두면 샐러드, 볶음 요리, 카레, 수프 등에도 두루 활용할 수 있어요. 요즘은 재래시장에서도 판매해 쉽게 구입할 수 있답니다. 용도에 따라 껍질이 있는 것과 벗긴 것을 구분해 구입합니다.

통밀가루

도정하지 않은 통밀가루는 밀기울과 밀 배아에 있는 식이 섬유와 미네랄, 비타민까지 두루 섭취할 수 있어 영양적으로도 백밀보다 좋습니다. 요즘은 국내산 밀도 품종을 개량해 글루텐 함량에 따라 박력분과 강력분으로 나누어 생산하지요. 일반적인 다목적 통밀가루는 대형 마트에서도 쉽고 구할 수 있고, 앉은뱅이밀과 금강밀 등은 온라인을 통해 구례와 진주 등의 산지에서 구입 가능합니다.

잡곡 가루

저는 통밀가루에 다양한 곡물 가루를 섞어 요리하는 것을 즐깁니다. 잡곡 가루를 반죽에 섞어 빵, 머핀, 와플, 팬케이크 등을 구워 먹는 즐거움과 영양 섭취를 함께 누리는 거죠. 그래서 보릿가루, 옥수수 가루, 수수 가루, 흑미 가루 등 국내산 잡곡 가루부터 퀴노아와 아마란스 가루까지 소량 구입해 냉장 보관해두고 사용합니다. 국내산 잡곡은 온라인 쇼핑몰에서, 수입 잡곡은 직접 제분해 쓰거나 온라인 직구 사이트를 통해 구입합니다.

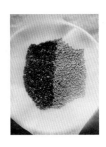

__치아시드__

민트과에 속하는 허브의 씨앗으로, 남미에서 애용하는 식재료입니다. 물에 닿으면 10배 이상 불어 젤처럼 점액을 띠는 성질이 있어 음료와 디저트에 활용하기 좋아요. 또한 적은 양으로도 포만감을 주기 때문에 체중 관리에 효과적입니다. 검은색과 흰색 두 가지 품종이 있습니다. 치아시드를 먹을 땐 수분을 충분히 섭취하고 음식에 따라 미리 불려서 먹는 것이 좋습니다.

__바질시드__

차가운 인도식 디저트나 과일 음료에 사용하는 식재료입니다. 체중 감량에 효과적이라고 알려지면서 많은 다이어터들의 사랑을 받고 있죠. 스무디나 푸딩 등에 활용해 식사 대용이나 가벼운 디저트에 응용하기도 합니다. 치아시드와 마찬가지로 액체에 불린 후 섭취하고, 말린 씨앗을 바로 섭취할 때는 충분한 양의 물을 마셔야 합니다. 단, 어린아이나 노인은 주의를 요하며 임신 중인 여성은 에스트로겐 감소로 인해 자궁이 수축될 수 있으니 피하는 것이 좋습니다.

__아마시드__

오메가3(리놀렌산) 지방산과 섬유질이 풍부한 씨앗으로 적은 양으로도 질 좋은 불포화지방산을 섭취할 수 있습니다. 채식 베이킹에서는 곱게 간 아마씨를 물과 섞어서 달걀의 끈기를 대체하기도 합니다. 그런데 리놀렌산이 풍부해 산화되기 쉬우니 반드시 직사광선이 닿지 않는 포장재를 사용해 냉동 보관해야 합니다. 아마시드는 먹기 직전에 소량씩 볶거나 갈아서, 또는 생으로 섭취하는 게 좋아요. 가급적 가열하거나 볶아서 사용하거나 볶은 제품을 구입하는 것이 좋습니다.

__캐슈너트__

견과류 중에서도 칼로리와 지방이 낮은 편입니다. 땅콩버터 등 다양한 가공식품으로 이용해 채식인들에게 사랑받고 있죠. 생으로 말린 캐슈너트와 구운 캐슈너트, 구워서 조미한 캐슈너트가 있어요. 소스, 볶음 요리, 디저트 등에 사용할 때는 생캐슈너트를 구입해 먹기 전에 소량 굽거나, 조미하지 않고 구운 제품을 구입하는 것이 좋아요. 가급적 최근에 로스팅한 것, 깨지지 않고 크고 단단한 것을 선택합니다.

차이브 _____

쪽파보다 가늘고 향이 강한 허브로 제 텃밭에서 수년째 튼튼하게 자라고 있는 아주 유용한 허브입니다. 쪽파처럼 줄기가 자라면 가위로 잘라 수확하는데 물을 적당히 주고 볕이 좋으면 다시 금세 자라지요. 달걀과 감자 요리에 특히 잘 어울리며, 잘게 다져 드레싱으로 사용하면 깔끔한 맛을 냅니다. 백화점 식품관이나 온라인 특수 채소 쇼핑몰에서 구입 가능하며, 없을 때는 실파나 쪽파로 대체해도 됩니다.

민트 _____

제가 가장 좋아하는 허브로 중동에서는 파슬리와 함께 꼭 필요한 기본 향채입니다. 요리에는 페퍼민트 또는 스피어민트를, 디저트나 음료에는 애플민트를 사용합니다. 민트류는 산뜻하면서 향이 강하며 콩, 과일, 뿌리채소 요리에 사용하면 맛이 배가됩니다. 저는 민트나 고수 등의 향채를 쌈채소에 곁들여 쌈밥으로 먹기도 하지요. 대형 마트에서 민트잎을 구입할 수 있으며 꽃집에서 화분으로도 구할 수 있어요.

이탈리아 파슬리 _____

잎이 넓적한 이탈리아 파슬리는 유럽 요리에 자주 사용하는 향채로 수프, 샐러드, 소스에 넣으면 깊고 진한 풍미가 우러납니다. 특히 중동 요리에서 빼놓을 수 없는 허브로, 굵게 다져 샐러드에 넣거나 콩 반죽 등에 사용하며 토마토와도 잘 어울려요. 대형 마트에서도 판매하지만 인터넷 쇼핑몰에서 모종을 구입해 화분에 키워보길 권합니다. 넓은 화분에 심어 물만 줘도 쑥쑥 잘 자란답니다.

바질 _____

이탈리아 요리에 사용하는 대표적인 허브로 토마토와의 조합이 아주 좋습니다. 페스토를 만들거나 토마토소스 파스타에 곁들이고, 카프레제 같은 애피타이저로 즐겨도 좋아요. 바질잎을 구입해도 되지만 냉장 보관하면 저온에서 냉해를 입기 쉬우므로 화분에 재배해 부드러운 잎을 그때그때 요리에 활용하는 편이 낫습니다. 바질잎은 일년생 허브라 노지 텃밭에서 봄부터 가을까지 잘 자랍니다.

고수

코리앤더, 샹차이라고도 하며 말린 열매는 향신료로, 신선한 잎은 향신채로 이용합니다. 특유의 향 때문에 호불호가 나뉘지만 일단 익숙해지면 중독성 강한 허브죠. 소량 포장한 것은 대형 마트에서 구입할 수 있고, 한 단씩 구입할 때는 온·오프라인 특수 채소 쇼핑몰에서 주문하면 됩니다. 저는 텃밭에서 길러 먹는데 고수씨는 발아율이 좋아 수분과 햇볕만 충분하면 화분에서도 잘 자랍니다. 잘 자란 고수는 뿌리째 뽑아 요리에 이용합니다.

타임

모든 허브에 고유의 향이 있지만 타임의 개성을 따라올 수 있을까요. 타임 몇 줄기면 음식의 퀄리티가 확연히 달라지기에 제 텃밭에 빠지지 않는 허브랍니다. 다년생으로 많이 마르지 않을 만큼 물을 주고 햇볕을 잘 쪼이면 쑥쑥 자라므로 화분만 넓게 관리하면 요리에도 사용하고 관상용으로도 즐길 수 있습니다. 저는 오븐 요리에 자주 사용하는데 소량만 넣어도 향이 은은하게 배어나지요. 특히 감자, 달걀, 버섯, 콩 요리에 잘 어울리며 쌀에 한 움큼 넣어 밥을 짓기도 한답니다.

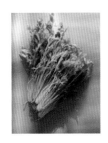

경수채

'교나'라고도 하는 일본 전통 채소로 교토의 어느 식당에서 처음 본 채소입니다. 수분이 많아서인지 손질해서 저온에 두면 아삭아삭 씹히는 맛이 아주 좋답니다. 줄기에 비해 잎이 굉장히 연해 강한 양념이 닿으면 금방 절여지므로 가벼운 양념에 버무려 바로 먹거나 샤부샤부, 전골에 넣어 살짝 익혀 먹으면 좋아요. 특수 채소를 판매하는 가락동 시장 또는 온라인 특수 채소 쇼핑몰에서 구입할 수 있습니다.

큐민 가루 & 고수 가루

중동과 인도 요리에서 빠질 수 없는 향신료인데, 채식 요리에서는 그 역할이 더욱 큽니다. 고수씨를 갈아 만든 고수 가루도 큐민 가루와 함께 자주 사용합니다. 두 가지 모두 갓 갈아놓으면 레몬처럼 산뜻한 향이 나는데 기름에 볶는 '템퍼링'이라는 과정을 거치면서 향신료의 진가가 발휘되지요. 이렇게 요리하면 동물성 재료 못지않은 풍부한 맛과 향이 입혀진답니다. 두 가지 모두 온·오프라인 수입 식품점 또는 해외 직구를 통해 구입할 수 있습니다.

크러시드 페퍼

말린 고추를 굵게 갈아놓은 양념으로 플레이크(굵은 조각) 형태에 가깝습니다. 고추씨까지 들어 있어 칼칼하고 깔끔한 매운맛을 내기 좋아요. 파스타나 채소 등을 기름에 볶을 때 매운 향을 내기 좋으며, 조림할 때 말린 고추 대신 사용해도 좋습니다. 대형 마트에서 소포장된 제품을 쉽게 찾을 수 있습니다.

이탈리아 허브

'이탈리아 허브'란 보통 여섯 가지 허브(오레가노, 바질, 마조람, 타임, 로즈메리, 세이지)를 섞은 향신료를 말합니다. 저는 말린 허브보다 생허브를 선호하지만 요리에 따라 강한 생허브 대신 은은한 향이 나는 말린 허브가 음식 맛을 더 좋게 하는 경우가 있어요. 일반 가정에서 만드는 대부분의 이탈리아 음식은 이 시즈닝 하나면 충분할 거예요. 여섯 가지 허브를 별도 구입해 섞어두고 사용해도 좋아요.

시치미

일본 전통 양념으로 일곱 가지 향신료(고춧가루, 산초, 귤껍질, 참깨, 김 가루, 생강, 양귀비씨)가 섞인 천연 조미료예요. 요리의 마지막 단계나 먹기 전에 소량 첨가해 감칠맛과 향을 더하는 데 사용합니다. 교토를 여행할 일이 있다면 전통 시장에서 판매하는 시치미를 꼭 구입하기를 권합니다. 국내에서는 서울 남대문시장, 부산 국제시장 등 일본 식재료 수입 시장 또는 온라인 수입 식품점과 백화점 수입 식품관에서 구입할 수 있습니다.

비정제 설탕

정제 과정을 거치지 않은 사탕수수 원당으로, 정제 과정에서 원당의 유익한 성분은 사라지고 단맛만 강한 흰 설탕과 달리 미네랄 성분이 풍부합니다. 마스코바도, 고이아사 등의 제품이 여기에 속합니다. 저는 설탕의 결정이 큰 제품은 발효를 위한 청이나 잼에 이용하고, 일반 요리에는 입자가 고운 설탕을 사용합니다. 비정제 설탕은 온라인 쇼핑몰이 저렴한 편입니다.

발사믹 비니거

발사믹 비니거는 발효 식초의 한 종류로 식초보다는 천연 단맛이 강한 편입니다. 일반 식초나 와인 비니거가 재료 100% 또는 와인 100%를 식초로 만드는 반면, 발사믹 비니거는 끓인 포도즙(또는 적당량의 와인 식초)을 각기 다른 목질의 나무통에서 번갈아가며 숙성하는 과정을 거칩니다. 이런 이탈리아 모데나의 전통 방식으로 제조한 식초에는 '발사믹' 이라는 명칭이 붙는데, 좋은 발사믹일수록 숙성 연도가 높고 와인 식초보다 포도즙 함량이 높습니다.

화이트 발사믹 비니거

샐러드를 즐겨 먹는 저는 화이트 발사믹 비니거를 즐겨 사용합니다. 화이트 발사믹 비니거는 숙성 기간이 비교적 짧은 변형 발사믹 비니거입니다. 당분을 첨가하지 않아도 천연 포도즙의 달콤하고 상큼한 맛이 있어 오일만 더해도 맛있는 드레싱이 되지요. 간혹 '화이트 발사믹 콘디먼트(white balsamic condiment)'라고 표기되어 있기도 합니다. 화이트 와인 비니거(화이트 와인을 재료로 한 식초)와는 전혀 다른 종류이므로 구입 시 주의해야 합니다.

메이플 시럽

메이플 나무의 수액을 채취해서 만든 캐나다 대표 시럽입니다. 건강한 당류를 찾는다면 으뜸으로 꼽고 싶은 시럽이에요. 단, 메이플 특유의 향이 강하므로 사용 범위가 조금 한정됩니다. 한식에는 어울리지 않지만 샐러드드레싱, 소스, 디저트에는 잘 어울립니다. 특히 채식 요리에서는 메이플 시럽이 기가 막힌 조화를 이루기도 합니다. 가급적 캐나다 제품을 구입하고, 개봉한 뒤에는 상하기 쉬우므로 마개를 꼭 닫아 냉장 보관합니다.

아가베 시럽

용설란즙으로 만든 시럽형 당으로 가공 설탕이나 인공 감미료를 대체하는 조미료입니다. 추출 과정 여러 정제 과정을 거쳐 유해성 논란이 있지만 혈당 상승 지수가 낮고 당도가 높아 적은 양으로도 단맛을 낼 수 있어요. 저는 비정제 설탕과 메이플 시럽을 기본으로 하고, 아가베 시럽은 요리에 따라 소량 사용하는 편이에요. 시럽 자체에 향이 없어 꿀이나 메이플 시럽을 사용할 수 없거나 조청처럼 무겁지 않은 당분이 필요할 때, 설탕의 입자를 녹이기 곤란한 요리에 사용합니다.

한천 가루

우뭇가사리 추출액인 우무를 얼려 말린 해조 가공품으로 플레이크 상태와 가루 상태로 나뉩니다. 끓여서 녹인 후 얼리거나 저온에 두면 굳는 성질이 있어서 동물성 응고제인 젤라틴과 달리 식물성 응고제로 채식 요리에 사용합니다. 한국과 일본의 사찰 음식과 채식 요리에도 많이 쓰죠. 특히 한천의 주성분은 탄수화물이지만 체내 흡수가 잘되지 않아 저칼로리 요리에 사용하기 좋아요. 대형 마트 제빵 재료 코너에서 가루 형태의 한천을 판매합니다.

미소 된장

재래 된장에 비해 발효 기간이 짧고 소금 사용량도 적습니다. 짜지 않고 달큰하면서 깔끔한 맛이라 저는 재래 된장과 섞어 소스나 드레싱, 심심한 채소 국물 요리에 응용합니다. 백된장, 적된장, 보리된장 등 여러 종류가 있어요. 빠른 시간에 미소 된장국 맛을 내는 가다랑어나 고기, 조개 엑기스가 첨가된 제품도 있지만, 샐러드와 파스타 소스에도 두루 사용하므로 첨가물 없는 제품이 좋습니다. 제품을 개봉한 뒤에는 다른 냄새가 배거나 된장이 마르지 않게 해 냉장 보관합니다.

청주

청주는 음식의 잡내를 없애고 맛을 돋워줄 뿐 아니라 채식 요리에서는 양념이 잘 어우러지게 합니다. 찌개나 조림에서는 재료의 맛을 깔끔하게 잡아주는 역할을 하고요. 우리가 아는 미림과 청주는 엄연히 다른 종류예요. 청주는 당분이 전혀 없는 도수가 낮은 술이고, 미림은 알코올 성분이 있는 당류라는 말이 적합할 듯합니다. 청주는 보통 청하, 백화수복 등 정종으로 알려진 술을 사용합니다.

미림

일본식 맛술이에요. 국내 시판 미림은 첨가물이 다량 함유되어 일본에서 전통적으로 사용하는 진짜 미림과는 거리가 멀어요. 그래서 꼭 필요한 경우가 아니면 사용하지 않지만 몇몇 일본 요리의 경우 미림의 역할이 굉장히 큽니다. 그럴 때를 대비해 일본 여행 때 현지에서 구입한 '혼미림'을 쓰거나 해외 직구 사이트를 통해 첨가물 없이 순수 발효한 미림을 구입합니다. 미림이 없을 경우에 저는 청주 1큰술에 설탕이나 시럽 1/2작은술을 섞어 사용합니다.

코코넛 밀크

은은한 단맛과 함께 코코넛 특유의 향이 느껴집니다. 미네랄과 섬유소가 풍부한 반면 포화지방산 함량이 높으며, 특히 코코넛과 정제수의 비율에 따라 칼로리와 농도에 차이가 있어요. 코코넛 함량이 높으면 풍미와 맛은 진하지만 칼로리가 높으므로 기호에 맞게 선택해야 됩니다. 주로 통조림 형태로 판매하며 사용 전에 반드시 잘 흔들어야 해요. 당분이 없고 최소한의 첨가물만 함유된 것을 구입하고, 걸쭉하게 농축된 코코넛 크림과는 구별해 사용합니다.

코코넛 오일

코코넛에서 추출한 100% 식물성 기름으로 고온에서 굽거나 볶는 요리와 베이킹에 좋습니다. 특유의 코코넛 향을 어떤 재료와 함께 사용하느냐에 따라 요리가 무궁무진하게 변화할 수 있답니다. 올리브유처럼 저온에 보관하면 굳고 고온 보관 시 녹습니다. 굳었을 땐 미지근한 물에 중탕하거나 가스레인지 옆에 두면 금방 녹아요. 'Extra-virgin' 또는 'virgin'이라고 표기된 제품을 구입합니다.

말린 토마토

토마토를 오븐이나 햇볕에 그대로 말려 사용하는 천연 양념이에요. 오일에 절이거나 '선드라이드 토마토'라는 이름으로 판매하는 토마토는 플럼 토마토를 말려 오일에 보관해 판매하는 것으로, 파스타나 샌드위치 재료로 좋고 채소와 함께 굽거나 잘게 다져 드레싱에 감칠맛을 더할 때도 사용합니다. 대형 마트나 수입 식품관에서 판매하며, 오일에 절이지 않은 말린 토마토는 온라인 쇼핑몰에서 구입할 수 있습니다. 집에서 100~120℃의 오븐에 건조해 사용해도 됩니다.

토마토 통조림

소스에 자주 쓰는 토마토 통조림은 주로 플럼 토마토로 만드는데, 이는 국내산 토마토와 달리 과즙이 풍부하고 과육이 달콤해 대부분의 토마토 요리에 사용할 정도로 쓰임새가 다양합니다. 저는 국내산 토마토로 저수분 토마토를 만들어두고 사용하지만 통조림 토마토만의 당도와 감칠맛은 분명 존재합니다. 그래서 저수분 토마토가 없거나 토마토가 비쌀 땐 통조림 토마토를 활용해요.

코코아 가루

코코아 빈을 갈아 페이스트 형태로 만들어 지방(카카오 버터)을 제거한 것이 코코아 가루입니다. 보통 카카오 버터가 함유된 것을 카카오 가루, 없는 것을 코코아 가루로 구별하고 영국에서는 두 가지를 구별 없이 표기하기도 합니다. 단, 코코아 음료의 경우 코코아 가루와 함께 탈지분유, 설탕 등이 섞여 있으므로 제품 뒷면에 '100% 코코아 가루' 또는 '카카오 가루'라고 표시된 것을 구입합니다. 온라인 쇼핑몰 또는 해외 직구 사이트를 통해 구입 가능합니다.

채수 블록

각종 허브와 향신채를 넣은 것으로, 다시마나 버섯이 기본이 되는 동양식 국물과는 맛이 다릅니다. 직접 만들어도 좋지만 재료와 시간이 많이 걸릴뿐더러 한국식 채수에 비해 사용 빈도가 적어 필요할 때 페이스트나 큐브 형태의 제품을 사용합니다. 요즘은 완전 채식주의자용 제품, 유기농 제품, 무염 제품도 있어 선택의 폭이 넓답니다. 파우더로 덜어 쓰는 제품과 1회분씩 큐브 형태로 포장된 제품이 있습니다. 사용하고 남은 것은 냉동 보관하는 것이 좋아요.

할라페뇨

멕시코 요리에서 자주 사용하는 매운맛의 고추예요. 요즘은 국내에서도 소량 재배하지만 생고추 상태로 구입하기 어려워 소금물에 절인 가공식품을 사용합니다. 절인 할라페뇨는 생고추보다 자극적이고 아삭한 맛이 강해 잘게 다져서 샐러드에 섞거나 드레싱을 만들기도 합니다. 적은 양으로도 강한 매운맛을 내는데 생채소와도 잘 어울리고 튀긴 음식에 곁들여도 깔끔하게 맛을 잡아줍니다.

케이퍼

보통 연어 요리에 곁들이는 것으로 알려져 있죠. 저는 잘게 다져 소스나 드레싱에 섞어 사용합니다. 알싸한 맛이 드레싱을 깔끔하게 하고, 특유의 향과 함께 신맛과 짠맛이 적절히 배어 있어 조리 방법에 따라 다양하게 어우러집니다. 주로 감자, 호박, 고구마 등에 곁들이고, 부드럽고 단맛이 나는 채소 요리에 포인트를 줄 때 사용해요. 열매가 작은 것이 맛과 향이 강해 상품으로 치며 온라인 쇼핑몰, 백화점 수입 식품관 또는 대형 마트의 절임 제품 코너에서 구입할 수 있습니다.

올리브유

채식이나 건강식을 보다 다양하게 즐기기 위해 꼭 필요한 재료라고 할 수 있어요. 와인처럼 올리브의 품종과 산지에 따라 향과 맛이 다르므로 소량씩 구입해 다양한 제품을 맛보면 좋아요. 그래서 대형 마트보다 백화점 수입 식품관에서 다양한 종류를 비교해보고 구입하기를 권합니다. 이탈리아, 스페인, 그리스의 올리브유가 각각 특징이 다르므로 유명 브랜드를 고집하기보다 여러 나라의 제품을 맛보는 것이 좋아요.

올리브

품종에 따라 다르지만 대략 그린 올리브는 올리브 열매가 익기 전 올리브를 절인 제품이며 열매가 익을수록 검은색에 가까워집니다. 지중해 연안의 올리브가 유명하며 생과육은 쓴맛이 강해 전 처리를 거친 뒤 대부분 소금물이나 오일에 절여 수출합니다. 절인 올리브의 경우 캔보다는 병에 보관한 신선한 냉장 상태의 제품을 구입하는 것이 좋습니다. 씨앗이 있는 통올리브의 경우 과육만 분리해 사용합니다.

생모차렐라 치즈

특유의 향이 없고 부드럽고 순한 맛이라 누구나 즐기기 쉬운 생치즈입니다. 발효하지 않은 프레시한 치즈로, 샐러드로 먹었을 때 우유 맛과 쫀득한 식감이 빛을 발합니다. 카프레제 치즈로도 유명해 토마토를 떠올리기 쉬운데 곡물과도 잘 어울리며 상큼한 과일에 곁들여 풍부한 맛을 즐겨도 좋아요. 생으로 먹는 모차렐라 치즈는 단단한 피자치즈와 달리 부드러운 질감의 둥근 공 모양으로 식염수에 담겨 포장된 것을 구입합니다. 대형 마트에서 구입할 수 있어요.

염소 치즈

염소유로 만든 치즈로 발효된 신맛이 특징이며 특유의 향 때문에 호불호가 뚜렷하게 갈리는 치즈입니다. 책에 소개한 채소나 과일과 함께 간단히 요리하는 방법을 통해 재료의 시너지가 극대화되는 경험을 나눌 수 있을 거예요. 염소 치즈는 온·오프라인 치즈 판매점이나 백화점에서 구입할 수 있으며, 산양유나 양유 치즈로 대체해도 좋습니다.

할루미 치즈

불에 구워 먹는 치즈로 중동이나 터키에서 많이 사용합니다. 특유의 탱글거리는 질감과 진한 맛이 부드럽고 밋밋한 요리에 강한 인상을 더해줍니다. 특히 바싹 구워 샐러드에 섞으면 베이컨이나 고기에 버금가는 감칠맛을 느낄 수 있어요. 치즈를 먹지 않는다면 할루미 치즈로 만드는 크루통 대신 두부를 사용하고 소금 간을 조금 더할 수 있습니다. 온·오프라인 치즈 판매점과 대형 마트에서도 쉽게 구할 수 있습니다.

파르메산 치즈

강한 풍미를 지닌 단단한 형태의 치즈로 샐러드, 파스타, 피자 등 이탈리아 요리 전반에 쓰입니다. 저도 파르메산 치즈를 자주 사용하는데 구운 채소 요리, 파스타, 그라탱, 샐러드에 바로 갈아서 뿌리면 실패할 뻔한 요리도 살려주는 역할을 한답니다. 단, 각종 첨가물과 인공 향을 첨가한 발효하지 않은 가짜 치즈도 많으니 주의해야 합니다. 보관만 잘 하면 오래 두고 사용할 수 있습니다. 사용하고 남은 치즈는 종이 포일에 잘 싸서 밀폐 비닐이나 랩으로 포장해 냉장 보관합니다.

페타 치즈

날카롭고 딱 떨어지는 맛을 지닌 페타 치즈는 그리스의 대표 치즈예요. 치즈를 제조하자마자 소금물에 넣어 숙성시키기 때문에 보존 기간이 길며 짠맛이 특징입니다. 저는 페타 치즈를 특별하게 즐기는 샐러드의 토핑으로 사용합니다. 자칫 심심할 수 있는 샐러드에 소금 대용으로 사용하면 간을 맞춰주는 역할도 하지요. 염소 치즈와 마찬가지로 단품으로만 먹으면 짠맛 때문에 진가를 알 수 없지만 토마토, 피망 등 신선한 채소와 곁들이면 샐러드 맛이 아주 풍성해진답니다.

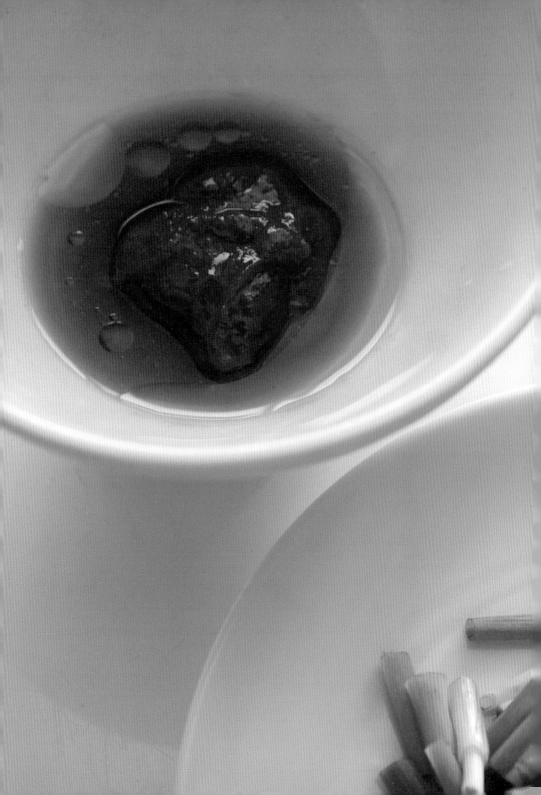

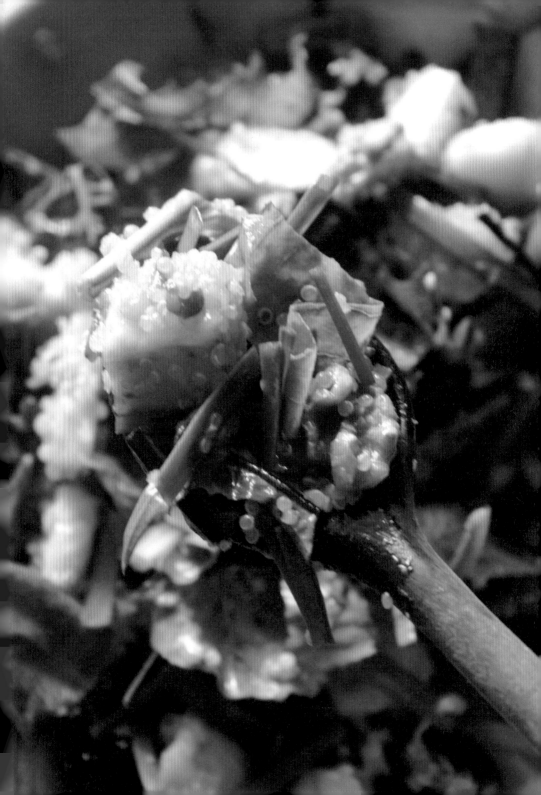

내 몸을 살리는 다이어트

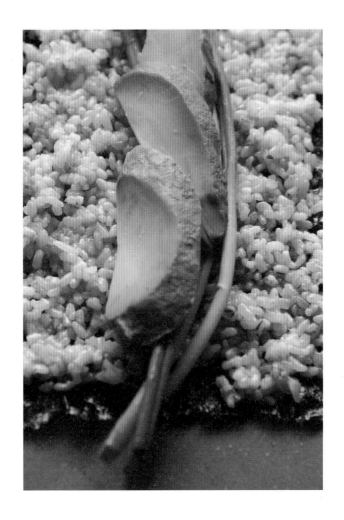

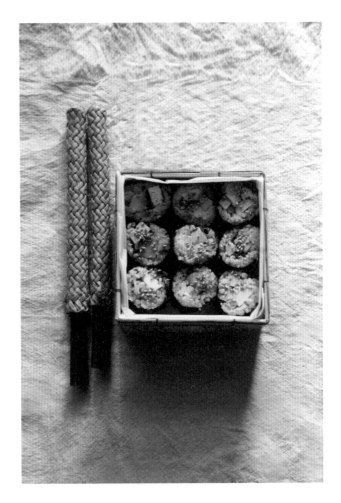

느리지만 건강한 다이어트

이렇게 맛있고 멋진 　　채식이라면

IMPRESSIVE :
VOL.
②

다이어트가 내 안으로

1판 1쇄 발행 2017년　5월 25일
2판 1쇄 발행 2021년 11월　5일
2판 2쇄 발행 2021년 12월 20일

지은이　　　생강
펴낸이　　　이정훈, 정택구
책임편집　　송기자
디자인　　　LOOKBOOK(kmj1478@hanmail.net)

펴낸곳　　　(주)혜다
출판등록　　2017년 7월 4일(제406-2017-000095호)
주소　　　　경기도 고양시 일산동구 태극로11 102동 1005호
대표전화　　031-901-7810 팩스 l 0303-0955-7810
홈페이지　　www.hyedabooks.co.kr
이메일　　　hyeda@hyedabooks.co.kr
인쇄　　　　(주)재능인쇄

이 책을 준비하면서 아주 오랫동안 이어진 건강한 식습관에 대한 고민 해결에 큰 힘을 주고나만의 레시피로 완성할 수 있게 도움을 준 책
<푸디스트>와 저자 다리야 피노 로즈에게 감사를 전합니다.

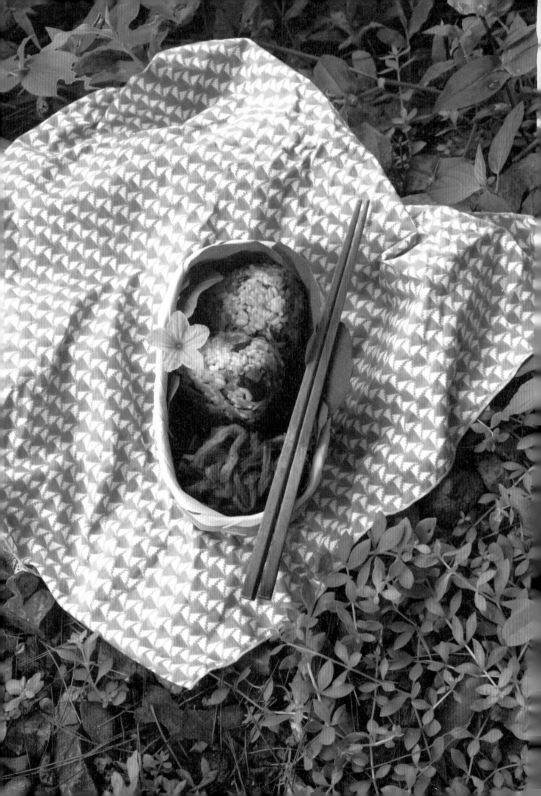